高等职业教育数控技术专业教学改革成果系列教材

数控加工工艺与编程技术

徐　刚　主　编

石阶安　徐军平　副主编

虞艳秋　王　芳　编

赵光霞　主　审

U0290886

電子工業出版社

Publishing House of Electronics Industry

北京·BEIJING

内 容 简 介

本书包括数控加工工艺基础、数控车削工艺及编程技术训练、数控铣削(加工中心)工艺及编程技术训练3篇,各篇内容相对独立而又相互关联,并将知识、技能、工具、态度、安全等内容与数控加工职业岗位相对应,从而可以根据学生水平、实训基地的条件及专门化设置方向和企业的用人需求灵活组织教学。教材内容丰富,详简得当,内容体系符合教学规律。

本书可作为高等职业技术学校和中等职业学校数控技术专业的教材,也可供有关工程技术人员参考。

未经许可,不得以任何方式复制或抄袭本书之部分或全部内容。
版权所有,侵权必究。

图书在版编目(CIP)数据

数控加工工艺与编程技术 / 徐刚主编. —北京 :电子工业出版社,2013.8
高等职业教育数控技术专业教学改革成果系列教材
ISBN 978-7-121-20803-4

Ⅰ. ①数… Ⅱ. ①徐… Ⅲ. ①数控机床—加工—高等职业教育—教材②数控机床—程序设计—高等职业教育—教材 Ⅳ. ①TG659

中国版本图书馆 CIP 数据核字(2013)第 137106 号

策划编辑:朱怀永
责任编辑:朱怀永
印　　刷:北京虎彩文化传播有限公司
装　　订:北京虎彩文化传播有限公司
出版发行:电子工业出版社
　　　　　北京市海淀区万寿路 173 信箱　邮编 100036
开　　本:787×1092　1/16　印张:18　字数:460 千字
版　　次:2013 年 8 月第 1 版
印　　次:2021 年 1 月第 5 次印刷
定　　价:41.80 元

凡所购买电子工业出版社图书有缺损问题,请向购买书店调换。若书店售缺,请与本社发行部联系,联系及邮购电话:(010)88254888,88258888。

质量投诉请发邮件至 zlts@phei.com.cn,盗版侵权举报请发邮件至 dbqq@phei.com.cn。

本书咨询联系方式:(010)88254608。

前　言

随着机电一体化技术的迅猛发展,数控机床的应用已日趋广泛。在现代化的机械制造业中正越来越多地采用数控技术来提高加工精度和生产效率。

本书以突出职业教育为特色,以增强实用性和加强能力与素质培养为指导,根据工程实践的要求,对传统的教学内容和课程体系进行了重组和调整。本书内容分 3 篇,分别是数控加工工艺基础、数控车削工艺及编程技术训练、数控铣削(加工中心)工艺及编程技术训练。第一篇数控加工工艺基础,主要介绍数控加工机床、数控加工工艺、数控编程的基础知识;第二篇数控车削工艺及编程技术训练,通过具体的可操作任务,详细介绍数控车加工涉及的工艺设计、编程与操作,操作任务典型、由浅入深、由简单到复杂;第三篇数控铣削(加工中心)工艺及编程技术训练,同样通过典型具体任务介绍数控铣加工中心的工艺设计、编程与加工,加工零件按主要几何特征归类,便于实施教学。

本书可作为高等职业技术学校数控技术专业的主干专业课教材,也可供有关工程技术人员参考。

全书由江苏省靖江中等专业学校徐刚任主编,石阶安、徐军平任副主编。其中,第一篇由江苏省靖江中等专业学校王芳、石阶安、徐刚、朱小明撰写;第二篇由江阴华姿中等专业学校虞艳秋撰写;第三篇由常州刘国钧高等职业技术学校徐军平撰写。全书由镇江机电高等职业技术学校赵光霞担任主审,在此表示衷心感谢。

本书编写时虽力求严谨完善,但疏漏之处在所难免,恳请得到您的批评与指正,在此也感谢每一位提供意见的读者。

E-mail:xgcj_2005@hotmail.com

编　者
2013 年 5 月

目　录

第一篇　数控加工工艺基础 ······················· 1

　基础一　数控加工工艺与编程的研究内容及任务 ··············· 1

　基础二　数控加工编程与工艺基础 ····················· 6

第二篇　数控车削工艺及编程技术训练 ················· 96

　任务一　熟悉数控车床的整体结构和安全操作规程 ·············· 96

　任务二　熟悉数控车床的操作面板及系统面板 ··············· 98

　任务三　数控车床操作技术基础训练及日常维护保养技术训练 ········· 103

　任务四　选用与安装数控车刀 ····················· 109

　任务五　外轮廓加工程序的编制及加工技术训练 ·············· 114

　任务六　外圆弧轮廓的程序编制及加工技术训练 ·············· 126

　任务七　简单循环指令的应用及加工技术训练 ··············· 134

　任务八　复合循环指令的应用及加工技术训练 ··············· 141

　任务九　普通螺纹的编程及加工技术训练 ················· 149

　任务十　内孔的编程及加工技术训练 ·················· 159

　任务十一　数控车综合加工技术训练 ·················· 169

第三篇　数控铣削（加工中心）工艺及编程技术训练 ·········· 179

　任务一　熟悉数控铣床的整体结构和安全操作规程 ············· 179

　任务二　熟悉数控铣床的操作面板及系统面板 ··············· 181

　任务三　数控铣床操作技术基础训练及日常维护保养技术训练 ········· 188

　任务四　选用与安装数控铣刀 ····················· 199

　任务五　外轮廓加工程序的编制及加工技术训练 ·············· 210

　任务六　挖槽与型腔加工程序的编制及加工技术训练 ············ 223

　任务七　孔加工程序的编制及加工技术训练 ··············· 238

　任务八　坐标变换编程与宏程序编程 ·················· 248

　任务九　数控铣综合编程与加工技术训练 ················· 259

　任务十　了解加工中心的结构及其一般操作技术 ·············· 271

参考文献 ····························· 281

第一篇 数控加工工艺基础

基础一 数控加工工艺与编程的研究内容及任务

数控加工工艺是伴随着数控机床的产生、发展而逐步完善起来的一种应用技术,它以机械制造工艺基本理论为基础,结合数控机床高精度、高效率和高柔性等特点,综合应用多方面的知识,解决数控加工中的工艺问题。数控加工工艺是以数控机床加工中的工艺问题为研究对象的一门综合基础技术,它是人们大量数控加工实践的经验总结。

数控机床的加工工艺与通用机床的加工工艺有许多相同之处,但由于数控加工采用了计算机控制系统和数控机床,使得数控加工具有加工自动化程度高、精度高、质量稳定、生成效率高、周期短、设备使用费用高等特点,使数控加工工艺与普通加工工艺具有一定的差异。在数控机床上加工零件的工艺规程比通用机床要复杂得多,数控机床在数控加工前,要将机床的运动过程、零件的工艺过程、刀具的形状、切削用量和走刀路线等都要编入程序,这就要求程序设计人员具有多方面的知识基础。一个合格的程序设计人员首先是一个合格的工艺人员,否则就无法做到全面、周到地考虑零件加工的全过程,以及正确、合理地编制零件的加工程序。

(一)数控加工工艺与普通加工工艺的差异

1. 数控加工工艺内容要求更加具体、详细

普通加工工艺:许多具体工艺问题,如工步的划分与安排、刀具的几何形状与尺寸、走刀路线、加工余量、切削用量等,在很大程度上由操作人员根据实际经验和习惯自行考虑和决定,一般无须工艺人员在设计工艺规程时进行过多的规定,零件的尺寸精度也可由试切保证。

数控加工工艺:是采用数控机床加工零件时所运用各种方法和技术手段的总和,应用于整个数控加工工艺过程。数控加工所有工艺问题必须事先设计和安排好,并编入加工程序中。数控工艺不仅包括详细的切削加工步骤,还包括工夹具型号、规格、切削用量和其他特殊要求的内容,以及标有数控加工坐标位置的工序图等。在自动编程中更需要确定详细的各种工艺参数。

2. 数控加工工艺要求更严密、精确

普通加工工艺:加工时,可以根据加工过程中出现的问题比较自由地进行人为调整。

数控加工工艺:自适应性较差,加工过程中可能遇到的所有问题必须事先精心考虑,否则将导致严重的后果。例如:

① 攻螺纹时,数控机床不知道孔中是否已挤满切屑,是否需要退刀清理切屑再继续加工。

② 普通机床加工可以多次"试切"来满足零件的精度要求,数控加工过程严格按规定尺寸进给,要求准确无误。

3. 制订数控加工工艺要进行零件图形的数学处理和编程尺寸设定值的计算

编程尺寸并不是零件图上设计尺寸的简单再现,在对零件图进行数学处理和计算时,编程尺寸设定值要根据零件尺寸公差要求和零件的形状几何关系重新调整计算,才能确定合理的编程尺寸。

4. 考虑进给速度对零件形状精度的影响

制订数控加工工艺时,选择切削用量要考虑进给速度对加工零件形状精度的影响。在数控加工中,刀具的移动轨迹是由插补运算完成的。根据差补原理分析,在数控系统已定的条件下,进给速度越快,则插补精度越低,导致工件的轮廓形状精度越差。尤其在高精度加工时这种影响非常明显。

5. 强调刀具选择的重要性

复杂形面的加工编程通常采用自动编程方式,自动编程中必须先选定刀具再生成刀具中心运动轨迹,因此对于不具有刀具补偿功能的数控机床来说,若刀具预先选择不当,所编程序只能推倒重来。

6. 数控加工工艺的特殊要求

① 由于数控机床比普通机床的刚度高,所配的刀具也较好,因此在同等情况下,数控机床切削用量比普通机床大,加工效率也较高。

② 数控机床的功能复合化程度越来越高,因此现代数控加工工艺的明显特点是工序相对集中,表现为工序数目少,工序内容多,并且由于在数控机床上尽可能安排较复杂的工序,所以数控加工的工序内容比普通机床加工的工序内容复杂。

③ 由于数控机床加工的零件比较复杂,因此在确定装夹方式和夹具设计时,要特别注意刀具与夹具、工件的干涉问题。

7. 数控加工程序的编写、校验与修改是数控加工工艺的一项特殊内容

普通工艺中,划分工序、选择设备等重要内容对数控加工工艺来说属于已基本确定的内容,所以制订数控加工工艺的着重点在整个数控加工过程的分析,关键是确定进给路线及生成刀具运动轨迹。复杂表面的刀具运动轨迹生成需借助自动编程软件,既是编程问题,当然也是数控加工工艺问题。这也是数控加工工艺与普通加工工艺最大的不同之处。

(二) 数控加工工艺的主要内容

数控加工中进行数控加工工艺设计的主要内容包括:

① 选择并确定进行数控加工的内容;

② 对零件图纸进行数控加工的工艺分析;

③ 零件图形的数学处理及编程尺寸设定值的确定;

④ 数控加工工艺方案的制订;

⑤ 工步、进给路线的确定;

⑥ 选择数控机床的类型;

⑦ 刀具、夹具、量具的选择和设计;

⑧ 切削参数的确定;

⑨ 加工程序的编写、校验和修改;

⑩ 首件试加工与现场问题处理;

⑪ 数控加工工艺技术文件的定型与归档。

（三）数控加工的特点及应用范围

与普通机床相比，数控机床是一种机电一体化的高效自动机床，它具有以下加工特点：

① 具有广泛的适应性和较高的灵活性，当改变加工零件时，只要改变数控程序即可，所以适合于产品更新换代快的要求。

② 能够实现复杂工件的加工。由于数控机床能够实现多轴联动，可加工出普通机床无法完成的空间曲线和曲面，因而在航空、航天领域和对复杂型面的模具加工中得到了广泛应用。

③ 可以采用较高的切削速度和进给量。

④ 加工精度高，质量稳定。数控机床一般采用闭环（半闭环）位置控制，机床本身精度高，此外还可以进行间隙补偿和螺距误差补偿参数的修改进行精度校正和补偿。例如，加工中心一类的数控机床还配有刀库，具有多工序加工能力，可以实现工件的一次装夹后多道工序连续加工，从而消除了多次装夹引起的定位误差。

⑤ 加工生产率高。数控机床的刚性好、功率大，主轴转速高，进给速度范围宽，平滑无级变速，容易选择较大及合理的切削用量，可以减少许多调整时间。此外，数控机床加工可免去画线工序，节省加工过程的中间检验时间，空行程速度远高于普通机床，因此也能省出大量的辅助时间，获得良好的经济效益。

⑥ 自动化程度高，劳动强度低。数控机床能够在程序的控制下自动实现零件的加工功能，加工过程一般不需要人工干预，可大大降低工人的劳动强度。

⑦ 产品一致性好。由于数控机床按照预定的加工程序自动进行加工，加工过程消除了操作者人为的操作误差，因而零件加工的一致性好。

⑧ 机械传动链短，结构简单。数控机床的主传动多采用无级变速或分段无级变速，主轴箱结构简单；进给传动采用伺服电机驱动，省去了庞杂的进给变速箱。因此，传动链短，机械结构简单。

数控机床的性能特点决定了它的应用范围。对于数控加工，可按适应程度将加工对象大致分为三类。

1. 最适应类

① 加工精度要求高，形状、结构复杂，尤其是具有复杂曲线、曲面轮廓的零件。

② 具有不开畅内腔的零件。这类零件用通用机床很难加工，很难检测，质量也难保证。

③ 在一次装夹中完成铣、钻、绞、锪或攻螺纹等多道工序的零件。

2. 较适应类

① 价格昂贵，毛坯获得困难，不允许报废的零件。这类零件在普通机床上加工时，有一定难度，受机床的调整、操作人员的精神和工作状态等多种因素影响，容易产生次品或废品。为可靠起见，可选择在数控机床上进行加工。

② 在通用机床上加工生产效率低，劳动强度大，质量难稳定控制的零件。

③ 用于改型比较、供性能测试的零件（它们要求尺寸一致性好）。

④ 多品种、多规格、单件小批量生产的零件。

3. 不适应类

① 利用毛坯作为粗基准定位进行加工或定位完全需要人工找正的零件，占机调整时间长。

② 数控机床无在线检测系统可自动检测调整零件位置坐标的情况下,加工余量很不稳定的零件。

③ 必须用特定的工艺装备,或依据样板、样件加工的零件或加工内容。

④ 需大批量生产的零件。

⑤ 加工部位分散,需要多次安装、设置原点的零件。

对于不适应类零件,采用数控加工很麻烦,效果不明显,可安排通用机床补加工。

随着数控机床性能的提高、功能的完善和成本的降低,随着数控加工用的刀具、辅助用具的性能不断改善与提高以及数控加工工艺的不断改进,利用数控机床高自动化、高精度、工艺集中的特性,将数控机床用于大批量生产的情况逐渐多了起来。因此,适应性是相对的,会随着科技的发展而发生变化。

此外,在选择和决定加工内容时,也要考虑生产批量、生产周期、工序间周转情况等。总之,要尽量做到合理,达到多、快、好、省的目的。要防止把数控机床降格为通用机床使用。

(四) 数控加工与工艺技术的新发展

随着计算机技术突飞猛进的发展,数控技术正不断采用计算机、控制理论等领域的最新技术成就,使其朝着高速度、高精度、复合化、智能化、信息网络化等方向发展。整体数控加工技术向着 CIMS(计算机集成制造系统)方向发展。数控加工与工艺技术的新发展具体体现在以下几个方面。

1. 高速度

受高生产率的驱使,高速化已成为现代机床技术发展的重要方向之一,主要表现在以下几个方面。

(1)数控机床主轴高转速

提高主轴转速的手段主要是采用电主轴(内装式主轴电动机),即主轴电动机的转子轴就是主轴部件,从而可将主轴转速大大提高。日本的超高速数控立式铣床,主轴最高转速达100,000r/min。

主轴高转速减少了切削力,也减少了切削深度,有利于克服机床振动,排屑率大大提高,热量被切屑带走,故传入零件中的热量减低,热变形大大减小,提高了加工精度,也改善了加工面粗糙度。因此,经过高速加工的工件一般不需要精加工。

(2)工作台高快速移动和高进给速度

当今知名数控系统的进给率都有了大幅度的提高。目前,最高水平是分辨率为 $1\mu m$ 时,最大快速进给速度可达 240m/min;当程序段设定进给长度大于 1mm 时,最大进给速度可达 80m/min。

2. 高精度

高精加工是高速加工技术与数控机床的广泛应用的结果。以前汽车零件的加工精度要求在 0.01mm 数量级,现在随着计算机硬盘、高精度液压轴承等精密零件的增多,精整加工所需精度已提高到 $0.1\mu m$,加工精度进入了亚微米级。提高数控设备加工精度的方法有以下几种:

① 提高机械设备的制造精度和装配精度。

② 减小数控系统的控制误差,提高数控系统的分辨率,以微小程序段实现连续进给,

使 CNC 控制单位精细化,提高位置检测精度,位置伺服系统采用前馈控制与非线性控制。

③ 采用齿隙补偿、丝杆螺距误差补偿、刀具误差补偿、热变形误差补偿、空间误差综合补偿等技术。

3. 复合化

机床的复合化加工是通过增加机床的功能,减少工件加工过程中的多次装夹、重新定位、对刀等辅助工艺时间,来提高机床利用率。复合化加工的两重含义:

① 工序和工艺的集中。一次装夹可完成多工种、多工序的加工。

② 工艺的成套。企业向复合型发展,为用户提供成套服务。

4. 智能化

数控技术智能化程度不断提高,主要体现在以下几个方面:

① 加工过程自适应控制技术——监测加工过程中的刀具磨损、破损、切削力、主轴功率等信息并进行反馈,利用传统的或现代的算法进行调节运算,实时修调加工参数或加工指令,使设备处于最佳运行状态,以提高加工精度和设备运行安全性。

② 加工参数的智能优化与选择——将加工专家的经验、切削加工的一般规律与特殊规律,按人工智能中知识表达的方式建立知识库存入计算机,以加工工艺参数数据库为支撑,建立专家系统,并通过它提供经过优化的切削参数,使加工系统始终处于最优和最经济的工作状态,从而达到提高编程效率和加工工艺技术水平,缩短生产准备时间的目的。目前,已开发出的自带学习功能的"神经网络电火花加工专家系统",带有人工智能式自动编程功能的 7000 系列数控系统(日本大隈公司)。

③ 故障自诊断功能——故障诊断专家系统为数控设备提供了一个包括二次监测、故障诊断、安全保障和经济策略等方面在内的智能诊断及维护决策信息集成系统。采用智能混合技术,可在故障诊断中实现以下功能:故障分类、信号提取与特征提取、故障诊断专家系统、维护管理等。

④ 智能化交流伺服驱动装置。目前,已开始研究能自动识别负载,并自动调整参数的智能化伺服系统,包括智能主轴交流驱动装置和智能化进给伺服装置。这种驱动装置能自动识别电动机及负载的转动惯量,并自动对控制系统参数进行优化和调整,使驱动系统获得最佳运行。

5. 信息网络化

网络功能正逐渐成为现代数控机床、数控系统的特征之一。诸如现代数控机床的远程故障诊断、远程状态监控、远程加工信息共享、远程操作(危险环境的加工)、远程培训等都是以网络功能为基础的。例如,美国波音公司利用数字文件作为制造载体,首次利用网络功能实现了无图纸制造波音 777 新型客机。

基础二 数控加工编程与工艺基础

一、生产过程和工艺过程概述

(一) 基本概念

1. 生产过程

机械产品制造时,把原材料转变为产品的全过程,称为生产过程。

生产过程主要包括:

① 生产技术准备过程。产品投入生产前的各项生产和技术准备工作,如产品的设计和试验、工艺设计、专用工艺装备的设计与制造、各种生产资料的准备以及生产组织等。

② 毛坯的制造过程。如铸造、锻造等。

③ 零件的各种加工过程。如机械加工、焊接、热处理等。

④ 产品的装配过程。包括部装、总装、调试等。

⑤ 各种生产服务活动。如生产中原材料、半成品和工具的供应、运输、保管,以及产品的包装和发货运输等。

2. 工艺过程

改变生产对象的形状、尺寸、相对位置和性质等,使其成为成品或半成品的过程,称为工艺过程。工艺过程包括毛坯的制造过程、机械加工、热处理、装配等过程。工艺过程是生产过程的主体。

3. 机械加工工艺过程

利用机械力对各种工件进行加工的过程,称为机械加工工艺过程。它主要是指使材料或毛坯改变形状、尺寸和表面质量等,使其成为成品或半成品的过程。

4. 数控加工工艺过程

数控加工工艺过程主要是指机械加工工艺过程是在数控机床上完成的,是利用切削刀具在数控机床上直接改变加工对象的形状、尺寸、表面质量等,使其成为成品或半成品的过程,称为数控加工工艺过程。

数控机床加工零件时所运用各种方法和技术手段的总和,称为数控加工工艺。因而数控加工工艺有别于一般的机械加工工艺,但其基本理论仍然是机械加工工艺。

(二) 机械加工工艺过程的组成

1. 工序

一个(或一组)工人,在一个机床(或工作地)上对一个(或同时对几个)工件所连续完成的那一部分工艺过程,称为工序。

划分工序的依据是工作地是否发生变化和工作是否连续。

如图 1-1 所示的阶梯轴零件,单件小批生产和大批大量生产时,按常规加工方法划分的工序分别见表 1-1 和表 1-2。

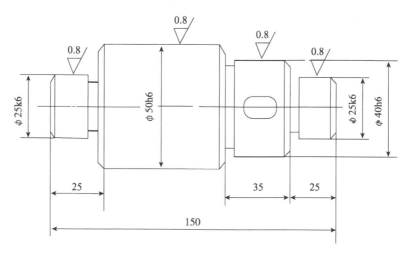

图 1-1　阶梯轴零件

表 1-1　单件小批生产工艺过程

工序号	工序名称	工序内容	设备
1	毛坯	下料 55×155	锯床
2	车	车端面、钻两端中心孔、车外圆、车槽和倒角 外圆留磨量	卧式车床
3	磨	磨外圆至图样尺寸要求	外圆磨床
4	铣	铣键槽、去毛刺	立式铣床
5	检验	按零件图尺寸检验	检验台

表 1-2　大批大量生产工艺过程

工序号	工序名称	工序内容	设备
1	毛坯	下料 55×155	锯床
2	铣	两端同时铣端面、钻中心孔	专用机床
3	车	车右端的外圆、切槽和倒角，外圆留磨量	车床
4	车	车左端的外圆、切槽和倒角，外圆留磨量	车床
5	钳	研磨中心孔	钻床
6	磨	磨外圆 $\phi50h6$ 至图样尺寸要求	外圆磨床
7	磨	磨外圆 $\phi40h6$ 至图样尺寸要求	外圆磨床
8	磨	磨外圆 $\phi25k6$ 至图样尺寸要求	外圆磨床
9		铣键槽	铣床
10		去毛刺	钳工台
11	检验	按零件图尺寸检验	检验台

　　机械加工工艺过程是由一个或若干个顺序排列的工序组成的,而工序又可分为若干个工步、装夹和进给。

　　注意:数控加工的工序划分比较灵活,常采用工序集中的原则。

　　2. 工步与进给

　　在加工表面(或装配时连接面)和加工(或装配)工具不变的情况下,所连续完成的那一部分工艺过程,称为工步。划分工步的依据是加工表面和工具是否变化。

　　对在一次安装中连续进行若干个相同的工步,为简化工艺文件,常认为是一个工步。如

图 1-2 所示零件钻削 6 个 φ20 孔,可看成一个工步——钻 6×φ20 孔。有时,为了提高生产效率,用几把刀具同时加工几个表面的工步(见图 1-3),称为复合工步。在数控加工中,通常将一次安装下用一把刀连续切削零件上的多个表面划分为一个工步。

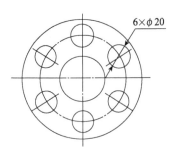

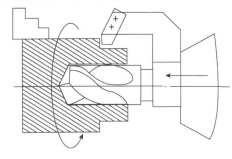

图 1-2　加工六个相同表面的工步　　　　　　　图 1-3　复合工步

在一个工步内,若被加工表面需切除的余量较大,需分几次切削,每进行一次切削就称一次进给。一个工步可包括一次或几次进给。

3. 装夹和工位

工件在加工前,将工件在机床或夹具中定位、夹紧的过程称为装夹。在一道工序中,工件可能只需安装一次,也可能需要安装几次。例如表 1-2 中的工序 9,只需一次安装即可铣出键槽。

为了减少工件的装夹次数,常采用回转工作台(或夹具)、移动工作台(或夹具),使工件在一次安装中先后处于几个不同的位置进行加工,此时每个位置就称为一个工位。如图 1-4所示,用移动工作台(或夹具),在一次安装中可完成铣端面、钻中心孔两个工位的加工。采用多工位加工方法,可减少安装次数,提高加工精度和效率。

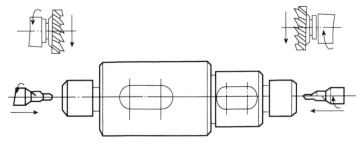

图 1-4　多工位加工示例

(三) 加工顺序的安排

1. 机械加工顺序的安排原则

(1) 先加工定位基准面

选定的精基准表面应安排在起始工序首先加工,以便尽早为后续工序的加工提供基准。

(2) 划分加工阶段,先粗后精

对加工质量要求较高的零件,都应划分加工阶段。一般加工工艺通常划分为粗加工、半精加工和精加工三个阶段。当加工精度及表面质量要求特别高时,还应经光整加工、超精加工阶段。

粗加工阶段,主要任务是尽快地切除各表面的大部分余量。它要求有很高的生产率,但所能达到的精度和表面质量均较低;半精加工阶段,主要任务是为精加工作准备;精加工阶段,主要是保证工件加工表面达到规定的技术要求(尺寸公差要求和表面精度要求);光整加工阶段,是从工件上切除极薄金属层或不切除金属,以获得很高表面质量(很低的表面粗糙度值或强化表面)的加工过程;超精加工阶段,是按照稳定、超微量切除原则,实现加工尺寸误差及形状误差在 $0.1\mu m$ 以下的加工方法。

（3）先面后孔

底座、箱体、支架及连杆类零件应先加工平面,后再加工孔,这是因为平面平整,安放和定位较稳定可靠。先加工平面,再以平面作精基准加工孔,这样可以保证平面与孔的位置精度。

（4）先加工主要表面,再将次要表面的加工工序插入

例如螺孔、键、联接孔等次要表面,加工量都较少,加工比较方便,而且与主要表面有一定的相互位置要求。若把次要表面的加工穿插在各加工阶段之间进行,就能保证要求。

2. 热处理工序的安排

热处理目的是为了提高材料力学性能,改善切削性能,消除零件残余应力。在制订工艺规程时,热处理工序应合理安排。

（1）预处理工序安排

预处理的目的是改善金属材料切削性能,为最终热处理作准备,消除零件残余应力,如退火、正火、时效处理。预处理一般应安放在零件粗加工前进行。调质处理是对中碳钢零件等采取的工序,以提高其综合力学性能,通常安排在粗加工之后、半精加工之前。

（2）最终热处理工序的安排

最终热处理的目的是为了提高零件表面的硬度与耐磨性,如淬火、表面淬火、渗碳淬火。这些热处理一般安排在半精加工之后、精加工之前;氮化处理安排在粗磨与精磨之间。

3. 辅助工序的安排

辅助工序包括检验、去毛刺、倒棱、清洗、防锈、探伤、平衡、水密试验等。辅助工序对保证产品质量及后续工序、装配都是必需的,务必不能遗漏。

零件各表面加工前后顺序的安排,对保证加工质量,提高生产率,降低生产成本有重要作用。工艺人员必须全面地将切削加工、热处理和辅助工序综合考虑。

（四）工序集中与工序分散

工序集中与工序分散是拟订工艺过程时确定工序数目的两种不同的原则。

工序集中就是将工件的加工集中在少数几道工序内完成,每道工序的加工内容较多。

工序分散就是将工件的加工分散在较多的工序内进行,每道工序的加工内容很少,最少时,仅有一个简单的工步。

工序集中的特点:

① 可减少工件装夹次数,在一次安装中加工出多个表面,有利于提高表面间位置精度。

② 可采用高效、高自动化设备,提高加工精度与生产率。如目前越来越多地采用加工中心就是一例。

③ 减少机床、操作工人数量与生产面积。

④ 采用复杂高精度设备,投资大,调整维修复杂。

工序分散特点：

① 设备、工装比较简单，调整、维修方便，工人容易掌握，生产准备工作量少。

② 可采用最合理的切削用量，缩短基本时间。

③ 设备数量多，操作人员多，占用生产面积大。

工序集中与工序分散的选取，应根据生产规模、零件结构特征、技术要求、机床设备等条件综合考虑。一般，大批大量生产的工厂倾向于采用工序集中原则。工序集中可以广泛采用多刀机床和高效机床。由于工序集中的优点较多，现代生产的发展趋向工序集中。但对形状复杂的零件，如连杆、活塞等，不便集中工序，则可采用分散工序。分散工序便于应用结构简单的专用设备及工装，以保证加工质量，并可利用流水线生产。

（五）机械加工工艺规程

1. 工艺规程的概念

工艺规程是规定产品或零部件制造工艺过程和操作方法等方面的工艺文件。其中，规定零件机械加工工艺过程和操作方法等方面的工艺文件称为机械加工工艺规程。

机械加工工艺规程是在具体的生产条件下，最合理或较合理的工艺过程和操作方法，并按规定的形式书写成工艺文件经审批后用来指导生产的，是机械制造厂最主要的技术文件之一。

2. 机械加工工艺规程的制订原则

机械加工工艺规程的制订原则是优质、高产、低成本，即在保证产品质量前提下，能尽量提高劳动生产率和降低成本。在制订工艺规程时应注意以下问题。

（1）技术上的先进性

在制订机械加工工艺规程时，应在充分利用本企业现有生产条件的基础上，尽可能采用国内、外先进工艺技术和经验，并保证良好的劳动条件。

（2）经济上的合理性

在规定的生产纲领和生产批量下，可能会出现几种能保证零件技术要求的工艺方案，此时应通过核算或相互对比，一般要求工艺成本最低。充分利用现有生产条件，少花钱，多办事。

（3）有良好的劳动条件

在制订工艺方案上要注意采取机械化或自动化的措施，尽量减轻工人的劳动强度，保障生产安全，创造良好、文明的劳动条件。

由于工艺规程是直接指导生产和操作的重要技术文件，所以工艺规程还应正确、完整、统一和清晰。所用术语、符号、计量单位、编号都要符合相应标准，必须可靠地保证零件图上技术要求的实现。在制订机械加工工艺规程时，如果发现零件图某一技术要求规定得不适当，须及时向有关部门提出，不得擅自修改零件图或不按零件图去做。

3. 制订机械加工工艺规程的步骤

① 计算零件年生产纲领，确定生产类型。

② 对零件进行工艺分析。在对零件的加工工艺规程进行制订之前，应首先对零件进行工艺分析。其主要内容包括：

• 分析零件的作用及零件图上的技术要求。

- 分析零件主要加工表面的尺寸、形状及位置精度、表面粗糙度以及设计基准等。
- 分析零件的材质、热处理及机械加工的工艺性。

③ 确定毛坯。毛坯的种类和质量对零件加工质量、生产率、材料消耗以及加工成本都有着密切关系。毛坯的选择应以生产批量的大小、零件的复杂程度、加工表面及非加工表面的技术要求等几方面综合考虑。正确选择毛坯的制造方式，可以使整个工艺过程更加经济合理，故应慎重对待。在通常情况下，主要应以生产类型来决定。

④ 制订零件的机械加工工艺路线。

- 确定各表面的加工方法。在了解各种加工方法特点和掌握其加工经济精度和表面粗糙度的基础上，选择保证加工质量、生产率和经济性的加工方法。
- 选择定位基准。根据粗、精基准选择原则，合理选定各工序的定位基准。
- 制订工艺路线。在对零件进行分析的基础上，划分零件粗、半精、精加工阶段，并确定工序集中与分散的程度，合理安排各表面的加工顺序，从而制订出零件的机械加工工艺路线。对于比较复杂的零件，可以先考虑几个方案，分析比较后，再从中选择比较合理的加工方案。

⑤ 确定各工序的加工余量和工序尺寸及其公差。

⑥ 选择机床及工、夹、量、刃具。机械设备的选用应当既保证加工质量，又要经济合理。在成批生产条件下，一般应采用通用机床和专用工夹具。

⑦ 确定各主要工序的技术要求及检验方法。

⑧ 确定各工序的切削用量和时间定额。单件小批量生产厂，切削用量多由操作者自行决定，机械加工工艺过程卡片中一般不作明确规定。在中批量生产厂，特别是在大批量生产厂，为了保证生产的合理性和节奏的均衡，则必须要求规定切削用量，并不得随意改动。

⑨ 填写工艺文件。进行技术经济分析，选择最佳方案，填写工艺文件。

4. 工艺文件

常用的工艺文件有机械加工工艺过程卡、机械加工工序卡等。

① 机械工艺过程卡片是以工序为单位简要说明零件加工过程的一种工艺文件，见表1-3。

② 机械加工工序卡是为每一道工序编制的一种工艺文件，见表1-4。

表 1-3 机械加工工艺过程卡

单位名称		机械加工工艺过程卡片		产品型号	HAZ150—3250		零件图号	HAZ150—3250—50		
				产品名称	乏燃料池冷却泵	零件名称	泵盖	共 2 页		第 1 页
材料牌号	Z3CND19.10M	毛坯种类	铸件	毛坯外形尺寸	φ260×160	毛坯件数	1	每台件数		1
工序号	工序名称	工序内容				车间	工段	设备	工艺装备	工时
										准件	单件
1	检查	毛坯入库检查				质检					
2	检查	晶间腐蚀检查				质检					

单位名称		机械加工工艺过程卡片	产品型号	HAZ150—3250	零件图号	HAZ150—3250—50		
			产品名称	乏燃料池冷却泵	零件名称	泵盖	共2页	第1页

材料牌号	Z3CND19.10M	毛坯种类	铸件	毛坯外形尺寸	φ260×160	毛坯件数	1	每台件数	1

工序号	工序名称	工序内容	车间	工段	设备	工艺装备	工时 准件	工时 单件
3	车	四爪夹毛坯外圆,C面按工序图找正,粗加工	金工		C6250A	外圆车刀、四爪卡盘、游标卡尺、深度尺		
		检验(1)						
4	车	四爪夹φ249外圆,按工序图找正,粗加工	金工		C6250A	外圆车刀、四爪卡盘、游标卡尺、深度尺		
		检验(2)						
5	试压	泵盖粗加工后进行水压试验,看是否有渗漏	金工		DGB—25			
6	车	三爪夹φ181外圆,按工序图找正,粗加工	金工		C6250A	外圆车刀、四爪转卡盘、游标卡尺、深度尺		
		检验(3)						
7	车	以φ206止口定位,精加工各端面、外圆和内孔	金工		C6250A	外圆车刀、四爪卡盘、游标卡尺、深度尺		
		检验(4)						
8	试压	进行水压试验,看是否有渗漏	金工		DGB—25			
9	钻	以φ206端面定位,钻φ105±0.2均布螺孔4-M16	金工		TH7650A	钻头、丝锥、游标卡尺、专用夹具		
		φ14钻头,钻孔深20,攻4—M16螺纹,深16						
		检验(5)						
10	钻	以φ125端面定位,钻φ4,φ10	金工		ZY3725	钻头、游标卡尺、专用夹具		
		检验(6)						
11	检验	PT检查(渗透检查)是否有缺陷	质检		DTP—5			

					编制(日期)	校核(日期)	审核(日期)		标准化	编制
标记	处数	更改文件号	签字	日期	标记	处数	更改文件号	签字	日期	

表 1-4　机械加工工序卡

单位		产品型号	C10B	零件图号	0804		
		产品名称	解放汽车	零件名称	弹簧吊耳	共1页	第1页

车间	工序号	工序名称	材料牌号
金工	5	钻	35钢
毛坯种类	毛坯外形尺寸	每毛坯件数	每台件数
锻件	200×124×60		
设备名称	设备型号	设备编号	同时加工件数
立式钻床	Z5140B		1
夹具编号	夹具名称	切削液	
	专用夹具		
工位器具编号	工位器具名称	工序工时/分	
		准终	单件

工步号	工步内容	工艺设备	主轴转速/(r/min)	切削速度/(m/min)	进给量/(mm/r)	切削深度/mm	进给次数	工步工时/分 机动	工步工时/分 辅助
1	钻孔至φ35	Z5140B	125	13.74	0.60	17.5	1	1.253	0.77
2	扩孔至φ36.7	Z5140B	47	5.42	1.0	0.85	1	1.7	0.77
3	铰孔至φ37	Z5140B	47	5.46	0.6	0.15	1	2.82	0.77

设计		日期		审核		日期			会签		日期		

数控加工技术文件有数控加工工序卡、数控加工进给路线图、数控刀具卡片、数控加工程序单等。文件格式可根据企业实际情况自行设计。

数控加工工序卡:与普通加工工序卡有许多相似之处,所不同的是,在工序卡简图中注明编程原点与对刀点;简要的编程说明,如程序编号、刀具半径补偿、镜像或对称加工方式等。

数控刀具卡片:刀具卡反映加工编号及相应参数,是组装刀具和调整刀具的依据。数控刀具一般可在机外对刀仪上预先调整好,见表2-5。

表 1-5　数控刀具卡

零件号	JK03-028	零件名称		底板		材料	45 钢	制表	
程序号	O001	产品名称		JK03		夹具	平口钳	日期	
工序内容	序号	刀具号		刀具型号			主轴转速 /(r/min)	进给速度 /(mm/min)	
钻中心孔	1	T01		D5 中心钻			1000	100	
钻 4-ϕ7 孔	2	T02		D7 麻花钻			1200	120	
锪 4-ϕ12 孔	3	T03		D12 键槽铣刀			600	60	
钻螺纹底孔	4	T04		D5 麻花钻			1400	140	
钻 ϕ18 孔	5	T05		D18 麻花钻			400	40	
扩 ϕ19.4 孔	6	T06		D19.4 麻花钻			300	30	
钻 ϕ4.8 孔	7	T07		D4.8 麻花钻			1500	150	
铰 ϕ5H7 孔	8	T08		D5 铰刀			100	100	
倒角	9	T09		45 度倒角刀			1000	200	
攻螺纹	10	T10		M6 丝锥			1000	1000	
镗孔	11	T11		镗刀			500	50	

数控加工程序单：它阐明了工艺人员对数控加工工序的技术要求和工序说明，以及数控加工前应保证的加工余量。它是编程人员和工艺人员协调工作和编制数控程序的重要依据之一，见表 1-6。

表 1-6　数控加工程序单

	★	MC名称	类别	刀具	刀长	刀刃	刀头名称	转速	进绘	余臂(径/轴)	I深度	加工时间
9	9	EGHA-F08	刻字	R0.25	20.3	60	大刀头	0	2400	0/-0.1	-19.99	0:00:00
10	10	EGHA-E01	开粗	D10	31.04	60	大刀头	2700	1700	-0.06/-0.1	-29.84	0:22:55
11	11	EGHA-E02	开粗	D4	11.78	60	大刀头	2700	1700	-0.06/-0.1	-11.49	0:01:40
12	12	EGHA-E03	开粗	D2	11.45	60	大刀头	2700	1700	-0.06/-0.1	-11.49	0:01:17
13	13	EGHA-E04	霹光	D10	30.26	60	大刀头	600	2400	-0.25/-0.26	-29.89	0:00:35
14	14	EGHA-E05	霹光	D2	11.72	60	大刀头	1600	2400	-0.25/-0.26	-11.64	0:06:01
15	15	EGHA-E06	霹光	R2	11.48	60	大刀头	1600	2400	-0.25/-0.26	-11.32	0:03:11
16	16	EGHA-E07	霹光	R1	10.46	60	大刀头	1600	2400	-0.25/-0.26	-10.32	0:00:04
17	17	EGHA-E08	刻字	R0.26	20.3	60	大刀头	0	2400	0/-0.1	-19.99	0:00:00
18												
19												
20												
21												
22												
23												
24	★											
25	1	EGHA-F01	开粗	D10	31.04	60	大刀头	2100	1700	0.12/0.07	-19.72	0:18:23
26	2	EGHA-F01	开粗	D10	31.04	60	大刀头	2100	1700	0.2/0.8	-29.84	0:04:27
27	3	EGHA-F02	开粗	D4	11.78	60	大刀头	2100	1700	0.12/0.07	-11.32	0:01:37
28	4	EGHA-F03	开粗	D2	11.45	60	大刀头	2100	1700	0.12/0.07	-11.32	0:01:18
29	5	EGHA-F04	霹光	D10	30.26	60	大刀头	600	2400	-0.08/-0.09	-29.89	0:00:36

二、数控加工工艺系统简介

(一) 数控加工工艺系统的组成

机械加工中,由机床、夹具、刀具和工件等组成的统一体,称为工艺系统。数控加工工艺系统是由数控机床、夹具、刀具和工件等组成的,如图1-5所示。数控加工就是根据零件图样及工艺要求等原始条件,编制零件数控加工程序,并输入到数控机床的数控系统,以控制数控机床中刀具与工件的相对运动,从而完成零件的加工。数控加工过程是在一个由数控机床、刀具、夹具和工件构成的数控加工工艺系统中完成的。

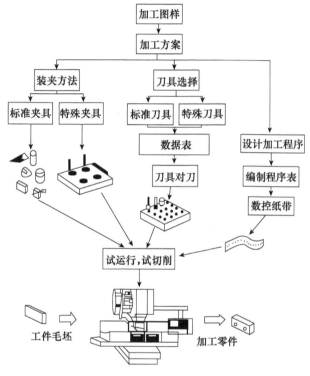

图1-5　数控加工工艺系统的组成

1. 数控机床

数控机床是采用数控技术,或者说装备了数控系统的机床。数控机床是具有高附加值的技术密集型产品,实现了高度的机电一体化。它集计算机技术、自动控制技术、精密测量技术、通信技术和精密机械等高新技术于一体,数控机床是实现数控加工的主体。加工程序用于控制刀具与工件之间的相对运动轨迹。

2. 夹具

在机械制造中,用以装夹工件(和引导刀具)的装置统称为夹具。夹具是用来固定被加工零件,并使之占有正确的位置的装置。在机械制造工厂,夹具的使用十分广泛,从毛坯制造到产品装配以及检测的各个生产环节,都有许多不同种类的夹具。夹具是实现数控加工的纽带。

3. 刀具

金属切削刀具是现代机械加工中的重要工具。无论是普通机床还是数控机床,都必须依靠刀具才能完成切削工作。刀具是实现数控加工的桥梁。

4. 工件

工件是数控加工的对象。

工艺系统性能的好坏直接影响零件的加工精度和表面质量。

(二) 数控机床的工作过程

虽然数控加工与传统的机械加工相比,在加工的方法和内容上有许多相似之处,但由于采用了数字化的控制形式和数控机床,许多传统加工过程中的人工操作被计算机和数控系统的自动控制所取代。

数控加工过程如图 1-6 所示,其具体步骤如下:

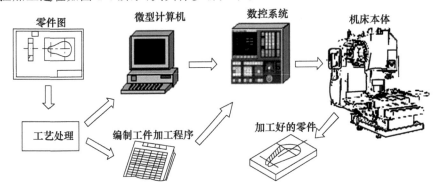

图 1-6   数控加工过程

① 分析零件图。分析零件图的形状、大小、结构特点及加工技术要求,如尺寸精度、形位公差、表面粗糙度、工件的材料、硬度、加工性能以及工件数量等。

② 根据零件图进行工艺分析,确定加工方案、工艺参数和位移数据。其中包括零件的结构工艺性分析、材料和设计精度合理性分析等。数控加工工艺分析大致包括:工件与刀具相对运动的刀具轨迹坐标尺寸(进给执行部件的进给尺寸);切削加工的工艺参数(主运动和进给运动的速度、切削用量、刀具参数等);各种辅助操作(主轴变速、换刀、冷却和润滑液的启停、工件夹紧松开等)。

③ 根据零件图编程。用规定的程序代码和格式编写零件加工程序单;或利用编程软件 CAD/CAM 进行计算机辅助设计和自动编程,直接生成零件的加工程序文件。

④ 程序的输入或传输。手工编程时,可以通过数控机床的操作面板输入程序,由编程软件生成的程序,通过计算机的串行通信接口 RS-232 直接传输到数控机床的数控单元 (MCU)。

⑤ 将输入/传输到数控单元的加工程序,进行试运行、刀具路径模拟等。

⑥ 加工。通过对机床的正确操作,运行程序,完成零件的加工。当执行程序时,机床 CNC 数控系统将加工程序语句译码、运算,转换成驱动各运动部件的动作指令,在系统的统一协调下驱动各运动部件的适时运动,自动完成对工件的加工。数控机床的加工过程可简单归纳为图 1-7 所示。

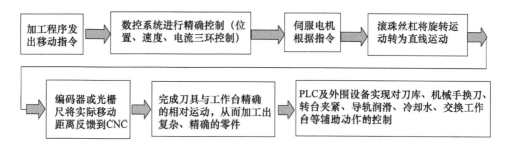

图 1-7　数控机床的加工过程

⑦ 检验。从数控加工过程可以看出,工艺分析和制订加工工艺在数控加工中起到了关键的作用,直接决定了数控加工的好坏与成败。

(三) 数控机床的组成

数控机床由控制介质、数控装置(CNC)、伺服系统及驱动装置、位置检测反馈装置、辅助控制装置、机床本体等几部分组成,如图 1-8 所示。

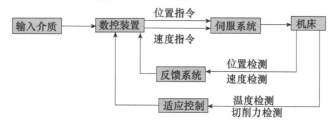

图 1-8　数控机床的组成

1. 控制介质

控制介质是人与数控机床之间联系的中间媒介物质,反映了数控加工中的全部信息。程序的存储介质,又称程序载体。存储介质有:穿孔纸带、盒式磁带(过时、淘汰);软盘、磁盘、U 盘;DNC 网络通信、RS-232 串口通信。

2. 数控装置

数控装置是数控机床的中枢,是整个数控机床的灵魂所在。主要由输入装置(键盒、纸带阅读机)、输出装置(CRT 显示器)、主控制系统、可编程控制器、各种 I/O(输入/输出)接口电路(见图 1-10)等组成。用于输入数字化的零件程序,并完成输入信息的存储、数据的变换、插补运算以及实现各种控制功能等。数控装置从内部存储器中取出或接收输入装置送来的一段或几段数控加工程序,经过数控装置的逻辑电路或系统软件进行编译、运算和逻辑处理后,输出各种控制信息和指令,控制机床各部分的工作,使其进行规定的有序运动和动作。如图 1-10 所示为 CNC 数控装置 (FANUC 16/18 系统)。

3. 伺服系统及驱动装置

伺服系统主要完成机床的运动及运动控制(包括进给运动、主轴运动、位置控制等),它由伺服驱动装置和伺服电动机组成,并与机床上的执行部件和机械传动部件组成数控机床的进给系统,是数控系统的执行部分,它接收来自数控装置的位置控制信息,将其转换成相应坐标轴的进给运动和精确的定位运动,驱动机床执行机构运动。每个进给运动的执行部件都有相应的伺服驱动系统,三轴联动的机床就有三套驱动系统。当几个进给轴联动时,可以完成定位,直线、平面曲线和空间曲线的加工。由于是数控机床的最后控制环节,它的性能将直接影响数控机床的生产效率、加工精度和表面加工质量,整个机床的性能主要取决于伺服系统。常用的伺服驱动元件有功率步进电机、电液脉冲马达、直流伺服电机和交流伺服电机等,如图 1-11 所示。

图 1-9　I/O 单元(接口电路)

图 1-10　CNC 数控装置(FANUC 16/18 系统)

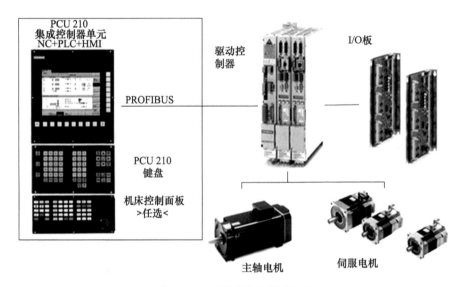

图 1-11　伺服系统及驱动装置

脉冲当量:每一个脉冲信号使机床移动部件移动的位移量。常用的脉冲当量为 0.001mm/脉冲。对于步进电机来说,每一个脉冲信号使电机转过一个角度,进而带动机床移动部件移动一个微小距离。

4. 位置检测反馈装置

该装置由测量部件和响应的测量电路组成,其作用是检测速度和位移。位置检测装置将数控机床各坐标轴的实际位移量检测出来,经反馈系统输入到机床的数控装置之后,数控装置将反馈回来的实际位移量值与设定值进行比较,控制驱动装置按照指令设定值运动。常用的测量部件有脉冲编码器、光栅、旋转变压器、感应同步器和磁尺等。

5. 辅助装置

指数控机床的一些必要的配套部件,辅助控制装置的主要作用是接收数控装置输出的开关量指令信号,经过编译、逻辑判别和运动,再经功率放大后驱动相应的电器,带动机床的机械、液压、气动等辅助装置完成指令规定的开关量动作。这些控制包括主轴运动部件的变速、换向和启停,刀具的选择和交换,冷却、润滑装置的启动停止,工件和机床部件的松开、夹紧,分度工作台转位分度等开关辅助动作。由于可编程逻辑控制器(PLC)具有响应快,性能可靠,易于使用、编程和修改程序并可直接启动机床开关等特点,现已广泛用作数控机床的辅助控制装置。

6. 机床本体

它是数控机床的机械结构实体,包括机床的基础大件(如床身、底座、立柱)、主轴传动装置、进给传动装置、工作台等用于完成各种切削加工的机械部件,如图 1-12 所示。

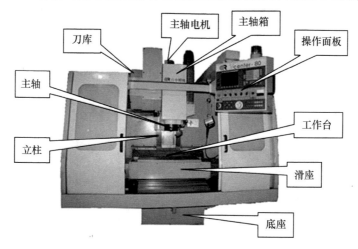

图 1-12　机床本体

(四) 数控刀具

1. 数控刀具的要求与特点

① 要有很高的切削效率。提高切削速度至关重要,硬质合金刀具切削速度可达 500～600m/min,陶瓷刀具可达 800～1000m/min。

② 要有很高的精度和重复定位精度,一般为 3～5μm 或者更高。

③ 要有很高的可靠性和耐用度,是选择刀具的关键指标。

④ 实现刀具尺寸的预调和快速换刀,缩短辅助时间,提高加工效率。

⑤ 具有完善的模块式工具系统,储存必要的刀具以适应多品种零件的生产。

⑥ 建立完备的刀具管理系统,以便可靠、高效、有序地管理刀具系统。

⑦ 要有在线监控及尺寸补偿系统,监控加工过程中刀具的状态,提高加工可靠度。

以上是选择和评价刀具的依据。数控机床上用的刀具还应满足安装调整方便、刚性好、精度高、耐用度好等要求。

2. 数控加工刀具的种类

(1) 根据数控机床刀具系统的发展分类

① 整体式刀具系统。

② 模块化刀具系统,模块化刀具是发展方向。

（2）数控刀具依据结构的分类

① 整体式:工艺简单,应用广泛。几种常见的整体式刀具如图 1-33 和图 1-44 所示。

图 1-13　整体式 PVD 涂层高速钢齿轮滚刀、铣刀、钻头

图 1-14　整体式高速钢铣刀

② 镶嵌式:可分为焊接式和机夹式。常见镶嵌式刀具如图 1-15 和图 1-16 所示。

图 1-15　机夹式可转位车刀头

图 1-16　机夹式可转位铣刀

③ 减振式:当刀具的工作臂长与直径之比较大时,为了减少刀具的振动,提高加工精度,多采用此类刀具。主要用于镗孔。

④ 内冷式:切削液通过刀体内部由喷孔喷射到刀具的切削刃部。如深孔加工。

⑤ 特殊型式:如复合刀具、可逆攻螺纹刀具等。

目前,数控刀具主要采用机夹可转位刀具。

（3）按制造所采用的材料分类

① 高速钢刀具:比普通工具钢耐磨、比硬质合金韧性高,具有良好的热稳定性。

② 硬质合金刀具:切削速度比高速钢提高 4～7 倍,抗弯强度和抗冲击韧性不强。硬质合金刀片切削性能优异,在数控加工中被广泛使用。

（4）按切削工艺分类

① 车削刀具:分外圆、内孔、外螺纹、内螺纹,切槽、切端面、切端面环槽、切断、孔加工刀具(包括中心钻、钻头、镗刀、丝锥等)等。数控车床一般使用标准的机夹可转位刀具。机夹可转位刀具的刀片和刀体都有标准,刀片材料采用硬质合金、涂层硬质合金以及高速钢。

② 钻削刀具：分小孔、短孔、深孔、攻螺纹、铰孔等刀具。钻削刀具可用于数控车床、车削中心，又可用于数控镗铣床和加工中心。

③ 镗削刀具：分粗镗、精镗等刀具。镗刀从结构上可分为整体式镗刀柄、模块式镗刀柄和镗头类。从加工工艺要求上可分为粗镗刀和精镗刀。

④ 铣削刀具：分面铣刀（见图 1-17）、立铣刀（见图 1-18）、三面刃铣刀等。

图 1-17　面铣刀　　　　　　　　　　　图 1-18　立铣刀

⑤ 特殊型刀具：有带柄自紧夹头、强力弹簧夹头刀柄、可逆式（自动反向）攻螺纹夹头刀柄、增速夹头刀柄、复合刀具和接杆类等。

3. 数控刀具的选择

刀具的选择是数控加工工艺中重要内容之一。选择刀具通常要考虑机床的加工能力、工序内容、工件材料等因素。选取刀具时，要使刀具的尺寸和形状相适应。刀具选择应考虑的主要因素有：

① 被加工工件的材料、性能。如金属、非金属，其硬度、刚度、塑性、韧性及耐磨性等。

② 加工工艺类别。如车削、钻削、铣削、镗削或粗加工、半精加工、精加工和超精加工等。

③ 加工工件信息如工件的几何形状、加工余量、零件的技术经济指标。

④ 刀具能承受的切削用量（切削用量三要素），包括主轴转速、切削速度与切削深度等。

⑤ 辅助因数。如操作间断时间、振动、电力波动或突然中断等。

（五）数控加工工艺设计

在进行数控加工工艺设计时，一般应进行以下几方面的工作：

① 数控加工工艺内容的选择。

② 数控加工工艺性分析。

③ 数控加工工艺路线的设计。

④ 数控加工工序设计。

⑤ 数控加工技术文件的编写。

1. 数控加工工艺内容的选择

对于一个零件来说，并非全部加工工艺过程都适合在数控机床上完成，而往往只是其中的一部分工艺内容适合数控加工。这就需要对零件图样进行仔细的工艺分析，选择那些最适合、最需要进行数控加工的内容和工序。在选择内容时，应结合本企业设备的实际，立足于解决难题、攻克关键问题和提高生产效率，以充分发挥数控加工的优势。

2. 数控加工工艺性分析

被加工零件的数控加工工艺性问题涉及面很广，下面结合编程的可能性和方便性提出一些必须分析和审查的主要内容。

（1）尺寸标注应符合数控加工的特点

在数控编程中，所有点、线、面的尺寸和位置都是以编程原点为基准的。因此，零件图样上最好直接给出坐标尺寸，或尽量以同一基准引注尺寸。

（2）几何要素的条件应完整、准确

在程序编制中，编程人员必须充分掌握构成零件轮廓的几何要素参数及各几何要素间的关系。因为在自动编程时要对零件轮廓的所有几何元素进行定义，手工编程时要计算出每个节点的坐标，无论哪一点不明确或不确定，编程都无法进行。但由于零件设计人员在设计过程中考虑不周或被忽略，常常出现参数不全或不清楚，如圆弧与直线、圆弧与圆弧是相切还是相交或相离。所以在审查与分析图纸时，一定要仔细核算，发现问题及时与设计人员联系。

（3）定位基准可靠

在数控加工中，加工工序往往较集中，以同一基准定位十分重要。因此往往需要设置一些辅助基准，或在毛坯上增加一些工艺凸台。

如图 1-19（a）所示的零件，为增加定位的稳定性，可在底面增加一工艺凸台，如图 1-19（b）所示，在完成定位加工后再除去。

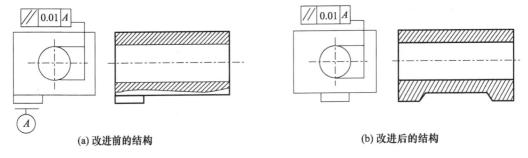

(a) 改进前的结构　　　　　　　　　　(b) 改进后的结构

图 1-19　工艺凸台的应用

（4）统一几何类型及尺寸

零件的外形、内腔最好采用统一的几何类型及尺寸，这样可以减少换刀次数，还可能应用控制程序或专用程序以缩短程序长度。零件的形状尽可能对称，便于利用数控机床的镜向加工功能来编程，以节省编程时间。

（5）零件的加工精度和尺寸公差是否可以保证

零件切削加工过程中会产生切削力，从而引起工件的受力变形。特别是薄壁零件和刚性差的零件，要注意加工部位的刚性，防止变形的产生。

（6）对零件毛坯的工艺性分析

在对零件图进行工艺性分析后，还应结合数控加工的特点，对所用毛坯（常为板料、铸件、自由锻及模锻件）进行工艺性分析，否则若毛坯不适合数控加工，加工将很难进行，甚至会造成前功尽弃的后果。毛坯的工艺性分析一般从下面几个方面考虑：

① 毛坯的加工余量是否充分，批量生产时的毛坯余量是否稳定。毛坯主要指锻、铸件，

因模锻时的欠压量与允许的错模量会造成加工余量多少不等,铸造时也会因砂型误差、收缩量及金属液体的流动性差不能充满型腔等造成余量不等。此外,锻、铸后,毛坯的翘曲与扭曲变形量的不同也会造成加工余量不充分、不稳定。

② 分析毛坯在安装定位方面的适应性。考虑毛坯在加工时的安装定位方面的可靠性与方便性,可以充分发挥数控机床的优势,以便在一次安装中加工出许多待加工面。在分析毛坯安装定位时,主要考虑要不要另外增加装夹余量或工艺凸台来定位与夹紧,在什么地方可以制出工艺孔或要不要另外准备工艺凸耳来特制工艺孔等问题。

③ 分析毛坯的余量大小及均匀性。毛坯的余量大小及均匀性决定数控加工时要不要分层切削及分几层切削,影响到加工中与加工后的变形程度,决定了数控加工是否采取预防性措施与补救性措施。

(7) 机床的选择

不同类型的零件应在不同的数控机床上加工,要根据零件的设计要求选择机床。数控车床适于加工形状比较复杂的轴类零件和由复杂曲线回转形成的模具内型腔。数控立式镗铣床和立式加工中心适于加工箱体、箱盖、平面凸轮、样板、形状复杂平面或立体零件以及模具的内外型腔。数控卧式镗铣床和卧式加工中心适于加工各种复杂的箱体类零件、泵体、阀体、壳体等。多坐标联动的卧式加工中心还可用于加工各种复杂的曲线、曲面、叶轮、模具等。

3. 数控加工工艺路线的设计

数控加工工艺路线设计与通用机床加工工艺路线设计的主要区别在于,它往往不是指从毛坯到成品的整个工艺过程,而仅是几道数控加工工序工艺过程的具体描述。因此在工艺路线设计中一定要注意到,由于数控加工工序一般都穿插于零件加工的整个工艺过程中,因而要与其他加工工艺衔接好。

常见工艺流程如图 1-20 所示。

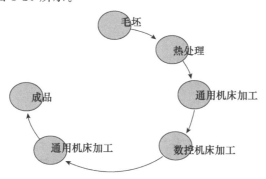

图 1-20　工艺流程图

数控加工工艺路线设计中应注意以下几个问题。

(1) 工序的划分

根据数控加工的特点,数控加工工序的划分一般可按下列方法进行:

① 按安装次数划分工序,即一次安装,加工的所有内容作为一道工序。这种方法适合于加工内容较少的零件,加工完后就能达到待检状态。

② 按所用的刀具划分工序,即同一把刀具加工的内容作为一道工序。有些零件虽然能

在一次安装中加工出很多待加工表面,但考虑到程序太长,会受到某些限制,如控制系统的限制(主要是内存容量),机床连续工作时间的限制(如一道工序在一个工作班内不能结束)等。此外,程序太长会增加出错与检索的困难。因此程序不能太长,一道工序的内容不能太多。

③ 以加工部位划分工序。对于加工内容很多的工件,可按其结构特点将加工部位分成几个部分,如内腔、外形、曲面或平面,并将每一部分的加工作为一道工序。

④ 以粗、精加工划分工序。对于经加工后易发生变形的工件,由于对粗加工后可能发生的变形需要进行校形,故一般来说,凡要进行粗、精加工的过程,都要将工序分开。

(2) 加工顺序的安排

加工顺序的安排应根据零件的结构和毛坯状况,以及定位、安装与夹紧的需要来考虑。顺序安排一般应按以下原则进行:

① 上道工序的加工不能影响下道工序的定位与夹紧,中间穿插有通用机床加工工序的也应综合考虑。

② 先进行内腔加工,后进行外形加工。

③ 以相同定位、夹紧方式加工或用同一把刀具加工的工序,最好连续加工,以减少重复定位次数、换刀次数与挪动压板次数。

④ 一次安装中进行多道工序的加工,应先安排对工件刚性破坏小的工序。

(3) 加工方法的选择

加工方法的选择原则是保证加工表面的加工精度和表面粗糙度的要求。由于获得同一级精度及表面粗糙度的加工方法一般有许多,因而在实际选择时,要结合零件的形状、尺寸大小和热处理要求等全面考虑。例如,对于 IT7 级精度的孔采用镗削、铰削、磨削等加工方法均可达到精度要求,但箱体上的孔一般采用镗削或铰削,而不宜采用磨削。一般小尺寸的箱体孔选择铰孔,当孔径较大时则应选择镗孔。此外,还应考虑生产率和经济性的要求,以及工厂的生产设备等实际情况。

(4) 加工方案确定的原则

确定加工方案时,应根据主要表面的尺寸精度和表面粗糙度的要求,初步确定为达到这些要求所需要的加工方法。例如,对于孔径不大的 IT7 级精度的孔,最终加工方法确定为精铰时,则精铰孔前通常要经过钻孔、扩孔和粗铰孔等加工。

(5) 加工余量的选择

加工余量泛指毛坯实体尺寸与工件(图样)尺寸之差。工件加工就是把大于工件(图样)尺寸的毛坯实体加工掉,使加工后的工件尺寸、精度、表面粗糙度均能符合图样的要求。通常要经过粗加工、半精加工和精加工才能达到最终要求。因此,工件总的加工余量应等于中间工序加工余量之和。工序间加工余量的选择应按以下两条原则进行。

① 采用最小加工余量原则,以求缩短加工时间,降低工件的加工费用。

② 应有充分的加工余量,特别是最后的工序。加工余量应能保证达到工件图样上所规定的要求。

在选择加工余量时,还应考虑下列 3 种情况:

① 由于工件的大小不同,切削力、内应力引起的变形差异,工件越大,变形会增加,因此要求加工余量也相应地大一些。

② 工件热处理时引起的变形,适当地增大一点加工余量。

③ 加工方法、装夹方式和工艺装备的刚性可能引起的工件变形,过大的加工余量也会由于切削力增大引起工件的变形。

（6）加工刀具的选择

数控机床,特别是加工中心,其主轴转速较普通机床的主轴转速高 1～2 倍,某些特殊用途的数控机床,加工中心土轴转速高达每分钟数万转,因此数控机床用刀具的强度与寿命至关重要。目前,涂层刀具与立方氮化硼等刀具已广泛用于加工中心,陶瓷刀具与金刚石刀具也开始在加工中心上运用。一般来说,数控机床用刀具应具有较高的寿命和刚度,刀具材料抗脆性好,有良好的断屑性能和可调易更换等特点。

（7）数控加工工艺与普通工序的衔接

数控加工工序前后一般都穿插有其他普通加工工序,如衔接得不好就容易产生矛盾。因此在熟悉整个加工工艺内容的同时,要清楚数控加工工序与普通加工工序各自的技术要求、加工目的、加工特点。如要不要留加工余量,留多少;定位面与孔的精度要求及形位公差是什么;对校形工序的技术要求如何;对毛坯的热处理状态如何等。这样才能使各工序达到相互满足加工需要,且质量目标及技术要求明确,交接验收有依据。

4. 数控加工工序的设计

在选择了数控加工工艺内容和确定了零件加工工艺路线后,即可进行数控加工工序的设计。数控加工工序设计的主要任务是进一步把本工序的加工内容、切削用量、工艺装备、定位夹紧方式及刀具运动轨迹确定下来,为编制加工程序作好准备。

1）确定走刀路线和安排加工顺序

走刀路线就是刀具在整个加工工序中的运动轨迹,它不但包括了工步的内容,也反映出工步顺序。走刀路线是编写程序的依据之一。确定走刀路线时应注意以下几点。

（1）寻求最短加工路线

如加工图 1-21(a)所示零件上的孔系。图 1-21(b)所示的走刀路线为先加工完外圈孔后,再加工内圈孔。若改用图 1-21(c)所示的走刀路线,减少空刀时间,则可节省定位时间近一半,提高了加工效率。

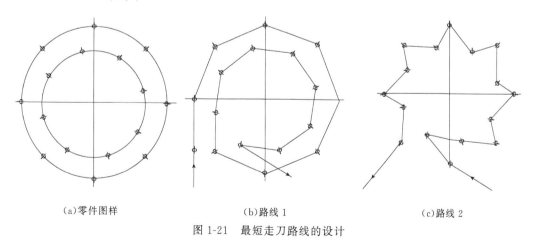

(a)零件图样   (b)路线 1   (c)路线 2

图 1-21　最短走刀路线的设计

（2）最终轮廓一次走刀完成

为保证工件轮廓表面加工后的粗糙度要求，最终轮廓应安排在最后一次走刀中连续加工出来。

如图 1-22（a）所示为用行切方式加工内腔的走刀路线，这种走刀能切除内腔中的全部余量，不留死角，不伤轮廓。但行切法将在两次走刀的起点和终点间留下残留高度，而达不到要求的表面粗糙度；所以如采用图 1-22（b）所示的走刀路线，先用行切法，最后沿周向环切一刀，光整轮廓表面，能获得较好的效果。图 1-22（c）所示路线也是一种较好的走刀路线方式。

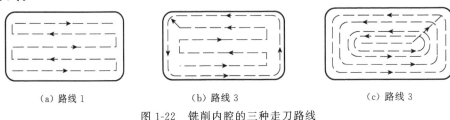

（a）路线 1　　　　　　（b）路线 3　　　　　　（c）路线 3

图 1-22　铣削内腔的三种走刀路线

（3）选择切向切入切出方向

考虑刀具的进、退刀（切入、切出）路线时，刀具的切出或切入点应在沿零件轮廓的切线上，以保证工件轮廓光滑；应避免在工件轮廓面上垂直上、下刀而划伤工件表面；尽量减少在轮廓加工切削过程中的暂停（切削力突然变化造成弹性变形），以免留下刀痕，如图 1-23 所示。

（4）选择使工件在加工后变形小的路线

对横截面积小的细长零件或薄板零件应采用分几次走刀加工到最后尺寸或对称去除余量法安排走刀路线。安排工步时，应先安排对工件刚性破坏较小的工步。

2）确定定位和夹紧方案

在确定定位和夹紧方案时应注意以下几个问题：

① 尽可能做到设计基准、工艺基准与编程计算基准的统一。

② 尽量将工序集中，减少装夹次数，尽可能在一次装夹后加工出全部待加工表面。

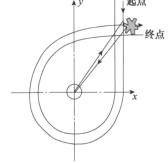

图 1-23　刀具切入和切出时的外延

③ 避免采用占机人工调整时间长的装夹方案。

④ 夹紧力的作用点应落在工件刚性较好的部位。

如图 1-24（a）所示薄壁套的轴向刚性比径向刚性好，用卡爪径向夹紧时工件变形大，若沿轴向施加夹紧力，变形会小得多。在夹紧图 1-24（b）所示的薄壁箱体时，夹紧力不应作用在箱体的顶面，而应作用在刚性较好的凸边上；或改为在顶面上三点夹紧，改变着力点位置，以减小夹紧变形，如图 1-24（c）所示。

3）确定刀具与工件的相对位置

对于数控机床来说，在加工开始时，确定刀具与工件的相对位置是很重要的，这一相对位置是通过确认对刀点来实现的。对刀点是指通过对刀确定刀具与工件相对位置的基准

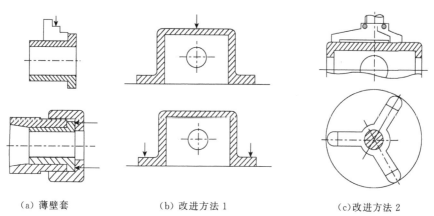

（a）薄壁套　　　　（b）改进方法 1　　　　（c）改进方法 2

图 1-24　夹紧力作用点与夹紧变形的关系

点。对刀点可以设置在被加工零件上，也可以设置在夹具上与零件定位基准有一定尺寸联系的某一位置，对刀点往往选择在零件的加工原点（或编程原点）上。

对刀点是数控加工中刀具相对工件运动的起点。通常对刀点即为程序（工件）原点。对刀点的选择原则如下：

①　所选的对刀点应使程序编制简单。

②　对刀点应选择在容易找正、便于确定零件加工原点的位置。

③　对刀点应选在加工时检验方便、可靠的位置。

④　对刀点的选择应有利于提高加工精度。

刀位点是指刀具的定位基准点。在使用对刀点确定加工原点时，就需要进行"对刀"。所谓对刀是指使"刀位点"与"对刀点"重合的操作。每把刀具的半径与长度尺寸都是不同的，刀具装在机床上后，应在控制系统中设置刀具的基本位置。圆柱铣刀的刀位点是刀具中心线与刀具底面的交点；球头铣刀的刀位点是球头的球心点或球头顶点；车刀的刀位点是刀尖或刀尖圆弧中心；钻头的刀位点是钻头顶点。几种刀位点示意图如图 1-25 所示。注意，各类数控机床的对刀方法是不完全一样的。

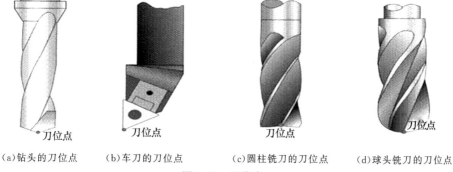

（a）钻头的刀位点　　（b）车刀的刀位点　　（c）圆柱铣刀的刀位点　　（d）球头铣刀的刀位点

图 1-25　刀位点

换刀点是为加工中心、数控车床等采用多刀进行加工的机床而设置的，因为这些机床在加工过程中要自动换刀。对于手动换刀的数控铣床，也应确定相应的换刀位置。为防止换刀时碰伤零件、刀具或夹具，换刀点常常设置在被加工零件的轮廓之外，并留有一定的安全量。

4）切削用量的确定

对于高效率的金属切削机床加工来说，被加工材料、切削刀具、切削用量是三大要素。这些条件决定着加工时间、刀具寿命和加工质量。经济的、有效的加工方式，要求必须合理地选择切削条件。

切削用量包括切削速度、背吃刀量、进给量三要素。合理选择切削用量的原则是，粗加工时，一般以提高生产率为主，但也应考虑经济性和加工成本；半精加工和精加工时，应在保证加工质量的前提下，兼顾切削效率、经济性和加工成本。

① 背吃刀量 a_p(mm) 主要根据机床、夹具、刀具和工件的刚度来决定。在刚度允许的情况下，应以最少的进给次数切除加工余量，最好一次切净余量，以便提高生产效率。对于表面粗糙度和精度要求较高的零件，要留有足够的精加工余量，在数控机床上，精加工余量可小于普通机床，一般取 0.2～0.5mm。

② 进给量 f(mm/r)或进给速度 F(mm/min) 是数控加工切削用量中的重要参数，要根据工件的加工精度、表面粗糙度、刀具和工件材料来选择。最大进给速度受机床刚度和进给驱动及数控系统的限制。

③ 切削速度 v_c(m/min) 主运动的线速度叫切削速度，计算公式为

$$v_c = n\pi D/1000$$

式中，n——主轴轴转速(r/min)；

D——工件或刀具直径(mm)。

主轴转速 n 要根据计算值在机床说明书中选取标准值，并填入程序单中。

影响切削速度的因素很多，概括起来有：

① 刀具材质。刀具材料不同，允许的最高切削速度也不同。高速钢刀具耐高温切削速度不到 50m/min，碳化物刀具耐高温切削速度可达 100m/min 及以上，陶瓷刀具的耐高温切削速度可高达 1000m/min。

② 工件材料。工件材料硬度高低会影响刀具切削速度，同一刀具加工硬材料时切削速度需降低，而加工较软材料时，切削速度可以提高。

③ 刀具寿命。刀具使用时间(寿命)要求长，则应采用较低的切削速率。反之，可采用较高的切削速度。

④ 背吃刀量与进给量。背吃刀量与进给量大，切削抗力也大，切削热会增加，故切削速度应降低。

⑤ 刀具的形状。刀具的形状、角度的大小、刃口的锋利程度都会影响切削速度的选取。

⑥ 切削液使用。在切削时使用切削液，可有效降低切削热，从而可以提高切削速度。

⑦ 机床性能。机床刚性好、精度高可提高切削速度，反之则需降低切削速度。

总之，编程人员在确定每道工序的切削用量时，应根据刀具的耐用度和机床说明书中的规定去选择。也可以结合实际经验用类比法确定切削用量。在选择切削用量时要充分保证刀具能加工完一个零件，或保证刀具耐用度不低于一个工作班，最少不低于半个工作班的工作时间。车削加工时根据切削条件选择切削速度参考数据表见表 1-7。

表 1-7　切削速度选择依据表

被切削材料名称		轻切削 切深 0.5～10mm 进给量 0.05～0.3mm/r	一般切削 切深 1～4mm 进给量 0.2～0.5mm/r	重切削 切深 5～12mm 进给量 0.4～0.8mm/r
优质碳素结构钢	10#	100～250	150～250	80～220
	45#	60～230	70·220	80～180
合金钢	$\sigma_b \leqslant 750MPa$	100～220	100～230	70～220
	$\sigma_b > 750MPa$	70～220	80～220	80～200

5. 填写数控加工专用技术文件

填写数控加工专用技术文件是数控加工工艺设计的内容之一。这些技术文件既是数控加工的依据、产品验收的依据,也是操作者遵守、执行的规程。技术文件是对数控加工的具体说明,目的是让操作者更明确加工程序的内容、装夹方式、各个加工部位所选用的刀具及其他技术问题。

数控加工专用技术文件主要有:数控加工工序卡片、数控加工走刀路线图、数控加工程序单、数控刀具卡片、工件安装和原点设定卡片等。以下提供了常用技术文件格式,文件格式可根据企业实际情况自行设计。

数控加工程序单、数控刀具卡片见前文的范例。

(1) 数控加工工件安装和原点设定卡片(简称装夹图和零件设定卡)

它应表示出数控加工原点定位方法和夹紧方法,并应注明加工原点设置位置和坐标方向、使用的夹具名称和编号等。其示例见表 1-8。

表 1-8　工件安装和原点设定卡片

零件图号	J30102—4	数控加工工件安装和原点设定卡片		工序号	
零件名称	行星架			装夹次数	

			3	梯形槽螺栓	
			2	压板	
			1	镗铣夹具板	GS53—61
编制(日期)	审核	批准(日期)	第　页		
(日期)			共　页	序号	夹具名称	夹具图号

（2）数控加工工序卡

与普通加工工序卡有许多相似之处，所不同的是：在工序卡简图中注明编程原点与对刀点；简要的编程说明，如程序编号、刀具半径补偿、镜向或对称加工方式等。其示例见表 1-9。

表 1-9　数控加工工序卡片

数控加工工序卡片		零件图号	X1-1	编 制		审 核	
机床型号及数控系统	FV800 FANUC0i—M	程序名称及加工内容	O5666 铣内外轮廓	工序号	工序 1	日 期	
工件安装原点设定						说明：用垫块和钳口定位，用钳口加紧，工件上表面中心为工件坐标系原点	
刀具	φ80 面铣刀，φ20 立铣刀，φ20 键槽铣刀						

工步号	工步内容	刀具	切削用量		
			主轴转速 /(r/min)	进给转速 /(mm/min)	背吃刀量 /mm
1	铣削上平面	φ80 面	800	200	2
2	粗铣外轮廓	φ20 立	800	200	8
3	粗铣 φ74 外圆柱面	φ20 立	800	200	8
4	粗铣孔	φ20 键	800	200	8
5	精铣孔	φ20 立	1200	100	0.2
6	精铣 φ74 外圆柱面	φ20 立	1200	100	0.2
7	精铣外轮廓	φ20 立	1200	100	0.3
8	去毛刺				
9	检验				

（3）数控加工走刀路线图

在数控加工中，常常要注意并防止刀具在运动过程中与夹具或工件发生意外碰撞，为此必须设法告诉操作者关于编程中的刀具运动路线（如从哪里下刀、在哪里抬刀、哪里是斜下刀等）。为简化走刀路线图，一般可采用统一约定的符号来表示。不同的机床可以采用不同的图例与格式。

表 1-10 为数控加工走刀路线图。

表 1-10　数控加工走刀路线图

数控加工走刀路线图		零件图号	X1-1	编 制		审 核	
机床型号及数控系统	FV800 FANUC0i—M	程序名称及加工内容	O5666 铣内外轮廓	工序号	工序 1	日 期	
走刀路线	1. 铣削外轮廓　　　2. 铣削外圆柱面　　　3. 铣削孔						
	符号	⊙	⊗	◕	o—→	→	←↲	o----	•—•—•	⇄
	含义	抬刀	下刀	编程原点	起刀点	走刀方向	走刀线相交	爬斜坡	铰孔	行切

（4）数控刀具卡片

数控加工时,对刀具的要求十分严格,一般要在机外对刀仪上预先调整刀具直径和长度。刀具卡反映刀具编号、刀具结构、尾柄规格、组合件名称代号、刀片型号和材料等。它是组装刀具和调整刀具的依据。其示例见表 1-11。

表 1-11　数控刀具卡片

零件图号	J30102-4		数控刀具卡片			使用设备		
刀具名称	镗刀					TC-50		
刀具编号	T13006	换刀方式	自动	程序编号				
	序号	编号	刀具名称	规格	数量	备注		
刀具组成	1	TD13960	拉钉		1			
	2	390,140—50 50 027	刀柄		1			
	3	391,01—50 50 100	拉杆	$\phi50\times100$	1			
	4	391,68—03650 085	镗刀杆		1			
	5	R416.3—122053 25	镗刀组件	$\phi41\sim\phi53$	1			
	6	TCMM110208—52	刀片		1			
	7				2	GC435		

零件图号	J30102—4	数控刀具卡片				使用设备	
刀具名称	镗刀					TC-50	
刀具编号	T13006	换刀方式	自动	程序编号			

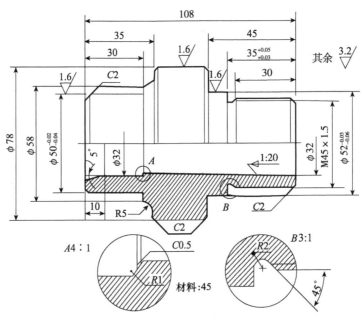

备注							
编制		审校		批准		共　页	第　页

不同的机床或不同的加工目的可能会需要不同形式的数控加工专用技术文件。在工作中,可根据具体情况设计文件格式。

提示:机械加工工艺基础知识,是编制实用、理想数控加工程序的重要基础。

(六) 典型零件的数控加工工艺

1. 数控车削加工工艺

下面以图 1-26 所示轴承套为例,介绍数控车削加工工艺(单件小批量生产),所用机床为 CJK6240。

图 1-26　轴承套

(1) 零件图工艺分析

该零件表面由内外圆柱面、内圆锥面、顺圆弧、逆圆弧及外螺纹等表面组成,其中多个直径尺寸与轴向尺寸有较高的尺寸精度和表面粗糙度要求。零件图尺寸标注完整,符合数控加工尺寸标注要求;轮廓描述清楚完整;零件材料为 45 钢,切削加工性能较好,无热处理和硬度要求。

通过上述分析,采取以下几点工艺措施:

① 零件图样上带公差的尺寸,因公差值较小,故编程时不必取其平均值,而取基本尺寸即可。

② 左、右端面均为多个尺寸的设计基准,相应工序加工前,应该先将左、右端面车出来。

③ 内孔尺寸较小,镗 1∶20 锥孔、ϕ32 孔及 15°斜面时需掉头装夹。

（2）确定装夹方案

内孔加工时以外圆定位,用三爪自动定心卡盘夹紧。如图 1-27(a)所示,加工外轮廓时,为保证一次安装加工出全部外轮廓,需要设一圆锥心轴装置,用三爪卡盘夹持心轴左端,心轴右端留有中心孔并用尾座顶尖顶紧,以提高工艺系统的刚性。

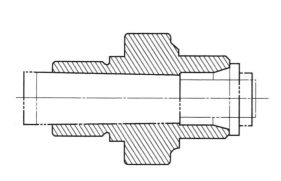

（a）外轮廓车削装夹方案   （b）外轮廓加工走刀路线

图 1-27　外轮廓装夹与走刀

（3）确定加工顺序及走刀路线

加工顺序的确定按由内到外、由粗到精、由近到远的原则确定,在一次装夹中尽可能加工出较多的工件表面。结合本零件的结构特征,可先加工内孔各表面,然后加工外轮廓表面。由于该零件为单件小批量生产,走刀路线设计不必考虑最短进给路线或最短空行程路线,外轮廓表面车削走刀路线可沿零件轮廓顺序进行,如图 1-27(b)所示。

（4）刀具选择

将所选定的刀具参数填入轴承套数控加工刀具卡片(见表 1-12)中,以便于编程和操作管理。

表 1-12　轴承套数控加工刀具卡片

产品名称或代号		数控车工艺分析实例		零件名称	轴承套	零件图号	Lathe-01
序号	刀具号	刀具规格名称	数量	加工表面		刀尖半径/mm	备注
1	T01	45°硬质合金端面车刀	1	车端面		0.5	25×25
2	T02	ϕ5 中心钻	1	钻 ϕ5mm 中心孔			
3	T03	ϕ26 mm 钻头	1	钻底孔			
4	T04	镗刀	1	镗内孔各表面		0.4	20×20
5	T05	93°右手偏刀	1	自右至左车外表面		0.2	25×25
6	T06	93°左手偏刀	1	自右至左车外表面			
7	T07	60°外螺纹车刀	1	车 M45 螺纹			
编制	××××	审核	××××	批准	××××××	××年 ×月 ×日	共1页 第1页

注意:车削外轮廓时,为防止副后刀面与工件表面发生干涉,应选择较大的,必要时可作图检验。本例中选 $\kappa_r' = 55°$。

（5）切削用量选择

根据被加工表面质量要求、刀具材料和工件材料,参考切削用量手册或有关资料选取切削速度与每转进给量,计算结果填入表 1-13 所列的工序卡中。

背吃刀量的选择因粗、精加工而有所不同。粗加工时,在工艺系统刚性和机床功率允许的情况下,尽可能取较大的背吃刀量,以减少进给次数;精加工时,为保证零件表面粗糙度要求,背吃刀量一般取 0.1～0.4 mm 较为合适。

（6）数控加工工艺卡片拟订

将前面分析的各项内容综合成表 1-13 所列的数控加工工艺卡片。

表 1-13　轴承套数控加工工序卡片

工厂名称		产品名称或代号		零件名称	零件图号
		数控车工艺分析实例		轴承套	Lethe-01
工序号	程序编号	夹具名称		使用设备	车间
001	Letheprg-01	三爪卡盘和自制心轴		CJK6240	数控中心

工步号	工步内容	刀具号	刀具规格 /mm	主轴转速 /(r/min)	进给速度 /(mm/min)	背吃刀量 /mm	备注
1	平端面	T01	25×25	320		1	手动
2	钻 $\phi 5$ 中心孔	T02	$\phi 5$	950		2.5	手动
3	钻底孔	T03	$\phi 26$	200		13	手动
4	粗镗 $\phi 32$ 内孔、15°斜面及 C0.5 倒角	T04	20×20	320	40	0.8	自动
5	精镗 $\phi 32$ 内孔、15°斜面及 C0.5 倒角	T04	20×20	400	25	0.2	自动
6	掉头装夹粗镗 1：20 锥孔	T04	20×20	320	40	0.8	自动
7	精镗 1：20 锥孔	T04	20×20	400	20	0.2	自动
8	心轴装夹自右至左粗车外轮廓	T05	25×25	320	40	1	自动
9	自左至右粗车外轮廓	T06	25×25	320	40	1	自动
10	自右至左精车外轮廓	T05	25×25	400	20	0.1	自动
11	自左至右精车外轮廓	T06	25×25	400	20	0.1	自动
12	卸心轴改为三爪装夹,粗车 M45 螺纹	T07	25×25	320	480	0.4	自动
13	精车 M45 螺纹	T07	25×25	320	480	0.1	自动
编制	×××	审核	×××	批准	×××	××年×月×日	共1页 第1页

2. 支撑套的加工工艺

如图 1-28 所示为升降台铣床的支撑套,在两个互相垂直的方向上有多个孔要加工,若在普通机床上加工,则需多次安装才能完成,且效率低,在加工中心上加工,只需一次安装即可完成,现将其工艺介绍如下。

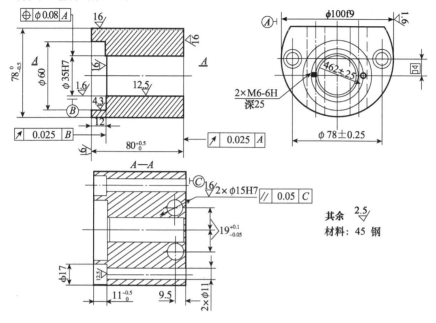

图 1-28　支撑套简图

(1) 分析图样并选择加工内容

支撑套的材料为 45 钢,毛坯选棒料。支撑套 $\phi 35$ H7 孔对 $\phi 100$f9 外圆、$\phi 60$ 孔底平面对 $\phi 35$H7 孔、$2 \times \phi 15$H7 孔对端面 C 及端面 C 对内 $\phi 100$f9 外圆均有位置精度要求。为便于在加工中心上定位和夹紧,将 $\phi 100$f9 外圆、$80^{+0.5}_{0}$ 尺寸两端面、$78^{0}_{-0.5}$ 尺寸上平面均安排在前面工序中由普通机床完成。其余加工表面($2 \times \phi 15$H7 孔、$\phi 35$H7 孔、$\phi 60$mm 孔、$2 \times \phi 11$ 孔、$2 \times \phi 17$ 孔、$2 \times$M8-6H 螺孔)确定在加工中心上一次安装加工完成。

(2) 选择加工中心

因加工表面位于支撑套互相垂直的两个表面(左侧面及上平面)上,需要两工位加工才能完成,故选择卧式加工中心。加工工步有钻孔、扩孔、镗孔、锪孔、铰孔及攻螺纹等,所需刀具不超过 20 把。国产 XH754 型卧式加工中心可满足上述要求。该机床工作台尺寸为 400mm×400mm,x 轴行程为 500mm,z 轴行程为 400mm,y 轴行程为 400mm,主轴中心线至工作台距离为 100～500mm,主轴端面至工作台中心线距离为 150～550mm,主轴锥孔为 ISO40,定位精度和重复定位精度分别为 0.02mm 和 0.01mm,工作台分度精度和重复分度精度分别为 7″和 4″。

(3) 工艺设计

① 选择加工方法　所有孔都是在实体上加工,为防钻偏,均先用中心钻钻引正孔,然后再钻孔。为保证 $\phi 35$H7 孔及 $2 \times \phi 15$H7 孔的精度,根据其尺寸,选择铰削作其最终加工方

法。对 $\phi60$ 孔,根据孔径精度,孔深尺寸和孔底平面要求,用铣削方法同时完成孔壁和孔底平面的加工。各加工表面选择的加工方案如下。

$\phi35$H7 孔:钻中心孔—钻孔—粗镗—半精镗—铰孔。

$\phi15$H7 孔:钻中心孔—钻孔—扩孔—铰孔。

$\phi60$ 孔:粗铣—精铣。

$\phi11$ 孔:钻中心孔—钻孔。

$\phi17$ 孔:锪孔(在 $\phi11$mm 底孔上)。

M6-6H 螺孔:钻中心孔—钻底孔—孔端倒角—攻螺纹。

② 确定加工顺序　为减少变换工位的辅助时间和工作台分度误差的影响,各个工位上的加工表面在工作台一次分度下按先粗后精的原则加工完毕。具体的加工顺序是:

第一工位(B0°):钻 $\phi35$H7 孔、$2\times\phi11$ 中心孔—钻 $\phi35$H7 孔—钻 $2\times\phi11$ 孔—锪 $2\times\phi17$ 孔—粗镗 $\phi35$H7 孔—粗铣、精铣 $\phi60\times12$ 孔—半精镗 $\phi35$H7 孔—钻 $2\times$M6-6H 螺纹中心孔—钻 $2\times$M6-6H 螺纹底孔—$2\times$M6-6H 螺纹孔端倒角—攻 $2\times$M6-6H 螺纹——铰 $\phi35$H7 孔;

第二工位(B90°):钻 $2\times\phi15$H7 中心孔—钻 $2\times\phi15$H7 孔——扩 $2\times\phi15$H7 孔—铰 2×15H7 孔。

③ 确定装夹方案和选择夹具　$\phi35$H7 孔、$\phi60$ 孔、$2\times\phi11$ 孔及 $2\times\phi17$ 孔的设计基准均为 $\phi100$f9 外圆中心线,遵循基准重合原则,选择 $\phi100$f9 外圆中心线为主要定位基准。因 $\phi100$ f9 外圆不是整圆,故用 V 形块作定位元件。在支撑套长度方向,若选右端面定位,则难以保证 $\phi17$ 孔深度尺寸 $11^{+0.5}_{0}$(因工序尺寸 80 与 11 无公差),故选择左端面定位。所用夹具为专用夹具,工件的装夹简图如图 1-29 所示。在装夹时应使工件上平面在夹具中保持垂直,以消除转动自由度。

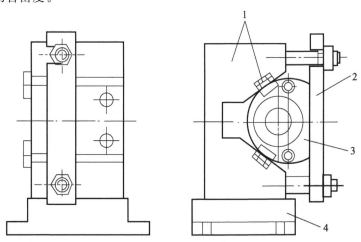

1—定位元件;2—夹紧机构;3—工件;4—夹具体

图 1-29　承套装夹示意图

④ 选择刀具　各工步刀具直径根据加工余量和孔径确定,详见表 1-14 所列数控加工刀具卡片。刀具长度与工件在机床工作台上的装夹位置有关,在装夹位置确定之后,再计算刀具长度。

表 1-14 数控加工刀具卡片

产品名称或代号			零件名称 盖 板	零件图号			程序编号	
工步号	刀具号	刀具名称	刀柄型号	刀 具		补偿值 /mm	备注	
				直径 /mm	长度 /mm			
1	T01	中心钻 ϕ3	JT40—Z6—45	ϕ3	280		
2	T13	锥柄麻花钻 ϕ31	JT40—M3—75	ϕ31	330		
3	T02	锥柄麻花钻 ϕ11	JT40—M1—35	ϕ11	330		
4	T03	锥柄埋头钻 ϕ17×11	JT40—M2—50	ϕ17	300		
5	T04	粗镗刀 ϕ34	JT40—TQC30—165	ϕ34	320		
6	T05	硬质合金立铣刀 ϕ32	JT40—MW4—85	ϕ32T	300		
7	T05						
8	T06	镗刀 ϕ34.85	JT40—TZC30—165	ϕ34.5	320		
9	T01						
10	T07	直柄麻花钻 ϕ5	JT40—Z6—45	ϕ5	300		
11	T02						
12	T08	机用丝锥 M6	JT40—G1JT3	M6	280		
13	T09	套式铰刀 ϕ35AH7	JT40—K19—140	ϕ35AH7	330		
14	T01						
15	T10	锥柄麻花钻 ϕ14	JT40—M1—30	ϕ14	320		
16	T11	扩孔钻 ϕ14.85	JT40—M2—50	ϕ14.85	320		
17	T12	铰刀 ϕ15AH7	JT40—M2—50	ϕ15AH7	320		
编制			审核		批准		共1页	第1页

⑤ 数控加工工艺卡片拟订。将前面分析的各项内容综合成表 1-15 所列的数控加工工艺卡片。

表 1-15 数控加工工序卡片

（工厂）	数控加工工艺卡片		产品名称或代号	零件名称	材料	零件图号		
				支 承 套	45 钢			
工序号	程序编号	夹具名称	夹具编号		使用设备		车 间	
		专用夹具			XH754			
工步号	工步内容		加工面	刀具号	刀具规格 /mm	主轴转速 /(r/mm)	进给速度 /(mm/min)	背吃刀量 /mm	备注
	B0°							
1	钻 ϕ35H 孔、2×ϕ17×11 中心孔			T01	ϕ3	1200	40	
2	钻 ϕ35H 孔至 ϕ31			T13	ϕ31	150	30	
3	钻 ϕ11 孔			T02	ϕ11	500	70	

（工厂）	数控加工工艺卡片		产品名称或代号		零件名称	材 料	零件图号
					支 承 套	45 钢	
工序号	程序编号	夹具名称	夹具编号		使用设备		车 间
		专用夹具			XH754		
工步号	工步内容		加工面	刀具号	刀具规格/mm	主轴转速/(r/mm)	进给速度/(mm/min)	背吃刀量/mm	备注

工步号	工步内容	加工面	刀具号	刀具规格/mm	主轴转速/(r/mm)	进给速度/(mm/min)	背吃刀量/mm	备注
4	锪 2×ϕ17		T03	ϕ17	150	15		
5	粗镗 ϕ35H7 孔至 ϕ34		T04	ϕ34	400	30		
6	粗铣 ϕ60×12 至 ϕ59×11.5		T05	ϕ32T	500	70		
7	精铣 ϕ60×12		T05	ϕ32T	600	45		
8	半精镗 ϕ35H7 孔至 ϕ34.85		T06	ϕ34.85	450	35		
9	钻 2×M6—6H 螺纹中心孔		T01		1200	40		
10	钻 2×M6—6H 底孔至 ϕ5		T07	ϕ5	650	35		
11	2×M6—6H 孔端倒角		T02		500	20		
12	攻 2×M6—6H 螺纹		T08	M6	100	100		
13	铰 ϕ35H7 孔		T09	ϕ35AH7	100	50		
	B90°							
14	钻 2×ϕ15H7 至中心孔		T01		1200	40		
15	钻 2×ϕ15H7 至 ϕ14		T10	ϕ14	450	60		
16	扩 2×ϕ15H7 至 ϕ14.85		T11	ϕ14.85	200	40		
17	铰 2×ϕ15H7 孔		T12	ϕ15 AH7	100	60		
编制		审核		批准			共1页	第1页

注："B0°"和"B90°"表示加工中心上两个互成90°的工位。

三、数控机床常用夹具简介

（一）数控机床夹具概述

1. 机床夹具的概念

夹具是一种装夹工件的工艺装备，它广泛地应用于机械制造过程的切削加工、热处理、装配、焊接和检测等工艺过程中，在金属切削机床上使用的夹具统称为机床夹具。在机械加工中，为了迅速、准确地确定工件在机床上的位置，进而正确地确定工件与机床、刀具的相对位置关系，并在加工中始终保持这个位置的工艺装备称为机床夹具。在现代生产中，机床夹具是一种不可缺少的工艺装备，它直接影响着工件加工的精度、劳动生产率和产品的制造成本等。应用机床夹具，有利于保证工件的加工精度、稳定产品质量；有利于提高劳动生产率和降低成本；有利于改善工人劳动条件，保证安全生产；有利于扩大机床工艺范围，实现"一机多用"。

2. 机床夹具的类型

机床夹具的种类繁多,可以从不同的角度对机床夹具进行分类。常用的分类方法有以下几种。

(1) 按夹具的使用特点分类

根据夹具在不同生产类型中的通用特性,机床夹具可分为通用夹具、专用夹具、可调夹具、组合夹具和拼装夹具五大类。

① 通用夹具 通用夹具是结构、尺寸已标准化、系列化,且具有一定的通用性的夹具。如三爪自定心卡盘、四爪单动卡盘、万能分度头、顶尖、中心架、电磁吸盘、回转工作台、机床用平口虎钳等。其优点是适应性较强,不需调整或稍加调整就可使用。其缺点是定位与夹紧费时,生产率较低,且较难装夹形状复杂的工件,只适用于单件小批量生产。

② 专用夹具 专用夹具是针对某一工件的某一工序而专门设计和制造的。这类夹具专用性强、操作方便。由于这类夹具设计与制造周期较长,产品变更后无法利用,因此适用于大批大量生产。

③ 可调夹具 可调夹具是针对通用夹具和专用夹具的缺陷而发展起来的,它是在加工某种工件后,经过调整或更换个别定位元件和夹紧元件,即可加工另外一种工件的夹具。它一般又可分为通用可调夹具和成组夹具两种。前者的通用范围比通用夹具更大;后者则是一种专用可调夹具。它按成组原理设计,用于加工形状相似和尺寸相近的一组工件,故在多品种,中、小批生产中使用有较好的经济效果。

④ 组合夹具 组合夹具是一种由一套标准元件组装而成的夹具。这种夹具用后可拆卸存放,当重新组装时又可循环重复使用。由于组合夹具的标准元件可以预先制造备存,还具有多次反复使用和组装迅速等特点,所以在单件,中、小批生产,数控加工和新产品试制中特别适用。

⑤ 拼装夹具 用专门的标准化、系列化的拼装零部件拼装而成的夹具,称为拼装夹具。它具有组合夹具的优点,但比组合夹具精度高、效能高、结构紧凑。它的基础板和夹紧部件中常带有小型液压缸。此类夹具更适合在数控机床上使用。

(2) 按使用机床类型分类

可分为车床夹具、铣床夹具、钻床夹具、镗床夹具、齿轮机床夹具、自动机床夹具、自动线随行夹具、加工中心夹具和其他机床夹具等。

(3) 按驱动夹具工作的动力源分类

可分为手动夹具、气动夹具、液压夹具、电动夹具、磁力夹具、真空夹具和自夹紧夹具等。

3. 机床夹具的作用

机床夹具的作用有以下几个方面:

① 保证加工精度,稳定加工质量。使用夹具的作用之一就是保证工件加工表面的尺寸与位置精度。由于受操作者技术的影响,同批生产零件的质量也不稳定。因此在成批生产中使用夹具就显得非常必要。

② 扩大机床的功能。例如,在车床的床鞍上或摇臂钻床的工作台上装上镗模,就可以进行箱体或支架类零件的镗孔加工,用以代替镗床加工;在刨床上加装夹具后可代拉床进行拉削加工。

③ 提高劳动生产率。使用夹具后，不仅省去划线找正等辅助时间，而且有时还可采用高效率的多件、多位、机动夹紧装置，缩短辅助时间，从而大大提高劳动生产率。

④ 降低生产成本。在批量生产中使用夹具时，由于劳动生产率的提高和允许使用技术等级较低的工人操作，故可明显地降低生产成本。但在单件生产中，使用夹具的生产成本仍较高。

⑤ 改善劳动条件，降低对工人的技术要求。用夹具装夹工件方便、省力、安全。当采用气动、液压等夹紧装置时，可减轻工人的劳动强度，保证安全生产。

4. 机床夹具的组成

机床夹具按其作用和功能通常可由定位元件、夹紧装置、夹具体、连接元件、对刀元件和导向元件等几个部分组成。钻模夹具的组成如图 1-30 所示。

① 定位元件　夹具上用来确定工件位置的一些元件称定位元件。定位元件是夹具的主要功能元件之一，其功能是确定工件在夹具上的正确位置。图 1-30 中，定位销 2 即是定位元件。

② 夹紧装置　它通常包括夹紧元件（如压板、压块）、中间传力机构（如杠杆、螺旋、偏心轮）和动力装置（如汽缸、液压缸）等组成部分。夹紧装置也是夹具的主要功能元件之一，其功能是确保工件定位后获得的正确位置在加工过程中各种力的作用下保持不变。图 1-30 中，快卸垫圈 5、螺母 7 及定位销 2 上的螺栓构成了夹紧装置。

③ 夹具体　是夹具的基础件，用来连接夹具上各个元件或装置，使之成为一个整体。夹具体也用来与机床的有关部位相连接，如图 1-30 中夹具体 6。

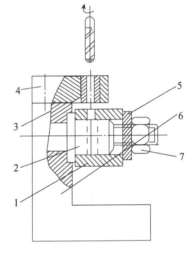

1—工件；2—定位销；3—钻套；4—钻模板；
5—快卸垫圈；6—夹具体；7—螺母

图 1-30　钻模夹具的组成

④ 连接元件　用于确定夹具在机床上的位置，从而保证工件与机床之间的正确加工位置。

⑤ 对刀元件　对刀元件用于确定刀具与工件的位置，如对刀块。

⑥ 导向元件　导向元件用来调整刀具的位置，并引导刀具进行切削。图 1-30 中的钻套 3 就是引导钻头用的导向元件。

⑦ 其他元件或装置　根据加工需要，有些夹具上还可有分度装置、靠模装置、上下料装置、顶出器和平衡块等其他元件或装置。

5. 数控机床夹具的要求

现代自动化生产中，数控机床的应用已越来越广泛。数控机床夹具必须适应数控机床的高精度、高效率、多方向，同时加工、数字程序控制及单件小批生产的特点。数控加工的特点对夹具提出了两个基本要求：一是要保证夹具的坐标方向与机床的坐标方向相对固定；二是要能协调零件与机床坐标系的尺寸。除此之外，主要考虑下列几点：

① 当工件加工批量小时，尽量采用组合夹具，可调式夹具及其他通用夹具。

② 当小批或成批生产时才考虑采用组合夹具，但应力求结构简单。

③ 夹具要开敞,其定位、夹紧机构元件不能影响加工中的进给(如碰撞)。

④ 夹紧力应力求通过靠近主要支撑点或在支撑点所组成的三角形内;力求靠近切削部位,并在刚性较好的地方。尽量不要在被加工孔的上方,以减少工件变形。

⑤ 装卸工件要方便可靠,以缩短准备时间,有条件时,批量较大的工件应采用气动或液压夹具、多工位夹具。

⑥ 容易排除和清理切屑。

⑦ 夹具推行标准化、系列化和通用化;发展组合夹具和拼装夹具,降低生产成本。

⑧ 提高夹具的高效自动化水平,提高夹具的精度。

(二) 数控机床夹具简介

1. 数控机床通用夹具

(1) 数控车床夹具

数控车床夹具主要有三爪自定心卡盘、四爪单动卡盘、花盘等。三爪自定心卡盘如图 1-31 所示,可自动定心,装夹方便,应用较广,但它夹紧力较小,不便于夹持外形不规则的工件。四爪单动卡盘如图 1-32 所示,其四个爪都可单独移动,安装工件时需找正,夹紧力大,适用于装夹毛坯及截面形状不规则和不对称的较重、较大的工件。四爪单动卡盘装夹精度较高,不受卡爪磨损的影响,但装夹不如三爪自定心卡盘方便。

花盘如图 1-33 所示,材料为铸铁,用螺纹或定位孔形式直接装在车床主轴上。它的工作平面与主轴轴线垂直,平面上开有长短不等的 T 形槽(或通槽),用于安装螺栓紧固工件和其他附件。用于装夹不对称、形状复杂、不规则的异形工件,装夹工件时需反复校正和平衡。

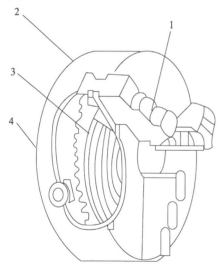

1—卡爪;2—卡盘体;

3—锥齿端面螺纹圆盘;4—小锥齿轮

图 1-31　三爪自定心卡盘

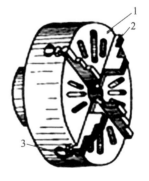

1—卡盘体;2—卡爪;3—丝杆

图 1-32　四爪单动卡盘

(2) 数控铣床夹具

数控铣床常用夹具是平口钳。先把平口钳固定在工作台上,找正钳口,再把工件装夹在平口钳上,这种方式装夹方便,应用广泛,适于装夹形状规则的小型工件,如图 1-34 所示。

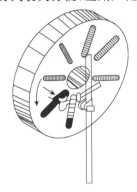

图 1-33　花盘(用百分表检查花盘平面)

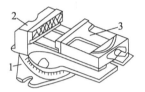

1—卡盘体;2—卡爪;3—丝杆

图 1-34　平口钳

（3）加工中心夹具

数控回转工作台是各类数控铣床和加工中心的理想配套附件,有立式工作台、卧式工作台和立卧两用回转工作台等不同类型产品。立卧两用回转工作台在使用过程中可分别以立式和水平两种方式安装于机床工作台上。工作台工作时,利用机床的控制系统或专门配套的控制系统,完成与机床相协调的各种必需的分度回转运动。

为了扩大加工范围,提高生产效率,加工中心除了沿 X,Y,Z 三个坐标轴的直线进给运动之外,往往还带有 A,B,C 三个回转坐标轴的圆周进给运动。数控回转工作台作为机床的一个旋转坐标轴由数控装置控制,并且可以与其他坐标联动,使主轴上的刀具能加工到工件除安装面及顶面以外的周边。回转工作台除了用来进行各种圆弧加工或与直线坐标进给联动进行曲面加工以外,还可以实现精确的自动分度。因此,回转工作台已成为加工中心一个不可缺少的部件。

除以上通用夹具外,数控机床夹具主要采用拼装夹具、组合夹具、可调夹具和数控夹具。

2. 组合夹具

组合夹具是一种标准化、系列化、通用化程度很高的工艺装备,我国目前已基本普及。组合夹具由一套预先制造好的不同形状、不同规格、不同尺寸的标准元件及部件组装而成。图 1-35(a)为被加工盘类零件钻径向孔工序图,用来钻径向分度孔的组合夹具立体图及其分解图见图 1-35(b)。

1) 组合夹具的特点

组合夹具一般是为某一工件的某一工序组装的专用夹具,也可以组装成通用可调夹具或成组夹具。组合夹具适用于各类机床,但以钻模和车床用得最多。组合夹具把专用夹具的设计、制造、使用、报废的单向过程变为组装、拆散、清洗入库、再组装的循环过程。可用几小时的组装周期代替几个月的设计制造周期,从而缩短了生产周期;节省了工时和材料,降低了生产成本;还可减少夹具库房面积,有利于管理。组合夹具的元件精度高、耐磨,并且实现了完全互换,元件精度一般为 IT6～IT7 级。用组合夹具加工的工件,位置精度一般可达 IT9～IT8 级,若精心调整,可以达到 IT7 级。由于组合夹具有很多优点,又特别适用于新产品试制和多品种小批量生产,所以近年来其发展迅速,应用较广。组合夹具的主要缺点是体积较大、刚度较差、一次投资多、成本高,这使组合夹具的推广应用受到一定限制。

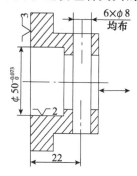

(a) 盘类件钻径向孔工序图

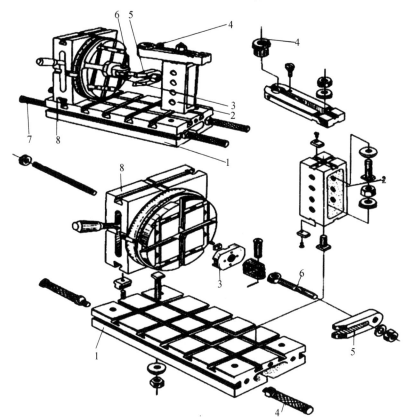

(b) 钻盘类零件径向孔的组合夹具图

1—基础件;2—支撑件;3—定位件;4—导向件;5—夹紧件;6—紧固件;7—其他件;8—合件

图 1-35 盘类件钻径向孔工序及夹具

2) 组合夹具的分类

组合夹具分为槽系和孔系两大类。

(1) 槽系组合夹具

① 槽系组合夹具的规格。为了适应不同工厂、不同产品的需要,槽系组合夹具分大、

中、小型三种规格,其主要参数见表 1-16 所示。

表 1-16　槽系组合夹具的主要结构要素及性能

规 格	槽宽/mm	槽距/mm	连接螺栓 /(mm×mm)	键用螺钉 /mm²	支撑件截面 /mm²	最大载荷 / N	工件最大尺寸 /(mm×mm×mm)
大型	$16^{+0.08}_{0}$	75 ± 0.01	M16×1.5	M5	75×75 90×90	200 000	2500×2500×1000
中型	$12^{+0.08}_{0}$	60 ± 0.01	M12×1.5	M5	60×60	100 000	1500×1000×500
小型	$8^{+0.015}_{0}$ $6^{+0.015}_{0}$	30 ± 0.01	M8,M6	M3 M3,M2.5	30×30 22.5×22.5	50 000	500×250×250

② 槽系组合夹具的元件。

• 基础件　如图 1-36 所示,有长方形、圆形、方形及基础角铁等。它们常作为组合夹具的夹具体。如图 1-35(b)中的基础件为长方形基础板作的夹具体。

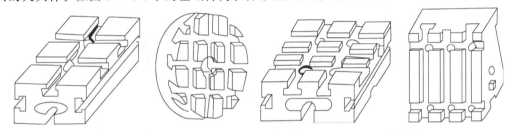

图 1-36　基础件

• 支撑件　如图 1-37 所示,有 V 形支撑、长方支撑、加肋角铁和角度支撑等。它们是组合夹具中的骨架元件,数量最多,应用最广。它可作为各元件间的连接件,又可作为大型工件的定位件。图 1-35(b)中支撑件 2 将钻模板与基础板连成一体,并保证钻模板的高度和位置。

• 定位件　如图 1-38 所示,有平键、T 形键、圆形定位销、菱形定位销、圆形定位盘、定位接头、方形定位支撑、六菱定位支撑座等,主要用于工件的定位及元件之间的定位。图 1-35(b)中,定位件 3 为菱形定位盘,用作工件的定位;支撑件 2 与基础件 1、钻模板之间的平键、合件(端齿分度盘)8 与基础件 1 之间的 T 形键,均用作元件之间的定位。

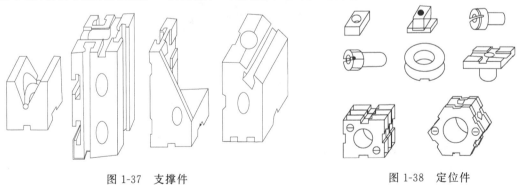

图 1-37　支撑件　　　　　　　　　图 1-38　定位件

• 导向件　如图 1-39 所示,有固定钻套、快换钻套、钻模板、左右偏心钻模板、立式钻模板等。它们主要用于确定刀具与夹具的相对位置,并起引导刀具的作用。图 1-35(b)中,安装在钻模板上的导向件 4 为快换钻套。

• 夹紧件　如图 1-40 所示,有弯压板、摇板、U 形压板、叉形压板等。它们主要用于压紧工件,也可用作垫板和挡板。图 1-35(b)中的夹紧件 5 为 U 形压板。

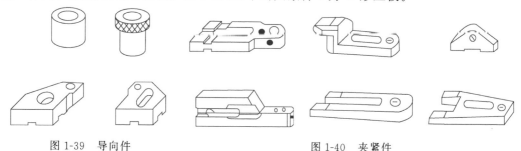

图 1-39　导向件　　　　　　　　　　　　　图 1-40　夹紧件

• 紧固件　如图 1-41 所示,有各种螺栓、螺钉、垫圈、螺母等,它们主要用于紧固组合夹具中的各种元件及压紧被加工件。由于紧固件在一定程度上影响整个夹具的刚性,所以螺纹件均采用细牙螺纹,可增加各元件之间的连接强度。同时所选用的材料、制造精度及热处理等要求均高于一般标准紧固件。图 1-35(b)中紧固件 6 为关节螺栓,用来压紧工件,且各元件间均采用槽用方头螺栓、螺钉、螺母、垫圈等紧固件紧固。

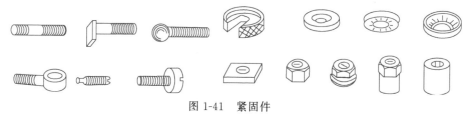

图 1-41　紧固件

• 其他件　如图 1-42 所示,有三爪支撑、支撑环、手柄、连接板、平衡块等。它们是指以上六类元件之外的各种辅助元件。图 1-35(b)中四个手柄就属此类元件,用于夹具的搬运。

图 1-42　其他件

• 合件　如图 1-43 所示,有尾座、可调 V 形块、折合板、回转支架等。合件由若干零件组合而成,在组装过程中不拆散使用的独立部件。使用合件可以扩大组合夹具的使用范围,加快组装速度,简化组合夹具的结构,减小夹具体积。图 1-35(b)中的合件 8 为端齿分度盘。

随着组合夹具的推广应用,为满足生产中的各种要求,出现了很多新元件和合件。图 1-44所示为密孔节距钻模板。本体 1 与可调钻模板 2 上均有齿距为 1 mm 的锯齿,加工孔的中心距可在 15～174mm 范围内调节,并有 I 形、L 形和 T 形等。图 1-45 所示为带液压缸的基础板。基础板内有油道连通七个液压缸 4,利用分配器供油,使活塞 6 上、下运动,作为夹紧机构的动力源,活塞通过键 5 与夹紧机构连接。这种基础板结构紧凑、效率高,但需配备液压系统,价格较高。

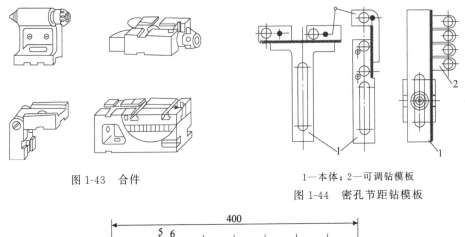

图 1-43　合件

1—本体；2—可调钻模板

图 1-44　密孔节距钻模板

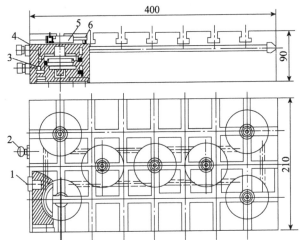

1—螺塞；2—油管接头；3—基础板；4—液压缸；5—键；6—活塞

图 1-45　液压缸的基础板

（2）孔系组合夹具

目前许多发达国家都有自己的孔系组合夹具。图 1-46 所示为德国 BIUCO 公司的孔系组合夹具组装示意图。元件与元件间用两个销钉定位,一个螺钉紧固。定位孔孔径有 10,12,16,24mm 四个规格；相应的孔距为 30,40,50,80mm；孔径公差为 H7,孔距公差为 ±0.01mm。孔系组合夹具的元件用一面两圆柱销定位,属允许使用的过定位；其定位精度高,刚性比槽系组合夹具好,组装可靠,体积小,元件的工艺性好,成本低,可用作数控机床夹具。但组装时元件的位置不能随意调节,常用偏心销钉或部分开槽元件进行弥补。

3. 拼装夹具

拼装夹具是在成组工艺基础上,用标准化、系列化的夹具零部件拼装而成的夹具。它有组合夹具的优点,比组合夹具有更好的精度和刚性,更小的体积和更高的效率,因而较适合柔性加工的要求,常用作数控机床夹具。图 1-47 所示为镗箱体孔的数控机床夹具,需在工件 6 上镗削 A,B,C 三孔。工件在液压基础平台 5 及三个定位销钉 3 上定位；通过基础平台

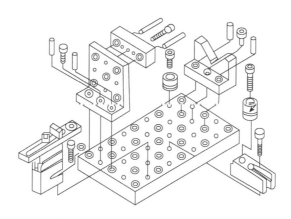

图 1-46　BIUCO 孔系组合夹具组装

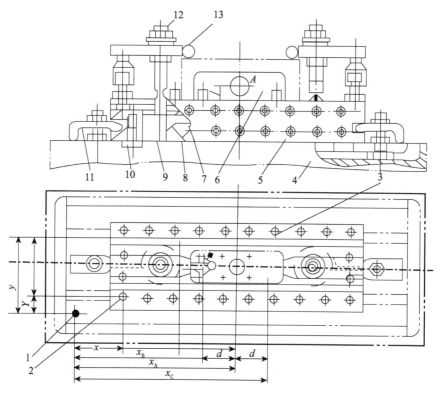

1,2—定位孔；3—定位销孔；4—数控机床工作台；5—液压基础平台；6—工件；7—通油孔；
8—液压缸；9—活塞；10—定位键；11,13—压板；12—拉杆

图 1-47　镗箱体孔的数控机床夹具

内两个液压缸 8、活塞 9、拉杆 12、压板 13 将工件夹紧；夹具通过安装在基础平台底部的两个连接孔中的定位键 10 在机床 T 形槽中定位，并通过两个螺旋压板 11 固定在机床工作台上。可选基础平台上的定位孔 2 作夹具的坐标原点，与数控机床工作台上的定位孔 1 的距离分别为 X_0、Y_0。三个加工孔的坐标尺寸可用机床定位孔 1 作为零点进行计算编程，称固

定零点编程;也可选夹具上方便的某一定位孔作为零点进行计算编程,称浮动零点编程。拼装夹具主要由以下元件和合件组成。

（1）基础元件和合件

图 1-48 所示为普通矩形平台,只有一个方向的 T 形槽 1,使平台有较好的刚性。平台上布置了定位销孔 2,如 B—B 剖视图所示,可用于工件或夹具元件定位,也可作数控编程的起始孔。D—D 剖面为中央定位孔。基础平台侧面设置紧固螺纹孔系 3,用于拼装元件和合件。两个孔 4(C—C 剖面)为连接孔,用于基础平台和机床工作台的连接定位。如图 1-47 所示数控机床夹具中所示的液压基础平台 5,比普通基础平台增加了几个液压缸,用作夹紧机构的动力源,使拼装夹具具有高效能。

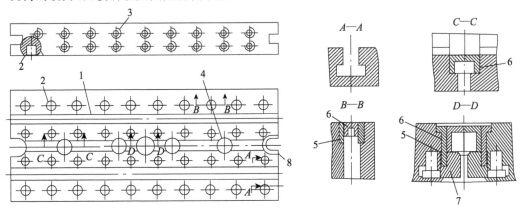

1—T 形槽；2—定位销孔；3—紧固螺纹孔；4—连接孔；

5—高强度耐磨衬套；6—防尘罩；7—可卸法兰盘；8—耳座

图 1-48　普通矩形平台

（2）定位元件和合件

图 1-49（a）所示为平面安装可调支撑钉；图 1-49（b）所示为 T 形槽安装可调支撑钉；图 1-49（c）所示为侧面可调支撑钉。

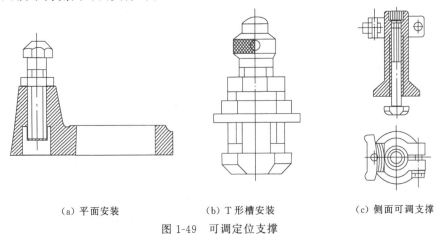

（a）平面安装　　　　　　（b）T 形槽安装　　　　　　（c）侧面可调支撑

图 1-49　可调定位支撑

图 1-50 所示为定位支撑板,可用作定位板或过渡板。

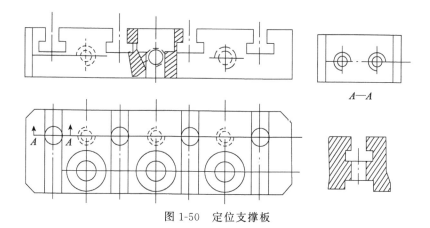

图 1-50 定位支撑板

图 1-51 所示为可调 V 形块,以一面两销在基础平台上定位、紧固,两个 V 形块 4 和 5 可通过左、右螺纹螺杆 3 调节,以实现不同直径工件 6 的定位。

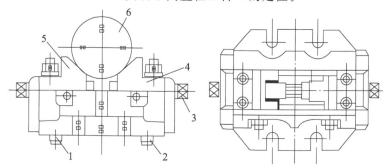

1—圆柱销;2—菱形销;3—左、右螺纹螺杆;4,5—左、右活动 V 形块;6—工件

图 1-51 可调 V 形块合件

(3) 夹紧元件和合件

图 1-52 所示为手动可调夹紧压板,均可用 T 形螺栓在基础平台的 T 形槽内连接。

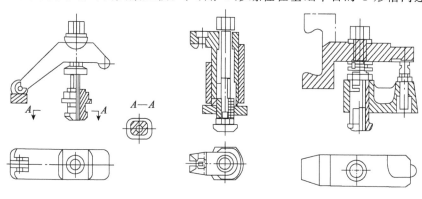

(a) 铰链式   (b) 钩头式

图 1-52 手动可调夹紧压板

图 1-53 所示为液压组合压板,夹紧装置中带有液压缸。

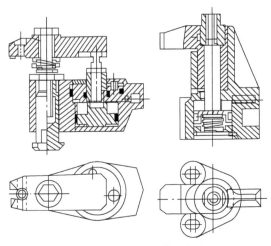

图 1-53 液压组合压板

（4）回转过渡花盘

用于车、磨夹具的回转过渡花盘如图 1-54 所示。

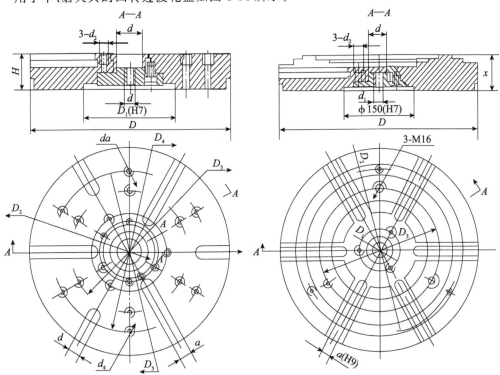

图 1-54 回转过渡花盘

（三）工件的定位与夹紧

1. 工件的定位

在机床上加工工件时，为了在工件的某一部位加工出符合工艺规程要求的表面，加工前需要使工件在机床上占有正确的位置，此即定位。

1）工件的定位方法

① 直接找正法　工件定位时直接用量具或仪表直接找正工件上某一表面,使工件处于正确的位置,称为直接找正装夹。这种装夹方式所需时间长,结果也不稳定,只适合于单件小批量生产。

② 划线找正法　这种装夹方式是先按加工表面的要求在工件上划线,加工时在机床上按线找正以获得工件的正确位置。这种方法受到划线精度的限制,定位精度较低,多用于批量较小、毛坯精度较低以及大型零件的粗加工中。

③ 在夹具上定位　常用的有通用夹具和专用夹具。使用夹具时,工件在夹具中迅速而正确的定位,不需找正就能保证工件与机床、刀具间的正确位置。这种方式生产率高,定位精度好,广泛用于成批以上生产和单件小批量的生产的关键工序中。

2）工件定位的基本原理

（1）六点定位原理

如图 1-55 所示,工件在空间具有六个自由度,即沿 x,y,z 三个直角坐标轴方向的移动自由度 $\vec{x},\vec{y},\vec{z}$ 和绕这三个坐标轴的转动自由度 $\hat{x},\hat{y},\hat{z}$。因此,要完全确定工件的位置,就必须消除这六个自由度,通常用适当分布的 6 个支撑点（即定位元件）来限制工件的六个自由度,其中每一个支撑点限制相应的一个自由度。如图 1-56 所示,在 xOy 平面上,不在同一直线上的三个支撑点限制了工件的 $\hat{x},\hat{y},\vec{z}$ 三个自由度,这个平面称为主基准面;在 yOz 平面上,沿长度方向布置的两个支撑点限制了工件的 $\vec{x},\vec{z}$ 两个自由度,这个平面称为导向平面;工件在 xOz 平面上,被一个支撑点限制了 $\vec{y}$ 一个自由度,这个平面称为止动平面。

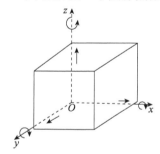

图 1-55　工件在空间的六个自由度

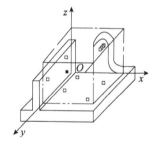

图 1-56　工件的六点定位

综上所述,若要使工件在夹具中获得唯一确定的位置,就需要在夹具上合理设置相当于定位元件的 6 个支撑点,使工件的定位基准与定位元件紧贴接触,即可消除工件的所有 6 个自由度,这就是工件的六点定位原理。

（2）六点定位原理的应用

六点定位原理对于任何形状工件的定位都是适用的,如果违背这个原理,工件在夹具中的位置就不能完全确定。然而,用工件六点定位原理进行定位时,必须根据具体加工要求灵活运用,工件形状不同,定位表面不同,定位点的布置情况会各不相同,宗旨是使用最简单的定位方法,使工件在夹具中迅速获得正确的位置。

① 完全定位　工件的 6 个自由度全部被夹具中的定位元件所限制,而在夹具中占有完全确定的唯一位置,称为完全定位。

② 不完全定位　根据工件加工表面的不同加工要求,定位支撑点的数目可以少于 6 个。有些自由度对加工要求有影响,有些自由度对加工要求无影响,只要分布与加工要求有关的支撑点,就可以用较少的定位元件达到定位的要求,这种定位情况称为不完全定位。不完全定位是允许的,下面举例说明。

五点定位如图 1-57 所示,钻削加工 ΦD 小孔,工件以内孔和一个端面在夹具的心轴和平面上定位,限制工件 $\vec{x}, \vec{y}, \vec{z}, \hat{x}, \hat{y}$ 5 个自由度,相当于 5 个支撑点定位。工件绕心轴的转动 $\hat{z}$ 不影响对小孔 ΦD 的加工要求。

四点定位如图 1-58 所示,铣削加工通槽,工件以长外圆在夹具的双 V 形块上定位,限制工件的 $\vec{x}, \vec{y}, \hat{x}, \hat{y}$ 4 个自由度,相当于 4 个支撑点定位。工件的 $\vec{z}, \hat{z}$ 两个自由度不影响对通槽的加工要求。

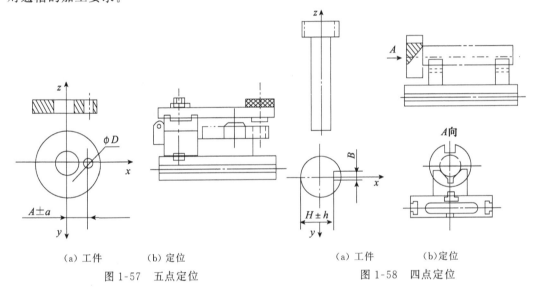

（a）工件　　（b）定位　　　　　　　　　（a）工件　　（b）定位

图 1-57　五点定位　　　　　　　图 1-58　四点定位

③ 欠定位　按照加工要求应该限制的自由度没有被限制的定位称为欠定位。欠定位是不允许的,因为欠定位保证不了加工要求。如铣削图 1-59 所示零件上的通槽,应该限制 $\hat{x}, \hat{y}, \vec{z}$ 三个自由度,以保证槽底面与 A 面的平行度及尺寸 $60_{-0.2}^{0}$ 两项加工要求;应该限制 $\vec{x}, \hat{z}$ 两个自由度,以保证槽侧面与 B 面的平行度及尺寸 30 ± 0.1 两项加工要求; $\vec{y}$ 自由度不影响通槽加工,可以不限制。如果 $\vec{z}$ 没有限制, $60_{-0.2}^{0}$ 就无法保证;如果 $\hat{x}$ 或 $\hat{y}$ 没有限制,槽底与 A 面的平行度就不能保证。

④ 过定位　工件的一个或几个自由度被不同的定位元件重复限制的定位称为过定位。当过定位导致工件或定位元件变形,影响加工精度时,应该严禁采用。但当过定位并不影响加工精度,反而对提高加工精度有利时,也可以采用,零具体情况具体分析。

3）工件的定位方法及其定位元件

在实际生产中,常用的定位方法和定位元件主要有以下几种:

① 工件以平面定位。

② 工件以圆孔定位。

③ 工件以外圆柱面定位。

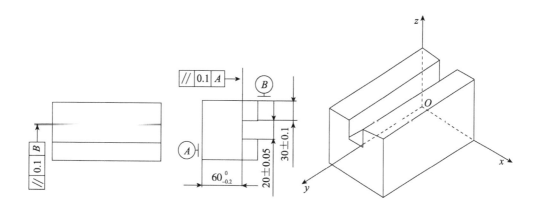

图 1-59　限制自由度与加工要求的关系

2. 工件的夹紧

由于在加工过程中工件受到切削力、重力、振动、离心力、惯性力等作用,所以还应采用一定的机构,使工件在加工过程中始终保持在原先确定的位置上,此即夹紧。

夹紧是工件装夹过程中的重要组成部分。工件定位后必须通过一定的机构产生夹紧力,把工件压紧在定位元件上,使其保持准确的定位位置,不会由于切削力、工件重力、离心力或惯性力等力的作用而产生位置变化和振动,以保证加工精度和安全操作。这种产生夹紧力的机构称为夹紧装置。

(1)夹紧装置应具备的基本要求

① 夹紧过程可靠,不改变工件定位后所占据的正确位置。

② 夹紧力的大小适当,既要保证工件在加工过程中其位置稳定不变、振动小,又要使工件不会产生过大的夹紧变形。

③ 操作简单方便、省力、安全。

④ 结构性好,夹紧装置的结构力求简单、紧凑,便于制造和维修。

(2)夹紧力方向和作用点的选择

① 夹紧力应朝向主要定位基准。

② 夹紧力的作用点应落在定位元件的支撑范围内,并应靠近支撑元件的几何中心;否则夹紧力作用在支撑面之外,易导致工件的倾斜和移动,破坏工件的定位。

③ 夹紧力的方向应有利于减小夹紧力的大小。

④ 夹紧力的方向和作用点应施加于工件刚性较好的方向和部位。

⑤ 夹紧力作用点应尽量靠近工件加工表面,以提高工件加工部位的刚性,防止或减少工件产生振动。

3. 定位与夹紧的关系

定位与夹紧的任务是不同的,两者不能互相取代。若认为工件被夹紧后,其位置不能动了,所以自由度都已限制了,这种理解是错误的。图 1-60 所示为定位与夹紧的关系示意,工件在平面支撑 1 和两个长圆柱销 2 上定位,工件放在实线和虚线位置都可以夹紧,但是工件在 x 方向的位置不能确定,钻出的孔其位置也不确定(出现尺寸 A_1 和 A_2)。只有在 x 方向设置一个挡销时，才能保证钻出的孔在 x 方向获得确定的位置。若认为工件在挡销的反方向仍然有移动的可能性，因此位置不确定，这种理解也是错误的。定位时，必须使工件的定位基准紧贴在夹具的定位元件上，否则不称其为定位，而夹紧则使工件不离开定位元件。

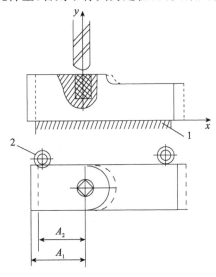

图 1-60　定位与夹紧的关系示意图

4. 常见夹紧机构

(1) 斜楔夹紧机构

采用斜楔作为传力元件或夹紧元件的夹紧机构，称为斜楔夹紧机构。图 1-61(a) 所示为斜楔夹紧机构的应用示例，敲入斜楔 1 大头，使滑柱 2 下降，装在滑柱上的浮动压板 3 可同时夹紧两个工件 4。加工完后，敲斜楔 1 的小头，即可松开工件。采用斜楔直接夹紧工件的夹紧力较小、操作不方便，因此实际生产中一般与其他机构联合使用。图 1-61(b) 所示为斜楔与螺旋夹紧机构的组合形式，当拧紧螺旋时楔块向左移动，使杠杆压板转动夹紧工件；当反向转动螺旋时，楔块向右移动，杠杆压板在弹簧力的作用下松开工件。

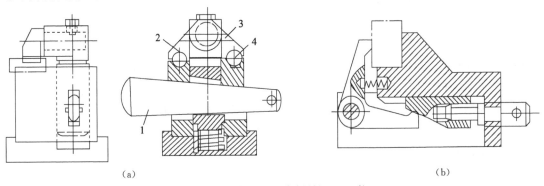

(a)　　　　　　　　　　　　　　　　　　　　(b)

1—斜楔；2—滑柱；3—浮动压板；4—工件

图 1-61　斜楔夹紧机构

(2) 螺旋夹紧机构

采用螺旋直接夹紧或采用螺旋与其他元件组合实现夹紧的机构，称为螺旋夹紧机构。

螺旋夹紧机构具有结构简单、夹紧力大、自锁性好和制造方便等优点,很适用于手动夹紧,因而在机床夹具中得到广泛的应用。其缺点是夹紧动作较慢,因此在机动夹紧机构中应用较少。螺旋夹紧机构分为简单螺旋夹紧机构和螺旋压板夹紧机构。

图 1-62 所示为最简单的螺旋夹紧机构。图 1-62(a)螺栓头部直接对工件表面施加夹紧力,螺栓转动时,容易损伤工件表面或使工件转动。解决这一问题的办法是在螺栓头部套上一个摆动压块,如图 1-62(b)所示,这样既能保证与工件表面有良好的接触,防止夹紧时螺栓带动工件转动,还可避免螺栓头部直接与工件接触而造成压痕。摆动压块的结构已经标准化,可根据夹紧表面来选择。

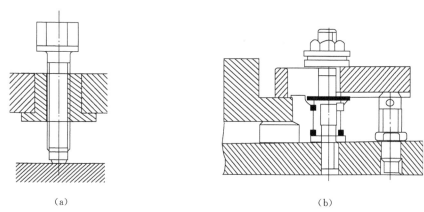

(a)   (b)

图 1-62 简单螺旋夹紧机构

实际生产中使用较多的是如图 1-63 所示的螺旋压板夹紧机构。它利用杠杆原理实现对工件的夹紧,杠杆比不同,夹紧力也不同。其结构形式变化很多,图 1-63(a)、(b)所示为移动压板,图 1-63(c)、(d)为转动压板,其中图 1-63(d)所示的增力倍数最大。

(3) 偏心夹紧机构

用偏心件直接或间接夹紧工件的机构,称为偏心夹紧机构,如图 1-64 所示。图 1-64(a)、(b)偏心件为圆偏心轮,图 1-64(c)所示为偏心件为偏心轴,图 1-64(d)所示为偏心件为偏心叉。

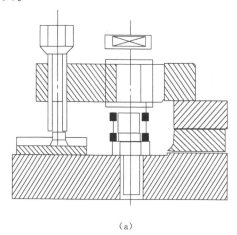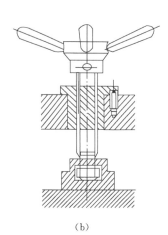

(a)   (b)

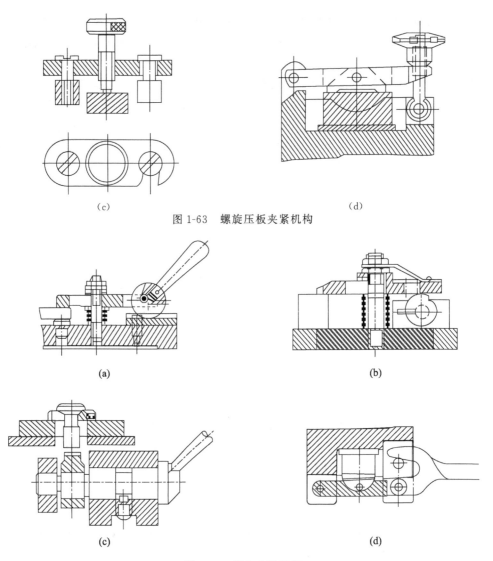

(c)　　　　　　　　　　　　　　　　　　(d)

图 1-63　螺旋压板夹紧机构

(a)　　　　　　　　　　　　　　　　　　(b)

(c)　　　　　　　　　　　　　　　　　　(d)

图 1-64　偏心夹紧机构

偏心夹紧机构操作简单、夹紧动作快,但夹紧行程和夹紧力较小,一般用于没有振动或振动较小、夹紧力要求不大的场合。

四、影响数控加工产品质量的工艺因素

零件的加工质量主要包括加工精度和表面质量两个方面。

1. 加工精度和表面质量的基本概念

（1）加工精度

加工精度是指零件加工后的实际几何参数对理想几何参数的符合程度,两者之间的偏离程度（偏差）称为加工误差。加工误差越大则加工精度越低,反之越高。生产中加工精度的高低是用加工误差的大小来表示的,加工精度包括三个方面。

① 几何形状精度　限制加工表面的宏观几何形状误差,如圆度、圆柱度、直线度和平面

度等。

② 尺寸精度　限制加工表面与其基准间尺寸误差不超过一定的范围。

③ 相互位置精度　限制加工表面与其基准间的相互位置误差,如平行度、垂直度和同轴度等。

（2）表面质量

表面质量是指零件要加工后的表层状态,它是衡量机械加工质量的一个重要方面。表面质量包括以下几个方面。

① 表面粗糙度　指零件表面微观几何形状误差。它是衡量表面质量的重要指标。

② 表面波纹度　指零件表面周期性的几何形状误差。

③ 表面冷作硬化　表层金属因在加工中产生强烈的塑性变形而引起的强度和硬度提高的现象。

④ 表面残余应力　工件表层及其与基体材料的交界处产生相互平衡的弹性应力。

⑤ 表面层金相组织变化　表层金属因切削热而引起的金相组织变化(通常称为烧伤)。

2. 影响加工精度的工艺因素及改善措施

1）产生加工误差的原因

从工艺因素的角度考虑,产生加工误差的原因可分为下述几种。

① 加工原理误差（理论误差）　加工原理误差是采用近似的加工运动、近似的刀具轮廓和近似的加工方法所产生的原始误差。例如常用的齿轮滚刀就有两种原理误差:一是近似造形原理误差,即由于制造上的困难,采用阿基米德蜗杆代替渐开线基本蜗杆;二是由于滚刀必须是具有有限的前后刀面和切削刃才能滚切齿,而不是连续的蜗杆,滚切的齿轮齿形实际上是一根折线,和理论上光滑的渐开线是有差异的。因此,滚齿是一种近似的加工方法。

② 工艺系统的几何误差　由于工艺系统中各组成环节的实际几何参数和位置相对于理想几何参数和位置发生偏离而引起的误差,统称为几何误差。主要包括机床、刀具、夹具的制造和磨损,系统调整误差,工件定位误差和夹具、刀具安装误差等。

③ 工艺系统力效应产生变形引起的误差　工艺系统在切削力、夹紧力、重力和惯性力等作用下会产生变形,从而破坏工艺系统各组成部分的相互位置关系,产生加工误差并影响加工过程的稳定性。同时工件经过冷热加工后也会产生一定的内应力。通常情况下,内应力处于平衡状态,但对具有内应力的工件进行加工时,工件原有的内应力平衡状态被破坏,从而使工件产生变形。

④ 工艺系统受热变形引起的误差　在加工过程中,由于受切削热、摩擦热以及工作场地周围热源的影响,温度会产生变化,工艺系统就会发生变形,导致系统中各组成部分正确相对位置的改变,使工件与刀具之间产生相对位置和相对运动的误差。

⑤ 测量误差　在工序调整及加工过程中测量工件时,由于测量方法、量具精度以及工件和环境温度等因素对测量结果准确性的影响而产生的误差,统称为测量误差。

2）减少加工误差的措施

（1）减少工艺系统受力变形的措施

① 提高接触刚度 常用的方法是改善工艺系统主要零件接触面的配合质量。如机床导轨副的刮研等。

② 设辅助支撑,提高局部刚度,减少受力变形。如细长轴加工时采用跟刀架,提高切削时的刚度。

③ 合理装夹工件,减少夹紧变形。

④ 采用补偿或转移变形的方法。

(2) 减少和消除内应力的措施

① 改善零件结构,设计时尽量简化零件结构、提高零件刚度、使壁厚均匀等。

② 合理安排工艺过程,如粗、精加工分开,使粗加工后有充足的时间让内应力重新分布,减少对精加工的影响。

③ 增加消除残余应力的专门工序。

(3) 减少工艺系统受热变形的措施

① 机床结构设计采用对称式结构。

② 采用主动控制方式均衡关键件的温度。

③ 采用切削液进行冷却。

④ 加工前先让机床空转一段时间,使之达到热平衡状态后再加工。

⑤ 改变刀具及切削参数。

⑥ 大型或长工件,在夹紧状态下应使其末端能自由伸缩。

3. 影响表面粗糙度的工艺因素及改善措施

零件在切削加工过程中,由于刀具几何形状和进给量的影响,切削运动引起的残留面积、刀刃上积屑瘤划出的沟纹、工件与刀具之间的振动以及刀具后刀面磨损造成擦痕等原因,使零件表面上产生了粗糙度。影响表面粗糙度的工艺因素可归纳为工件材料、切削用量、刀具材料和几何参数及切削液四个方面。

(1) 工件材料

塑性材料的韧性越大大,加工后表面粗糙度也越大,对于同种材料,在相同的切削条件下,其晶粒组织越粗大则加工表面粗糙度值也越大。因此,为了减小加工表面粗糙度,常在切削加工前对材料进行调质或正火处理,以获得均匀细密的晶粒组织和较大的硬度。

(2) 切削用量

切削速度对表面粗糙度的影响也很大。在中速切削塑性材料时,由于容易产生积屑瘤,且塑性变形较大,因此加工后零件表面粗糙度较大。通常采用低速或高速切削塑性材料,特别是高速切削塑性材料可有效地避免积屑瘤的产生,这对减小表面粗糙度有积极作用。

如图 1-65 所示,ABE 所包围的面积称为残留面积,残留面积的高度(最大轮廓高度)H,直接影响已加工表面的粗糙度(见图 1-66),其计算公式为

$$H = \frac{f}{\cos \kappa_r + \cos \kappa_r'} \tag{1-1}$$

若刀尖呈圆弧形,则最大轮廓高度 H 为

$$H = f^2/(8r_\varepsilon) \tag{1-2}$$

从式(1-1)和式(1-2)可以看出,进给量会显著影响加工后切削层残留面积高度,从而对零件表面粗糙度也有明显影响。进给量越大,残留面积高度越高,零件表面粗糙度越大。因此,减小进给量可有效地减小表面粗糙度。

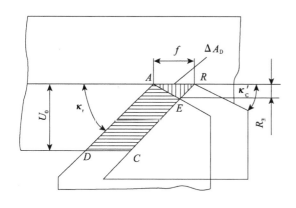

图 1-65　残留面积及其高度

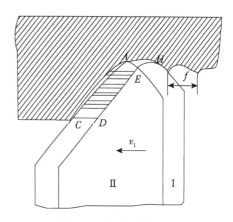

图 1-66　切削残留面积

（3）刀具材料和几何参数

刀具材料与被加工材料金属分子和亲和力大时,切削过程中易产生积屑瘤。

刀具几何参数方面,由式（1-1）和式（1-2）可知,主偏角 κ_r、副偏角 κ'_r 及刀尖圆弧半径 r_ε 对零件表面粗糙度有直接影响。在进给量一定的情况下,减小主偏角 κ_r 和副偏角 κ'_r,或增大刀尖圆弧半径 r_ε,可减小表面粗糙度。另外,适当增大前角和后角,减小切削变形和前后刀面间的摩擦,抑制积屑瘤的产生,也可减小表面粗糙度。

（4）切削液

切削液的冷却作用会降低切削温度,切削液的润滑作用能减小刀具和被加工表面之间的摩擦,使切削层金属表面的塑性变形程度下降并抑制鳞刺和积屑瘤的生长,对降低表面粗糙度有显著的作用。

五、其他数控加工工艺简介

1. 数控磨床及其加工工艺简介

常用的数控磨床有数控外圆磨床、内圆磨床、万能外圆磨床（外圆、内孔磨削）、平面磨床等。万能磨床自动更换外圆磨砂轮和内圆磨砂轮构成磨削中心。数控磨床种类繁多,见表 1-17,但编程相对来说较简单。

表 1-17　数控磨床

名　称	用　途
立式坐标磨床	淬火件磨削,中心距要求高的内孔、外圆内螺纹等
螺纹磨床	磨削精密丝杠
非轴圆台平面磨床	特别适合磨削摩擦片等,不产生挠曲
花键磨床	磨削花键轴
主轴圆台平面磨床	粗磨,效率高
主轴矩台平面磨床	粗磨,效率高
凸轮轴磨床	磨削发动机凸轮轴
曲轴磨床	磨削发动机曲轴
齿轮磨床	磨齿轮齿形
工具磨床	磨削各种刀具、刃具

（1）数控磨床特点

数控磨床结构布局与普通磨床类似,但加工中各种运动是按程序自动进行的。以外圆磨床为例介绍其特点：

① 磨头横向自动进刀。

② 轴向进给,砂轮转速可调,自动往复。

③ 床头座回转,主轴无级调速。

④ 安装床头\顶尖座\滑板可回转调节锥度。

⑤ 砂轮修正架自动修正砂轮,随即进行尺寸补偿。

⑥ 测量轴肩用轴向定位器进入、退出工作位,需进行测量修正。

⑦ 主轴测量仪自动进入、退出工作位。

⑧ 具有砂轮自动平衡装置,及平衡情况执行装置。

（2）数控磨床坐标系及坐标轴

以外圆磨床为例,其坐标系及坐标轴介绍如下：工件坐标系与车床相同,直径方向为 X,轴向为 Z,机床原点在卡盘法兰安装面上,工件坐标原点由机床原点转移而来。砂轮修正时,砂轮为工件,"金刚石笔"为"车刀"。砂轮原点（即刀位点）在砂轮中心线所处水平面上,为砂轮左端面与外圆的交点,如图 1-67 所示。通过用砂轮试磨外圆、端面确定工件原点。

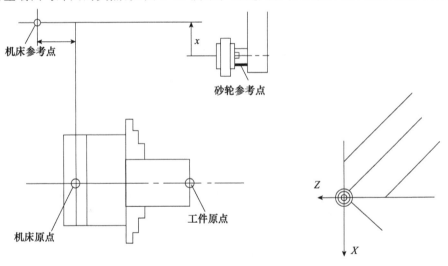

图 1-67　磨床坐标系

（3）工艺特点

砂轮切削用量的选择等与普通磨床相同,砂轮移近工件编程时需编入安全距离（如图 1-68所示）,磨削方式可分为粗磨、半精磨、精磨、无火花磨削等。

安全距离要考虑到工序尺寸余量公差、工件变形等因素,有的数控机床装有振动传感器,当砂轮快速前进接触到工件时能发出信号,自动转入正常磨削,则可不考虑安全距离。

2. 数控冲压加工工艺简介

不同控制系统的数控冲床其数控编程指令是不相同的。数控冲孔加工的编程是指将钣金零件展开成平面图,放入 X, Y 坐标系的第一象限,对平面图中的各孔系进行坐标计算的

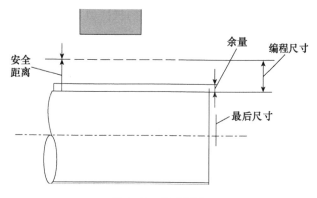

图 1-68 安全距离

过程。在数控冲床上进行冲孔加工的过程是:零件图—编程—程序制作—输入 NC 控制柜—按启动按钮—加工。

数控冲床加工操作顺序是,先准备好加工工件的毛坯和加工程序,然后按以下步骤进行操作:

① 确认以下灯是亮的:X 原点灯;Y 原点灯、转盘原点灯、C 轴原点灯。

② 选择机床自动操作模式:纸带(TYPE)、内存(MEMORY)、手动(MDI)、RS-232 输入模式,旋转模式开关至相应的工作方式,将要加工的程序输入数控系统中。

③ 踩下脚踏开关的压板,使工件夹具打开,"夹具打开"灯亮,将加工工件放在工作台上,升起"X"轴定位标尺,"X"轴定位标尺灯亮,将工件靠紧两个工件夹具和"X"轴定位标尺边,再踩下脚踏开关的压板,使工件夹具闭合,"夹具打开"灯熄灭,降下"X"轴定位标尺,"X"轴定位标尺灯熄灭。

④ 确认指示灯至熄灭,同时确认"急停"按钮处于释放状态。

⑤ 确认 LSK 及 ABS 符号出现在 CRT 的右下角。

⑥ 按机床"启动"按钮,开始进行加工。

3. 数控电火花加工工艺简介

(1) 电火花加工

电火花加工又称放电加工或电蚀加工。它是 20 世纪 40 年代由苏联科学家拉扎连柯根据有害的电腐蚀现象发明的,之后随着脉冲电源和控制系统的改进,迅速发展起来。这是一种直接利用电能和热能进行加工的新工艺,与金属切削加工的原理完全不同。

(2) 电火花加工的分类

按照工具电极的形式及其与工件之间相对运动的特征,可将电火花加工方式分为五类:

① 利用成型工具电极,相对工件做简单进给运动的电火花成型加工。

② 利用轴向移动的金属丝作工具电极,工件按所需形状和尺寸做轨迹运动,以切割导电材料的电火花线切割加工。

③ 利用金属丝或成型导电磨轮作工具电极,进行小孔磨削或成型磨削的电火花磨削。

④ 电火花共扼回转加工,用于加工螺纹环规、螺纹塞规、齿轮等。

⑤ 小孔加工、刻印、表面合金化、表面强化等其他种类的加工。

（3）电火花加工的特点与应用

① 脉冲放电的能量密度高，便于加工用普通的机械加工方法难于加工或无法加工的特殊材料和复杂形状的工件。不受材料硬度影响，不受热处理状况影响。

② 脉冲放电持续时间极短，放电时产生的热量传导扩散范围小，材料受热影响范围小。

③ 加工时，工具电极与工件材料不接触，两者之间宏观作用力极小。工具电极材料无须比工件材料硬，因此，工具电极制造容易。

④ 可以改善工件结构，简化加工工艺，提高工件使用寿命，降低工人劳动强度。

⑤ 加工后表面产生变质层，在某些应用中须进一步去除，工作液的净化和加工中产生的烟雾污染处理比较麻烦。

电火花加工主要用于加工具有复杂形状的型孔和型腔的模具和零件；加工各种硬、脆材料，如硬质合金和淬火钢等；加工深细孔、异形孔、深槽、窄缝和切割薄片等；加工各种成型刀具、样板和螺纹环规等工具和量具。

（4）数控电火花线切割加工的工艺过程

① 分析零件图纸及其技术要求。

② 加工前的工艺准备。

③ 选择切割参数及确定切割路线，进行工件装夹找正。

④ 编制加工程序。

⑤ 线切割加工。

⑥ 线切割后工件清理与检验。

（5）数控电火花成型机床加工的工艺过程

① 打开机床电源开关。

② 电极的安装、调整、校正和定位。

③ 工件的装夹与定位。

④ 调整主轴头及其附件位置。

⑤ 工作液槽注油。

⑥ 选择电规准。

⑦ 开始加工。

⑧ 转换电规准。

⑨ 当工件达到预定的加工要求后，停车、关机。

六、数控编程概述

数控机床是一种高效的自动化加工设备，它严格按照加工程序，自动地对被加工工件进行加工。我们把从数控系统外部输入的直接用于加工的程序称为数控加工程序，简称为数控程序，它是机床数控系统的应用软件，与数控系统应用软件相对应的是数控系统内部的系统软件，系统软件是用于数控系统工作控制的，它不在本教程的研究范围内。

数控系统的种类繁多，它们使用的数控程序语言规则和格式也不尽相同，本教程以 ISO 国际标准为主来介绍加工程序的编制方法。当针对某一台数控机床编制加工程序时，应该严格按机床编程手册中的规定进行程序编制。

（一）数控程序编制

编制数控加工程序是使用数控机床的一项重要技术工作,理想的数控程序不仅应该保证加工出符合零件图样要求的合格零件,还应该使数控机床的功能得到合理的应用与充分的发挥,使数控机床能安全、可靠、高效的工作。

数控编程是指从零件图纸到获得数控加工程序的全部工作过程,如图 1-69 所示。编程工作主要包括以下内容。

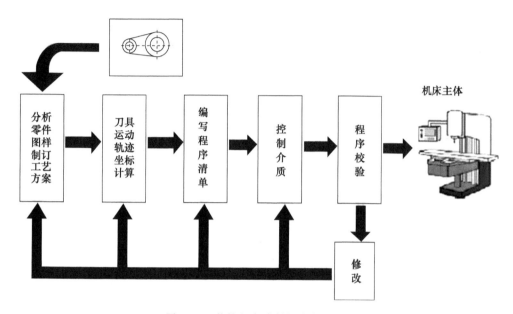

图 1-69　数控程序编制的内容及步骤

（1）分析零件图样

对零件图样进行分析,分析零件的形状、结构、尺寸及形位公差要求,明确加工的内容和要求。

（2）制订工艺方案

确定加工方案:选择合适的数控机床;选择或设计刀具和夹具;确定合理的走刀路线及选择合理的切削用量等。这一工作要求编程人员能够对零件图样的技术特性、几何形状、尺寸及工艺要求进行分析,并结合数控机床使用的基础知识,如数控机床的规格、性能、数控系统的功能等,确定加工方法和加工路线。

（3）数学处理

在确定了工艺方案后,就需要根据零件的几何尺寸、加工路线等,计算刀具中心运动轨迹,以获得刀位数据。数控系统一般均具有直线插补与圆弧插补功能,对于加工由圆弧和直线组成的较简单的平面零件,只需要计算出零件轮廓上相邻几何元素交点或切点的坐标值,得出各几何元素的起点、终点、圆弧的圆心坐标值等,就能满足编程要求。当零件的几何形状与控制系统的插补功能不一致时,就需要进行较复杂的数值计算,一般需要使用计算机辅助计算,否则难以完成。

（4）编写零件加工程序

在完成上述工艺处理及数值计算工作后，即可编写零件加工程序。程序编制人员使用数控系统的程序指令，按照规定的程序格式，逐段编写加工程序。程序编制人员应对数控机床的功能、程序指令及代码十分熟悉，才能编写出正确的加工程序。

（5）程序检验

将编写好的加工程序输入数控系统，就可控制数控机床的加工工作。一般在正式加工之前，要对程序进行检验。通常可采用机床空运转的方式，来检查机床动作和运动轨迹的正确性，以检验程序。在具有图形模拟显示功能的数控机床上，可通过显示走刀轨迹或模拟刀具对工件的切削过程，对程序进行检查。对于形状复杂和要求高的零件，也可采用铝件、塑料或石蜡等易切材料进行试切来检验程序。通过检查试件，不仅可确认程序是否正确，还可知道加工精度是否符合要求。若能采用与被加工零件材料相同的材料进行试切，则更能反映实际加工效果。当发现加工的零件不符合加工技术要求时，可修改程序或采取尺寸补偿等措施。

（二）数控程序编制的方法

数控加工程序的编制方法主要有两种：手工编制程序和自动编制程序。

1. 手工编程

手工编程指主要由人工来完成数控编程中各个阶段的工作。对编程人员素质要求高，编程人员不但要具备机械工艺知识，而且要有一定的数值计算能力，并熟悉数控代码和编程规则。对于几何形状比较简单的零件或一般的点位加工零件，手工编程比较适合，此时经济、省时。

手工编程的步骤：分析零件图—确定加工工艺过程—数值计算—编写零件的加工程序单—程序输入数控系统—校对加工程序—首件试加工。

手工编程流程如图 1-70 所示。

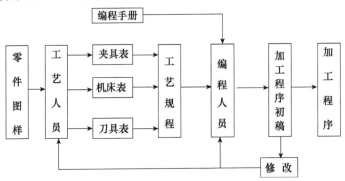

图 1-70　手工编程流程

手工编程的特点主要有耗费时间较长，容易出现错误，无法胜任复杂形状零件的编程。据国外资料统计，当采用手工编程时，一段程序的编写时间与其在机床上运行加工的实际时间之比，平均约为 30∶1，而数控机床不能开动的事故中有 20%～30% 是因加工程序编制困难、编程时间较长造成的。

2. 计算机自动编程

自动编程是指在编程过程中，除了分析零件图样和制订工艺方案由人工进行外，其余工作均由计算机辅助完成。采用计算机自动编程时,数学处理、编写程序、检验程序等工作是由计算机自动完成的。由于计算机可自动绘制出刀具中心运动轨迹,使编程人员可及时检查程序是否正确,需要时可及时修改,以获得正确的程序。又由于计算机自动编程代替程序编制人员完成了烦琐的数值计算,可提高编程效率,因此解决了手工编程无法解决的许多复杂零件的编程难题。自动编程的特点就在于编程工作效率高,可解决复杂形状零件的编程难题。它适合于几何形状复杂的零件或有复杂曲面的零件或几何形状并不复杂,但程序量很大的零件。这类零件若手工编程,则效率低、易出错。

根据输入方式的不同,可将自动编程分为以下几种。

① 数控语言编程:将加工零件的几何尺寸、工艺要求、切削参数及辅助信息等用数控语言编写成源程序后,输入到计算机中,再由计算机进一步处理得到零件加工程序。

② 图形交互式编程:将零件的图形信息直接输入计算机,通过自动编程软件的处理,得到数控加工程序。目前,图形数控自动编程是使用最为广泛的自动编程方式。

③ 语音式自动编程:采用语音识别器,将编程人员发出的加工指令声音转变为加工程序。

④ 实物模型式自动编程。

自动编程的步骤:零件的几何建模—加工方案与加工参数的合理选择—刀具轨迹生成—数控加工仿真—后置处理—首件试加工。

自动编程的流程如图 1-71 所示。

3. 图形交互式编程和 CAD/CAE/CAPP/CAM/PDM

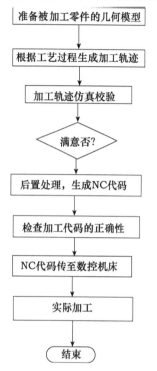

图 1-71　自动编程流程图 1

CAD/CAM(计算机辅助设计及制造)与 PDM(产品数据管理)构成了一个现代制造型企业计算机应用的主干。制造的发展,与设计、制造水平和产品的质量、成本及生产周期息息相关。人工设计、单件生产这种传统的设计与制造方式已无法适应工业发展的要求。采用 CAD/CAM 的技术已成为整个制造行业当前和将来技术发展的重点。

CAD/CAM 技术特点:

① 产品开发的集成性,见图 1-72。

② 产品相关性,见图 1-73。

③ 并行协作,图 1-74。

CAD 是企业应用计算机辅助技术的基础,由 CAD 建立的产品零件三维相关参数化模型是实施并行协作产品开发过程的主模型。

(三)数控机床坐标系

关于数控机床的坐标轴和运动方向,ISO 组织对作了统一的规定,并制订了 ISO841 标准,这与我国有关部门制订的相应标准 JB 3051—1982 相当。

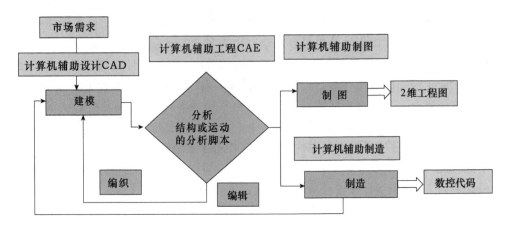

图 1-72 自动编程流程图 2

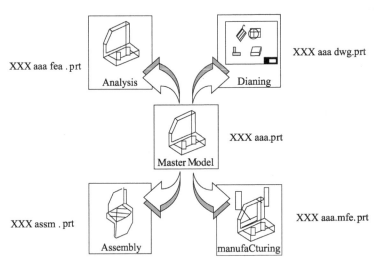

图 1-73 产品相关性

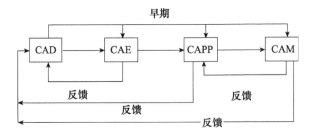

图 1-74 并行协作

1. 数控机床坐标系的确定

(1) 数控机床假设工件静止, 刀具运动

不同的机床其进给运动部件不同, 有的机床是刀具做实际的进给运动, 如车床; 有的是工作台带着工件做实际的进给运动, 如铣床。为便于编程, 数控机床统一假设工件静止, 刀具相对于工件作进给运动, 编程人员在不考虑机床上工件与刀具具体运动的情况下, 就可以依据零件图样编程,确定机床的加工过程。

(2) 机床坐标系采用右手笛卡儿直角坐标系

在数控机床上,机床的动作是由数控装置来控制的,为了确定数控机床上的成型运动和辅助运动,必须先确定机床上运动的位移和运动的方向,这就需要通过坐标系来实现,这个坐标系被称为机床坐标系。

标准机床坐标系中 X,Y,Z 坐标轴的相互关系用右手笛卡儿直角坐标系决定:

① 伸出右手的大拇指、食指和中指,使其成为 90°,则大拇指代表 X 坐标,食指代表 Y 坐标,中指代表 Z 坐标。

② 大拇指的指向为 X 坐标的正方向,食指的指向为 Y 坐标的正方向,中指的指向为 Z 坐标的正方向。

③ 围绕 X,Y,Z 坐标旋转的旋转坐标分别用 A,B,C 表示,根据右手螺旋定则,大拇指的指向为 X,Y,Z 坐标中任意轴的正向,则其余四指的旋转方向即为旋转坐标 A,B,C 的正向,如图 1-75 所示。

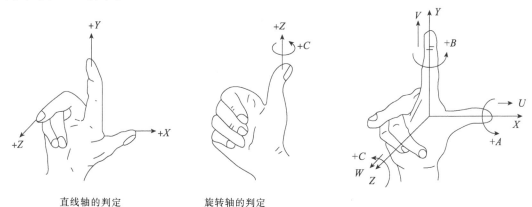

直线轴的判定 　　　　旋转轴的判定

图 1-75 　右手笛卡儿直角坐标系

④ XYZ 基本坐标系又称第一坐标系,它表示最靠近主轴的坐标系。此外,若有平行于基本坐标系、稍远于主轴的坐标系称为第二坐标系,其坐标轴用 U,V,W 轴表示,称为扩展轴,它们分别平行于 X,Y,Z 轴。若还有平行于基本坐标系、更远于主轴的坐标系称为第三坐标系,其坐标轴用 P,Q,R 轴表示,它们也分别平行于 X,Y,Z 轴。同理,A,B,C 称为第一回转坐标系;若有其他回转运动轴则用 D 轴、E 轴、F 轴表示。五轴联动坐标轴和六轴加工中心坐标轴分别如图 1-76 和图 1-77 所示。

(3) 运动方向的规定

增大刀具与工件距离的方向即为各坐标轴的正方向,如图 1-78 和图 1-79 所示为数控车床上两个运动的正方向。

2. 坐标轴方向的确定

(1) Z 坐标轴

Z 轴坐标的运动方向是由传递切削动力的主轴所决定的,即平行于主轴轴线的坐标轴即为 Z 坐标轴,Z 坐标轴的正向为刀具离开工件的方向。

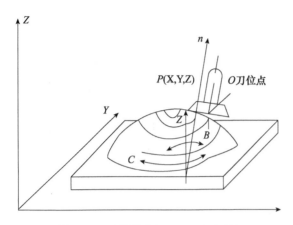

图 1-76 五轴联动（X,Y,Z,B,C 轴）

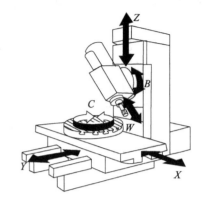

图 1-77 六轴加工中心坐标轴
（X,Y,Z,W,B,C 轴）

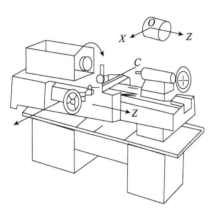

图 1-78 卧式数控车床坐标系

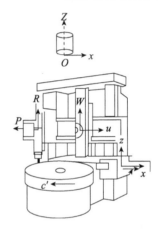

图 1-79 立式数控车床坐标

① 对于有且只有一个主轴的机床,则规定平行于机床主轴的坐标轴为 Z 坐标轴;Z 轴正方向是假定工件不动,刀具远离工件的方向;图 1-80 和图 1-81 所示为数控机床的 Z 坐标轴。

② 若机床上没有主轴,则规定垂直于工件装夹面的坐标轴为 Z 轴,如刨床。

③ 若机床上有几根主轴:则规定选垂直于工件装夹面的一根主轴作为主要主轴,Z 轴即为平行于主要主轴的坐标轴。

（2）X 坐标轴

X 坐标轴平行于工件的装夹平面,一般在水平面内。X 坐标轴都是水平的。确定 X 轴的方向时,要考虑以下情况:

① 如果工件作旋转运动,则规定 X 轴在工件的径向,且平行于横向滑座,X 轴正向为刀具远离工件旋转中心线的方向。

② 如果刀具做旋转运动,则分为两种情况:

若 Z 轴是垂直的(立式机床),则规定从主轴向立柱看去,X 轴正方向指向右边。立式加工中心坐标系如图 1-82 所示。

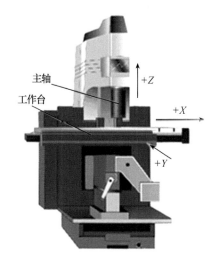

图 1-80　数控铣床的 Z 坐标轴

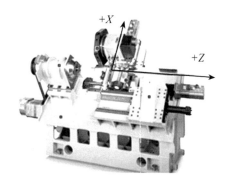

图 1-81　数控车床的 Z 坐标轴

若 Z 轴是水平的(卧式机床),则规定从主轴(刀具)的后端向工件看去,X 轴正方向指向右边。卧式加工中心坐标系如图 1-83 所示。

③ 对于刀具和工件都不旋转的机床,则规定刀具切削方向为 X 轴正向,如刨床。

图 1-82　立式加工中心坐标系

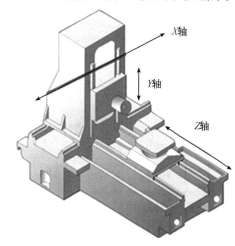

图 1-83　卧式加工中心坐标系

(3) Y 坐标轴

当 Z,X 坐标轴都确定后,可由右手定则确定 Y 坐标轴正向。卧式镗床坐标系如图 1-84 所示。

3. 机床坐标系和机床原点

机床坐标系是用来确定工件坐标系的基本坐标系;是机床本身所固有的坐标系;是机床生产厂家设计时自定的,其位置由机械挡块决定,不能随意改变。该坐标系的位置必须在开机后,通过手动回参考点的操作建立。机床在手动返回参考点时,返回参考点的操作是按各轴分别进行的。

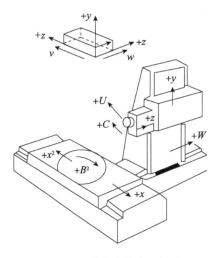

图 1-84　卧式镗铣床坐标系

机床坐标系原点也称机械原点、机床零点。机床坐标系原点是三维面的交点,通过坐标轴的零点作相应的切面,这些切面的交点即为机床坐标系的原点(O 点)。

（1）数控车床的原点

在数控车床上,机床原点一般取在卡盘端面与主轴中心线的交点处,如图 1-85 所示。同时,通过设置参数的方法,也可将机床原点设定在 X,Z 坐标的正方向极限位置上。

（2）数控铣床(加工中心)的原点

在数控铣床上,机床原点一般取在 X,Y,Z 坐标轴的正方向极限位置上,如图 1-86 所示。

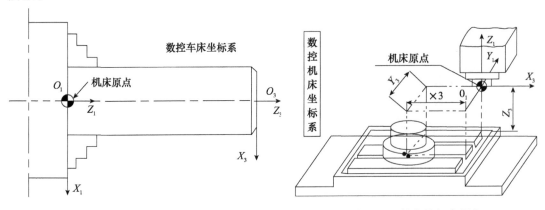

图 1-85　车床的机床原点　　　　　　　图 1-86　铣床的机床原点

4. 数控机床参考点

机床参考点是用于对机床运动进行检测和控制的固定位置点。机床参考点的位置是由机床制造厂家在每个进给轴上用限位开关精确调整好的,坐标值已输入数控系统中。因此,参考点对机床原点的坐标是一个已知数。通常在数控铣床上机床原点和机床参考点是重合的;而在数控车床上机床参考点是离机床原点最远的极限点。图 1-87 所示为数控车床的参考点与机床原点。

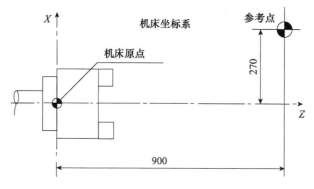

图 1-87　数控车床的参考点与机床原点

数控机床开机时,必须先确定机床原点,而确定机床原点的运动就是刀架返回参考点的操作,这样通过确认参考点,就确定了机床原点。只有机床参考点被确认后,刀具(或工作台)移动才有基准。

5. 工件坐标系与工件原点

工件坐标系是编程人员在编写程序时,在工件上建立的坐标系。工件坐标系的原点位置为工件零点(原点)。理论上,工件零点设置是任意的,但实际上,它是编程人员为了编程方便根据零件特点以及尺寸的直观性而设定的。选择工件坐标系及原点时应注意:

① 工件原点尽量选择在零件的设计基准或工艺基准上,各轴的方向应该与所使用的数控机床相应的坐标轴方向一致,这样便于坐标值的计算,并减少错误。

② 工件零点尽量选在精度较高的工件表面,以提高被加工零件的加工精度。

③ 对于对称零件,工件零点设在对称中心上。

④ 对于一般零件,工件零点设在工件轮廓某一角上。

⑤ Z 轴方向上零点一般设在工件表面。

⑥ 对于卧式加工中心最好把工件零点设在回转中心上,即设置在工作台回转中心与 Z 轴连线适当位置上。

⑦ 编程时,应将刀具起点和程序原点设在同一处,这样可以简化程序,便于计算。

6. 加工坐标系与加工原点

加工坐标系是指以确定的加工原点为基准所建立的坐标系。

加工原点也称为程序原点,是指零件被装夹好后,相应的编程原点在机床坐标系中的位置。

在加工过程中,数控机床是按照工件装夹好后所确定的加工原点位置和程序要求进行加工的。编程人员在编制程序时,只要根据零件图样就可以选定编程原点、建立编程坐标系、计算坐标数值,而不必考虑工件毛坯装夹的实际位置。对于加工人员来说,则应在装夹工件、调试程序时,将编程原点转换为加工原点,并确定加工原点的位置,在数控系统中给予设定(即给出原点设定值),设定加工坐标系后就可根据刀具当前位置,确定刀具起始点的坐标值。在加工时,工件各尺寸的坐标值都是相对于加工原点而言的,这样数控机床才能按照准确的加工坐标系位置开始加工。图 1-88 和图 1-89 中 O_2 即为机床上的加工原点。

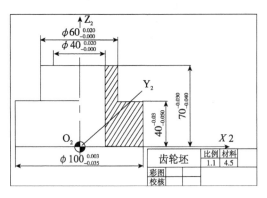

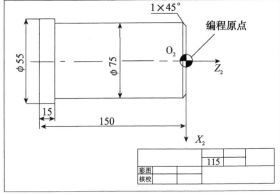

图 1-88　铣削零件的编程坐标系及原点　　　　　图 1-89　车削零件的编程坐标系及原点

(四) 基本功能指令

不同的系统其编程指令是不同的,即便是相同的系统,在不同的机床上,其指令也不尽相同,以下根据 FANUC-0i 系统来介绍数控机床的编程指令及编程方法。

1. 准备功能 G 指令

准备功能也称 G 功能或 G 代码,FANUC-0i 系统的 G 代码见表 1-18 和表 1-19。需要注意的是,当一个程序中指定了两个以上属于同组的 G 代码时,则仅最后一个被指令的 G 代码有效;在固定循环中,如果规定了 01 组中任一 G 代码,固定循环功能就被自动取消,系统处于 G80 状态,而且 01 组 G 代码不受任何固定循环 G 代码的影响。

表 1-18　FANUC-0iM 准备功能代码(加工中心)

G 指 令	组 号	功　能	G 指 令	组 号	功　能
G00	01	定位(快速进给)	G22	04	存储行程校验功能开
G01		直线插补(切削进给)	G23		存储行程校验功能关
G02		圆弧/螺旋线插补(顺时针)	G27	00	返回参考点校验
G03		圆弧/螺旋线插补(逆时针)	G28		返回参考点
G04	00	暂停、准停	G29		从参考点返回
G05		高速循环加工	G30		返回第二参考点
G09		准停	G31		跳跃功能
G10	18	数据设定	G33	01	螺纹加工
G11		数据设定状态取消	G37	00	刀具长度自动测量
G15	17	极坐标指令取消	G39		拐角偏置圆弧插补
G16		极坐标指令有效	G40	07	取消刀具半径补偿
G17	02	选择 XY 平面	G41		左侧刀具半径补偿
G18		选择 ZX 平面	G42		右侧刀具半径补偿
G19		选择 YZ 平面	G43	08	刀具长度正向补偿
G20	06	英制输入	G44		刀具长度负向补偿
G21		公制输入	G45	00	刀具偏置加

G 指令	组号	功 能	G 指令	组号	功 能
G46		刀具偏置减	G73		高速深孔钻循环
G47	00	刀具偏置2倍加	G74		左旋攻螺纹循环
G48		刀具偏置2倍加	G76		精镗循环
G49	08	取消刀具长度补偿	G80		取消固定循坏
G50		比例缩放功能取消	G81		钻孔循环
G51	11	比例缩放功能取消	G82		锪钻循环
G52	00	设定局部坐标系	G83	09	深孔钻循环
G53	00	指定机床坐标系	G84		右旋攻螺纹循环
G54		选择工件坐标系1	G85		镗削循环
G55		选择工件坐标系2	G86		镗削循环
G56		选择工件坐标系3	G87		反镗循环
G57	14	选择工件坐标系4	G88		镗削循环
G58		选择工件坐标系5	G89		镗削循环
G59		选择工件坐标系6	G90	03	绝对值编程
G60	00	单向定位	G91		增量值编程
G61		准停状态	G92	00	绝对坐标系设定
G62	15	自动拐角倍率修调	G93		时间倒数进给
G63		攻螺纹状态	G94	05	每分进给
G64		切削状态	G95		每转进给
G65	00	宏程序指令,宏程序调用	G96	13	恒定表面速度控制
G66	12	宏程序模态调用	G97		取消恒定表面速度控制
G67		宏程序模态调用取消	G98	10	返回初始平面
G68	16	坐标旋转	G99		返回R点平面
G69		坐标旋转取消			

表 1-19　FANUC-0i T 常用准备功能 G 代码(数控车床)

G 指令	组号	功 能	G 指令	组号	功 能
☆G00		快速点定位	G70		精车循环
G01		直线插补	G71		外圆粗车复合循环
G02	01	顺时针圆弧插补	G72	00	端面粗车复合循环
G03		逆时针圆弧插补	G73		固定形状粗加工复合循环
G04	00	暂停	G75		切槽循环
G20	02	英制尺寸	G76		螺纹切削复合循环
☆G21		米制尺寸	G90		单一形状固定循环
G32	01	螺纹切削	G92	01	螺纹切削循环
☆G40		取消刀具半径补偿	G94		端面切削循环
G41	07	刀尖圆弧半径左补偿	G96	02	恒速切削控制有效
G42		刀尖圆弧半径右补偿	☆G97		恒速切削控制取消
G50	00	设定坐标系,设定主轴最高转速	G98	05	进给速度按每分钟设定
☆G54～G59	14	工件坐标系选择	☆G99		进给速度按每转设定

注:带☆号的 G 指令表示接通电源时,即为该 G 指令的状态。模态指令在同组其他的指令出现并被执行以前一直有效。00组的 G 指令为非模态 G 指令,其他均为模态指令。在编程时,G 指令中前面的 0 可省略,G00,G01,G02,G03,G04 可简写为 G0,G1,G2,G3,G4。

2. 辅助功能 M 指令

辅助功能字的地址符是 M,后续数字一般为 1~3 位正整数,又称为 M 功能或 M 指令,用于指定数控机床辅助装置的开关动作,详见表 1-20。

表 1-20　FANUC-0i 辅助功能 M 代码

序号	代码	功能	序号	代码	功能
1	M00	程序停止	11	M13	主轴正转及冷却液开
2	M01	计划停止	12	M14	主轴反转及冷却液开
3	M02	程序结束	13	M15	主轴停止及冷却液关
4	M03	主轴正转(CW)	14	M18	解除主轴定向
5	M04	主轴反转(CCW)	15	M19	主轴定向
6	M05	主轴停止	16	M29	刚性攻牙功能开
7	M06	自动换刀	17	M30	程序结束并重置
8	M07	2 号切削液开	18	M98	子程序调用
9	M08	1 号切削液开	19	M99	子程序返回
10	M09	切削液关			

注:通常,一个程序段只允许指定 1 个 M 代码,某些机床最多可以指定 3 个。

M00——程序停止　执行完含有该指令的程序后,主轴的转动、进给、切削液都将停止,以便进行某一手动操动,如换刀、工件重新装夹、测量工件尺寸等,重新启动机床后,继续执行后面的程序。

M01——计划停止(选择性停止)　M01 与 M00 功能基本相似,不同的是,只有在按下机床"选择停止"键后,M01 才有效,否则机床继续执行后面的程序段。该指令一般用于抽查关键尺寸等情况,检查完后,按机床上的"循环启动"键,继续执行后面的程序。

M02——程序结束　该指令编在最后一个程序段中,它表示执行完程序内所有指令后,主轴停止、进给停止、切削液关闭,机床处于复位状态,机床 CRT 显示程序结束。

M30——程序结束　M30 除具有 M02 功能外,并返回到程序头,准备下一个工件的加工,机床 CRT 显示程序开始。

M06——主轴刀具与刀库上位于换刀位置的刀具交换　执行时先完成主轴准停的动作,然后才执行换刀动作。

3. 进给功能

(1) G0 快速进给速度

快速进给速度功能用于指定快速移动时的移动速度。快速移动的速度由各个轴的参数设定,不需在程序中指定。快速进给速度可以用机床面板上的快速修调开关进行修调,共分为 F0,25％,50％,100％ 四挡。F0 为每轴参数设定的速度,其余为各轴快速移动速度的倍率。

(2)切削进给速度 F

① 刀具切削进给速度由 F 代码后面的数值指定,即 F ____ 。F 用在直线插补、圆弧插补和固定循环中。直线移动时,F 是沿直线的速度;在圆弧移动时,F 是切线方向的速度。

② 每分钟进给速度　使用每分钟进给时,F 代码后面的数值为每分钟进给量,在公制

单位下,F 的直线速度单位为 mm/min;英制单位下,F 的直线速度单位为 in/min;如为回转轴,则速度的单位为(°)/min。

③ 每转进给速度 使用每转进给时,F 代码后面的数值为每转进给量(mm/r)。此时,机床主轴上必须装有位置编码器。

④ 进给倍率 每分钟进给速度可以利用机床面板上的进给倍率开关进行修调,但在螺纹加工时,进给倍率被禁止。

4. 主轴转速功能字 S

主轴转速功能字的地址符是 S,又称为 S 功能或 S 指令,用于指定主轴转速。单位为 r/min。如 S1200 表示主轴的转速为 1200r/min。

对于具有恒线速度功能的数控车床,程序中的 S 指令也可用来指定车削加工的线速度。如 Fanuc 0i-T 车床,G96 S200 表示采用恒线速度 $v_c = 200\text{m/min}$。

5. 刀具功能字 T

刀具功能字的地址符是 T,又称为 T 功能或 T 指令,用于指定加工时所用刀具的编号。

对于数控车床,其后的数字还兼作指定刀具长度补偿和刀尖半径补偿用,如 T0202。

对于加工中心,T 功能是用来进行选择刀具,它是把指令了刀号的刀具转换到换刀位置,为下次换刀做好准备,用 Txx 表示(xx 表示刀具号)。Txx 是为下次换刀使用的,本次所用刀具应在前面程序段中写出。刀具交换是指刀库上正位于换刀位置的刀具与主轴上的刀具进行自动换刀,这一动作是通过换刀指令 M06 来实现的,有些机床则不需要指定 M06 便可实现换刀动作。

在一个程序段中,同时包含 T 指令与 M06 指令,如 T ___ M06;

6. 尺寸设定单位

数控编程中的尺寸设定单位一般有英制、公制和脉冲当量三种。若采用英制尺寸设定单位,则移动轴尺寸单位为英寸,旋转轴尺寸单位为度;若采用公制尺寸设定单位,则移动轴尺寸单位为毫米,旋转轴尺寸单位为度;若采用轴脉冲当量设定单位,则移动轴尺寸单位为移动轴脉冲当量,旋转轴尺寸单位为旋转轴脉冲当量;系统的最小设定单位是一个脉冲当量,即相对于每一个脉冲信号,机床移动部件的位移量。如直线位移时 0.001mm /脉冲,角位移时 0.001 度/脉冲。

(五)常用编程指令格式

数控加工程序是由各种功能字按照规定的格式组成的。正确地理解各个功能字的含义,恰当地使用各种功能字,按规定的程序指令编写程序,是编好数控加工程序的关键。程序编制的规则,首先是由所采用的数控系统来决定的,所以应详细阅读数控系统编程、操作说明书,以下按常用数控系统的共性概念进行说明。

1. 绝对尺寸和增量尺寸

绝对尺寸指机床运动部件的坐标尺寸值相对于坐标原点给出,增量尺寸指机床运动部件的坐标尺寸值相对于前一位置给出。在加工程序中,绝对尺寸和增量尺寸有两种表达方法。

(1) G 功能字指定(数控铣床和加工中心)

G90 指定尺寸值为绝对尺寸;G91 指定尺寸值为增量尺寸。G90,G91 均为模态代码。

在 G90 方式下,刀具运动的终点坐标一律用该点在工作坐标系下相对于坐标原点的坐标值表示。

在 G91 方式下,刀具运动的终点坐标是执行本程序段时刀具终点相对于前一个点的增量值。

如图 1-90 所示,移动程序段可编写如下:

绝对值编程　G90 G1 X100. Y30. F200

G90 G1 X40. Y70. ;

增量值编程　G90 G1 X100. Y30. F200

G91 G1 X-60.0 Y40.0;

这种表达方式的特点是,同一条程序段中只能用一种编程方式,不能混用;同一坐标轴方向的尺寸字的地址符是相同的。

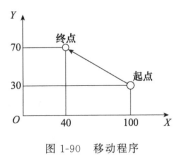

图 1-90　移动程序

(2) 用地址符指定(FANUC 系统的车床)

绝对尺寸的尺寸字的地址符为 X,Y,Z;增量尺寸的尺寸字的地址符为 U,V,W。这种表达方式的特点是,同一程序段中绝对尺寸和增量尺寸可以混用,这给编程带来很大方便。

2. 坐标系指令

数控机床的自动运行是靠指定各轴坐标值进行的。编程时,可指定不同形式坐标系下的坐标值,主要包括机床坐标系、工件坐标系和局部坐标系。机床坐标系在实际加工中应用较少,加工零件编程主要是在工件坐标系内进行的。

(1) 机床坐标系(G53)

指令格式:(G90)G53 X ___ Y ___ Z ___;

说明:该指令为非模态代码,且只能用绝对值指令,用增量值指令时无效。

机床坐标系指令的使用比较烦琐,故在实际中应用较少。

(2) G92 指令设定工件坐标系

G92 通过当前刀具所在位置来设定加工坐标系的原点。这一指令不产生机床运动。

指令格式:G90 G92 X ___ Y ___ Z ___;

式中 X ___ Y ___ Z ___是指主轴上刀具的基准点在新坐标系中的坐标值,因而是绝对值指令。以后被指令的坐标值就是这个坐标系中的位置。

因 G92 指令是以刀具基准点为基准的,所以在使用中要注意刀具的位置,若位置有误,则坐标系便被偏移。尤其当重复使用时,要使刀具仍回到起始位置。G92 工件坐标系的设定值,在编程时编程人员无法确定,必须待工件在机床上安装后,经操作实测后方能填入。若程序再次使用,必须在工件安装后,操作者再次修改设定值,所以加工中心一般很少使用。线切割机床常采用 G92 指令。

(3) 工件坐标系

① 工件坐标系的设定:通过 CRT/MDI 面板设定机床零点到各坐标系原点的距离,便可设定六个工件坐标系,如图 1-91 所示的 G54~G59 指令程序。

② 工件坐标系的选择:对事先设定了工件原点偏置值的工件坐标系,可用 G54~G59 分别选择。G54~G59 分别对应工件坐标系 01~06。

图 1-92 中 OO' 为偏移坐标系,其数据将分别与其他工件坐标系数据累加,用于坐标系偏移。

如果未选择工件坐标系，系统便按默认值选择其中一个。一般情况下，把 G54 设定为默认值，具体情况要看机床厂的设定。在绝对值移动时，与刀具位置无关，不需操作者修改程序。当再次使用时，程序也不需修改，程序与工件安装的位置无关，也与刀具的位置无关，在加工中被广泛应用。

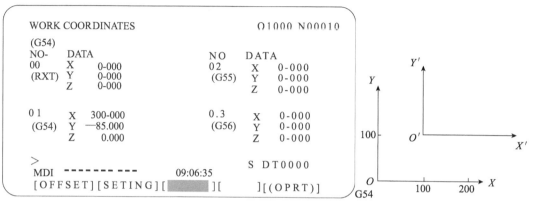

图 1-91　G54～G59 指令程序(设置工件坐标系)　　　　图 1-92　偏移坐标系

（4）局部坐标系（G52）

在工件坐标系中编程时，对某些图形若用另一个坐标系描述更简便，如不想将原坐标系偏移时，可用局部坐标系设定指令。

指令格式：G52 X ___ Y ___ Z ___ ；

式中 X ___ Y ___ Z ___ 指令局部坐标系原点在工件坐标系中的位置。

它适合于所有的工件坐标系 1～6。因是局部坐标系，只在指令的工件坐标系内有效，而不影响其余的工件坐标系，因其使用方便而被广泛使用。

如图 1-92，调用局部坐标系的程序段可编写如下：

G90 G52 X100.0 Y100.0；

……

此时，O' 为新的坐标系原点，若想重新启用坐标系（G54 指令指定）原点 O，则执行指令：

G90 G52 X0 Y0；

3. 坐标平面选择指令

坐标平面选择指令是用来选择圆弧插补的平面和刀具补偿平面的，各坐标平面如图 1-91 所示。

G17 表示选择 XY 平面，G18 表示选择 ZX 平面，G19 表示选择 YZ 平面。

一般地，数控车床默认在 ZX 平面内加工，数控铣床默认在 XY 平面内加工。

4. 快速点定位 G00 指令

快速点定位指令控制刀具以点位控制的方式快速移动到目标位置，其移动速度由机床参数来设定。指令执行开始后，刀具沿着各个坐标方向同时按机床参数设定的速度移动，最后减速到达终点，如图 1-94(a)所示。**注意**：在各坐标方向上有可能不是同时到达终点。刀具移动轨迹是几条线段的组合，不是一条直线。例如，在 FANUC 系统中，运动总是先沿 45°角的直线移动，最后再在某一轴单向移动至目标点位置，如图 1-94(b)所示。编程人员应了解所使用的数控系统的刀具移动轨迹情况,以避免加工中可能出现的碰撞。

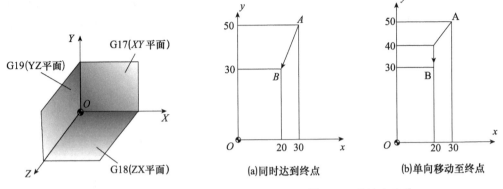

图 1-93　坐标平面选择　　　　　　　　　　图 1-94　快速点定位

编程格式:G00 X ___ Y ___ Z ___;

式中,X ___ Y ___ Z ___ 的值是快速点定位的终点坐标值。

例如,如图 1-94(a)所示,从 A 点到 B 点快速移动的程序段为

G90 G00 X20 Y30,

5. 直线插补指令

直线插补指令用于产生按指定进给速度 F 实现的空间直线运动。

程序格式:G01 X ___ Y ___ Z ___ F ___;

其中,X ___ Y ___ Z ___ 的值是直线插补的终点坐标值,F 为进给速度。

例如,实现图 1-95 中从 A 点到 B 点的直线插补运动,其程序段为

绝对方式编程:G90 G01 X10 Y10 F100;

增量方式编程:G91 G01 X-10 Y-20 F100;

6. 圆弧插补指令

G02 为按指定进给速度的顺时针圆弧插补指令,G03 为按指定进给速度的逆时针圆弧插补指令。

圆弧顺逆方向的判别:沿着不在圆弧平面内的坐标轴,由正方向向负方向看,顺时针方向 G02,逆时针方向 G03,如图 1-96 所示。

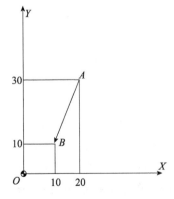

图 1-95　直线插补运动

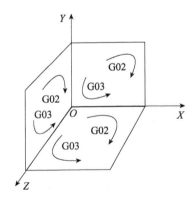

图 1-96　圆弧方向判别

各平面内圆弧情况:图 1-97(a)表示 XY 平面的圆弧插补;图 1-97(b)表示 ZX 平面圆弧插补;图 1-97(c)表示 YZ 平面的圆弧插补。

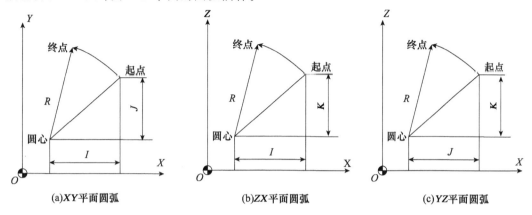

(a)XY平面圆弧   (b)ZX平面圆弧   (c)YZ平面圆弧

图 1-97 各平面内圆弧情况

圆弧插补指令程序格式如下。

在 XY 平面上的圆弧:

$$G17 \begin{Bmatrix} G02 \\ G03 \end{Bmatrix} X\_\_ Y\_\_ \begin{Bmatrix} I\_\_ J\_\_ \\ R\_\_ \end{Bmatrix} F\_\_;$$

在 ZX 平面上的圆弧:

$$G18 \begin{Bmatrix} G02 \\ G03 \end{Bmatrix} X\_\_ Z\_\_ \begin{Bmatrix} I\_\_ K\_\_ \\ R\_\_ \end{Bmatrix} F\_\_;$$

在 YZ 平面上的圆弧:

$$G19 \begin{Bmatrix} G02 \\ G03 \end{Bmatrix} X\_\_ Y\_\_ \begin{Bmatrix} J\_\_ K\_\_ \\ R\_\_ \end{Bmatrix} F\_\_;$$

其中:

① X,Y,Z 的值是指圆弧插补的终点坐标值,F 为进给速度。

② I,J,K 是指圆弧起点到圆心的增量坐标,矢量指向圆心,与 G90,G91 无关。

③ R 为指定圆弧半径,当圆弧的圆心角≤180°时,R 值为正,当圆弧的圆心角＞180°时,R 值为负。

注意:整圆编程时不能用 R,否则机床不动作,只能用 I,J,K 圆心矢量编写程序。

例:在图 1-98 中,当圆弧 A 的起点为 P_1,终点为 P_2,圆弧插补程序段为

G02 X321.65 Y280 I40 J140 F50;

或 G02 X321.65 Y280 R-145.6 F50;

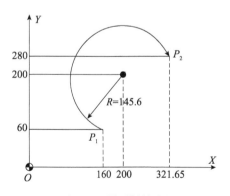

图 1-98 圆弧插补应用

当圆弧 A 的起点为 P_2,终点为 P_1 时,圆弧插补程序段为

G03 X160 Y60 I-121.65 J-80 F50；

或　　G03 X160 Y60 R-145.6 F50；

7. 暂停(G04)

在程序段结束时暂停一定的时间,以推迟下一个程序段的执行。当指令的暂停时间达到时,系统自动开始执行下一个程序段。G04 指令可使刀具作无进给短暂的光整加工,一般用于镗孔底平面、锪孔等场合。G04 指令为非模态指令,仅在所出现的程序段中有效。

暂停指令程序有两种格式:

① G04 X ___ ；使用 X 时,必须用小数点且单位为秒。如 G04 X30. 表示在执行完上一程序段后,机床作 30s 无进给的加工后才执行下一程序段。

② G04 P ___ ；使用 P 时,不用小数点且单位为毫秒。如 G04 P100 表示暂停 0.1s。

8. 自动返回参考点 G27,G28,G29,G30

(1)返回参考点校验 G27

程序格式：G27 X ___ Y ___ Z ___ ；

指令中 X ___ Y ___ Z ___ 表示参考点在工件坐标系中的坐标值。执行该指令后,如果刀具可以定位到参考点上,则相应轴的参考点指示灯就亮。使用该指令应注意以下几点:

① 在刀具补偿值中使用该指令,刀具到达的位置将是加上补偿量的位置。此时刀具将不能到达参考点,因而参考点指示灯也不亮。因此执行该指令前,应取消刀补。

② 若希望执行该程序段后让程序停止,应在该程序段后加上 M01 或 M00 指令,否则程序将不停止而继续执行后面的程序段。

③ 假如不要求每次执行程序时都执行返回参考点的操作,应在该指令前加上"/",以便在不需要时跳过该程序段。

(2)自动返回参考点 G28

执行 G28 指令,可以使刀具以点位方式经中间点快速返回到参考点,中间点的位置由该指令后面的 X ___ Y ___ Z 坐标值决定。

程序格式：G28 X ___ Y ___ Z ___ ；

指令中 X ___ Y ___ Z ___ 表示中间点,其坐标值可以用绝对值,也可以用增量值。若为增量值时,则是指中间点相对于刀具当前点的增量值。设置中间点,是为防止刀具返回参考点时与工件或夹具发生干涉。使用这条指令时,应注意以下问题:

① 通常 G28 指令用于自动换刀、测量及装卸工件。指令如下:

G91 G28 Z0；

G91 G28 Y0；

② 在 G28 程序段中不仅记忆移动指令值,而且记忆了中间点坐标值。也就是对于在使用 G28 的程序段中没有被指令的轴,以前 G28 中的坐标值就作为那个轴的中间点坐标值,例如:

N01 G90 G00 X100.0 Y100.0 Z100.0；

N02 G28 X200.0 Y300.0；　　　　　(中间点是(200,300))

N03 G28 Z150.0；　　　　　(中间点是(200,300,150))

（3）自动从参考点返回 G29

执行 G29 指令，可使刀具从参考点出发经过一个中间点到达由这个指令后面 X ___ Y ___ Z ___坐标值所指定的位置，中间点的坐标值由前面的 G28 所规定。因此，这条指令需和 G28 成对使用，但在使用 G28 之后，这条指令不是必需的，使用 G00 指令定位有时更方便。

程序格式：G29 X ___ Y ___ Z ___；

指令中 X ___ Y ___ Z ___表示到达点的坐标值，是绝对值还是增量值，由 G90/G91 状态决定。若为增量值时，则是指到达点相对于 G28 中间点的增量值。

G28 和 G29 应用举例（以图 1-99 所示为例）：

G91 G28 X1000.0 Y200.0;　　　（由 A 经 B 返回参考点）

G29 X500.0 Y-400.0;　　　（从参考点经 B 返回到 C 点）

执行该程序，刀具从 A 点出发，以快速点定位的方式经由 B 点到达参考点，换刀后执行 G29 指令，刀具从参考点先运动到 B 点再到达 C 点，B 点至 C 点的增量值为 X500.0 Y-400.0。

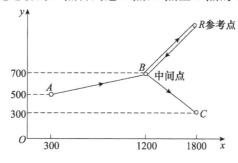

图 1-99　参考点返回及回归

（4）自动返回第二、三、四参考点（G30）

当自动换刀（ATC）位置不在 G28 指令的参考点上时，通常用 G30 指令。返回参考点后，相应轴的参考点返回指示灯亮。

指令格式：G30 Pn X ___ Y ___ Z ___；

其中，n=2，3，4，表示选择第二、三、四参考点。若不写则表示选择第二参考点。

9. 刀具补偿和偏置功能

在加工过程中由于刀具的磨损、实际刀具尺寸与编程时规定的刀具尺寸不一致以及更换刀具等原因，都会直接影响最终加工尺寸，造成加工误差。为了最大限度地减小因刀具尺寸变化等原因造成的加工误差，数控系统通常都具备刀具尺寸补偿功能。通过刀具补偿功能指令，数控系统可以根据实际刀具尺寸或者输入补偿量，使机床自动地加工出符合零件图纸所要求的尺寸和形状。

刀具补偿可分为刀具长度补偿和刀具半径补偿，这里拟用一种程序格式对刀具长度补偿功能进行介绍，目的在于进一步强调不同的数控系统对同一编程功能可能采用不同的程序格式。

1）刀具半径补偿指令

在零件轮廓铣削加工时，由于刀具半径尺寸影响，刀具的中心轨迹与零件轮廓往往不一致。为了避免计算刀具中心轨迹,直接按零件图样上的轮廓尺寸编程,数控系统提供了刀具半径补偿功能,如图 1-100 所示。

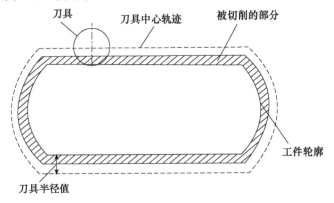

图 1-100　刀具半径补偿

(1) 编程格式

G41 为刀具半径左补偿指定,定义为假设工件不动,沿刀具运动方向向前看,刀具在零件的左侧即左补偿;

G42 为刀具半径右补偿指定,定义为假设工件不动,沿刀具运动方向向前看,刀具在零件的右侧即右补偿。

G40 为刀具半径补偿撤销指令。

程序格式:

G00/G01 G41/G42 X ___ Y ___ D ___ 　　　(建立补偿程序段)

…　　　　　　　　　　　　　　　　　　　　　　　(/轮廓切削程序段)

G00/G01 G40 X ___ Y ___ 　　　　　　　　　(补偿撤销程序段)

其中:

G41/G42 程序段中的 X,Y 值是建立补偿直线段的终点坐标值;

G40 程序段中的 X,Y 值是撤销补偿直线段的终点坐标。

D 为刀具半径补偿代号地址字,后面一般用两位数字表示代号(如 D01),代号与刀具半径值一一对应。刀具半径补偿值可在 CRT/MDI 方式输入数控系统,改变刀具半径补偿值可方便实现零件的粗精加工。

① 刀具半径补偿建立时,一般是直线且为空行程,以防过切。

② 刀具半径补偿一般只能平面补偿。

③ 刀具半径补偿结束用 G40 指令撤销,撤销时同样要防止过切。

④ 建立和取消半径补偿需与 G01 或 G00 指令配合使用。

补偿程序段的注意事项如下:

① 建立补偿的程序段,必须是在补偿平面内不为零的直线移动。

② 建立补偿的程序段,一般应在切入工件之前完成。

③ 撤销补偿的程序段,一般应在切出工件之后完成。

④ 刀具半径补偿量的改变。一般刀具半径补偿量的改变,是在补偿撤销的状态下重新

设定刀具半径补偿量。如果在已补偿的状态下改变补偿量,则程序段的终点是按该程序段所设定的补偿量来计算的,如图 1-101 所示。

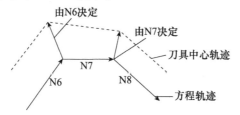

图 1-101　刀具半径补偿量的改变

⑤ 刀具半径补偿量的符号。一般刀具半径补偿量的符号为正,若取为负值时,会引起刀具半径补偿指令 G41 与 G42 的相互转化。

（2）过切

通常过切有以下两种情况:

① 刀具半径大于所加工工件内轮廓转角时产生的过切,如图 1-102 所示。

② 刀具直径大于所加工沟槽时产生的过切,如图 1-103 所示。

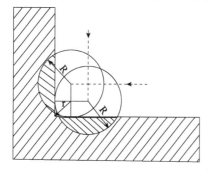

图 1-102　加工内轮廓转角

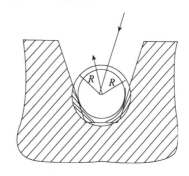

图 1-103　加工沟槽

（3）刀具半径补偿的其他应用

应用刀具半径补偿指令加工时,刀具的中心始终与工件轮廓相距一个刀具半径距离。当刀具磨损或刀具重磨后,刀具半径变小,只需在刀具补偿值中输入改变后的刀具半径,而不必修改程序。在采用同一把半径为 R 的刀具,并用同一个程序进行粗、精加工时,设精加工余量为 Δ,则粗加工时设置的刀具半径补偿量为 $R+\Delta$,精加工时设置的刀具半径补偿量为 R,就能在粗加工后留下精加工余量 Δ,然后在精加工时完成切削。运动情况如图 1-104 所示。

利用刀具半径补偿指令编制图 1-105 所示工件的加工程序。

N100 G91 G28 Z0；

N102 T01 M06；

N104 G90 G54 G00 X-40.0 Y-40.0 S800 M03；

N106 G43 Z100.0 H01；

N108 Z5.0；

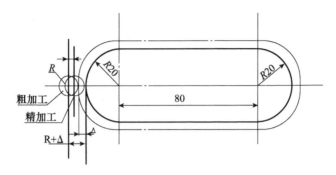

图 1-104　刀具半径补偿

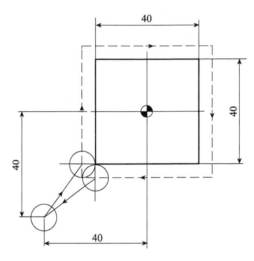

图 1-105　刀具半径补偿

N110 G01 Z-5.0 F30；

N112 G41 X-20.0 Y-20.0 D01 F100；

N114 Y20.0；

N116 X20.0；

N118 Y-20.0；

N120 X-20.0；

N122 G40 X-40.0 Y-40.0；

N124 G00 Z100.0；

N126 M05；

N128 M30；

2）刀具长度补偿指令

使用刀具长度补偿指令，在编程时就不必考虑刀具的实际长度及各把刀具不同的长度尺寸。加工时，用 MDI 方式输入刀具的长度尺寸，即可正确加工。当由于刀具磨损、更换刀具等原因引起刀具长度尺寸变化时，只要修正刀具长度补偿量，而不必调整程序或刀具。

G43 为正补偿指令，即将 Z 坐标尺寸值与 H 代码中长度补偿的量相加，按其结果进行 Z 轴运动。

G44 为负补偿指令,即将 Z 坐标尺寸值与 H 中长度补偿的量相减,按其结果进行 Z 轴运动。

G49 为撤销刀具长度补偿指令。

编程格式为:

G01 G43/G44 Z ___ H ___ （建立刀具长度补偿程序段）

··· （切削加工程序段）

G49 （补偿撤销程序段）

例:图 1-106 中,(a)图所对应的程序段为 G01 G43 Z50 H;（S 为 Z 向程序指令点;假若 S 点 Z 值为 50）,(b)图所对应的程序段为 G01 G44 Z50 H;（Z 为建立长度补偿的 Z 终点坐标值）。

H 为刀具长度补偿代号地址字,后面一般用两位数字表示代号,代号与长度补偿量一一对应。刀具长度补偿量可用 CRT/MDI 方式输入。如果用 H00,则刀具长度补偿值为 0。

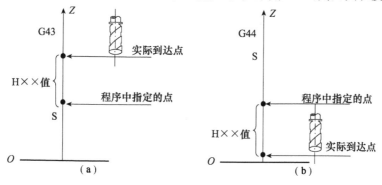

图 1-106 刀具长度补偿

（六）数控加工程序的结构

1. 程序的构成

一个完整的零件加工程序是由一个个程序段组成,每个程序段是由代码字(或称指令字)组成,每个代码字又是由地址符和地址符后带符号的数字组成。程序的构成如图 1-107 所示。

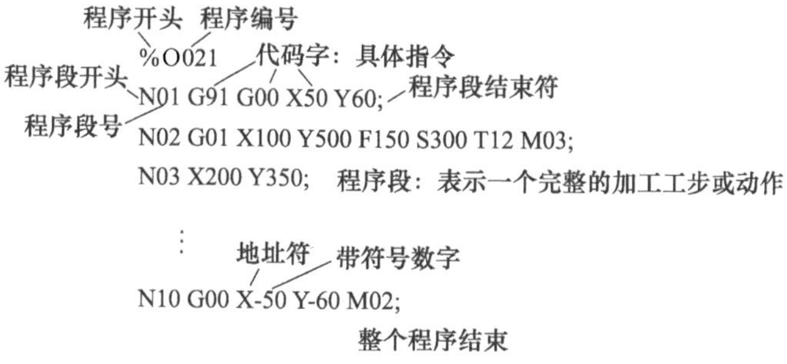

图 1-107 程序的构成

一个完整的加工程序必须包括三部分内容:

① 程序开始:常用 O、P 或%表示,后面随上该程序的程序名。

② 程序内容:为整个程序的核心部分,由若干程序段组成,主要用来表示机床要完成的

全部动作。

③ 程序结束:常以程序结束指令 M30 或 M02 表示该程序运行结束。

例:O1000 —— 程序开始

N$_1$ G92 X25 Y45 Z15

N2 G00 Z2 } 程序内容

N5 M02——程序结束

2. 程序段的组成与格式

一个程序由若干个程序段组成,一个程序段由若干个代码字组成,代码字又可称为功能字,是组成程序的最基本单元。

如:
$$\underset{\text{地址符}}{\underset{\downarrow}{\text{G}}} \quad \underset{\text{数据字}}{\underset{\downarrow}{92,}} \quad \underset{\text{地址符}}{\underset{\downarrow}{\text{Z}}} \quad \underset{\text{数据字}}{\underset{\downarrow}{-20}}$$

程序段由程序段号、地址符、数据字、符号组成,包含加工信息。

程序段格式是指程序书写的规则,一般有以下几种。

(1) 字地址、可变程序段格式(较通用)

在这种格式里,以地址符为首,如上一段已有的字在本程序段里不变化、仍有效的,可以不再重写;在尺寸字里只写有效数字,不需每个字都写满固定位,用这种格式写出的各个程序段长度与数据个数都是可变的,故称为可变程序段格式。这种程序段格式的优点是程序简单、直观、可读性强、易于检查。

如:N10 G00 X25 Y45 Z15;

N20 Z2;

N30 M05;

(2) 使用分隔符的可变程序段格式

如:BX BY BT BE,这种格式预先输入所有可能出现字的顺序,每个数据字前以一个分隔字符 B 为首,可以不再使用地址符,只要按预定顺序把相应的一串数字跟在分隔符后就可以了。

(3) 固定程序段格式

不用地址字,也不用分隔符,规定所有可能出现的字的顺序、位数,不足前面补 0,重复字不可省,所有程序段长度不变。

注:

① 程序段排列次序和程序段号。程序中程序段必须按加工工步或动作的先后顺序排列;程序段号用自然数表示;相邻的程序段号可以连续,也可不连续;有些数控机床的数控加工程序中,程序段号可以省略不写。

② 代码字(指令字)由地址符和地址符带符号数字组成,一般符合 ISO 标准,表示控制系统的一个具体指令,用来描述工艺系统的各种操作和运动特征。数控程序中主要包含的代码字的地址符见表 1-21。

表 1-21　代码字的地址符

地址符	功能	后跟数字范围	意义
O，P，%	表示程序号	0000～9999	指定程序编号
N	程序段号	0～9999	指定程序段号
G	准备功能	00～99	指定机床运动状态 （使机床建立起某种加工方式）
X，Y，Z I，J，K，R	坐标字	± 0.001～9999.999	指定坐标轴移动坐标 圆弧中心坐标、半径
F	进给功能	1～12000mm/min	指定进给速度
S	主轴转速	0～9999r/min	指定主轴转速
M	辅助功能	00～99	定机床电器开/关动
T	刀具功能	1～100	定刀具编号、偏置

3. 主程序和子程序

数控加工程序总体结构上可分为主程序和子程序。子程序是单独抽出来按一定的格式编写、可被主程序调用的连续的程序段。主程序和子程序必须在一个程序文件中。合理地使用子程序可简化编程。

（1）子程序

在一些零件上往往会有几处的形状与尺寸相似或相同，为了简化编程，我们可以先根据一处的加工图形，编写一些加工程序，然后反复调用该程序加工出全部形状，这些被反复调用的程序就称为子程序。

子程序的程序段格式与主程序的程序段格式相同，但它有自己的程序名，便于主程序调用。

子程序可以被主程序调用，同时子程序也可以调用另一个子程序。如图 1-108 所示为用子程序方式加工的零件，图 1-109 所示子程序的调用。

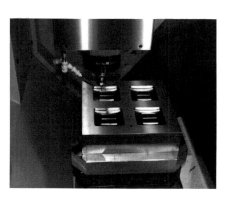

图 1-108　用子程序方式加工的零件

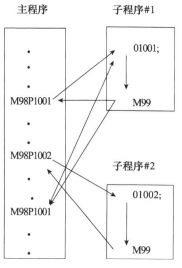

图 1-109　子程序的调用

（2）子程序的格式

Oxxxx

N1000 …

N1010 …

N1020 …

N1030 M99

在子程序的开头,继"O"(EIA)或";"(ISO)之后规定子程序号,子程序号由 4 位数字组成,前边的"O"可省略。M99 为子程序结束指令。M99 不一定要独立占用一个程序段,如 G00 X ___ Y ___ Z ___ M99 也是可以的。

（3）子程序的调用

调用子程序的格式为:

M98 Pxxxxxxxx

其中 M98 是调用子程序指令,地址 P 后面前 4 位为重复调用次数,后 4 位数字为子程序号,若调用次数为"1"可省略不写,系统允许调用次数为 9999 次。主程序调用某一子程序需要在 M98 后面写上子程序号 Pxxxx。

（4）子程序的执行过程

以下列程序为例说明子程序的执行过程。

主程序	子程序
O00001 …	O1010 …
N0010 …	N1020 …
N0020 M98 P21010;	N1030 …
N1030 …	N1040 …
N0040 M98 P1010;	N1050 …
N0050 …	N1060 M99;

主程序执行到 N0020 时就调用执行 P1010 子程序,重复执行两次后,返回主程序,继续执行 N0020 后面的程序段;在 N0040 时再次调用 P1010 子程序一次,返回时又继续执行 N0050 及其后面程序。当一个子程序调用另一个子程序时,其执行过程同上。

（5）子程序的特殊调用方法

① 子程序中用 P 指令返回的地址。除子程序结束时用 M99 指令返回主程序外,还可以在 M99 程序段中加入 Pxxxx,则子程序在返回时,将返回到主程序中顺序号为 Pxxxx 程序段。如上例中把子程序中 N1060 程序段中的 M99 改成 M99 P0010,则子程序结束时,便会自动返回到主程序 N0010 程序段,但这种情况只用于储存器工作方式而不能用于纸带方式。

② 自动返回到程序头。如果在主程序(或子程序)中执行 M99,则程序将返回到程序开头位置并继续执行后面的程序,这种情况下通常是写成/M99,以便在不需要重复执行时,跳过程序段;也可以在主程序(或子程序)中插入/M99 Pxxxx,其执行过程如前文所述;还可以在使用 M99 的程序段前面写入/M02 或/M30 以结束程序的调用。

（七）典型零件的编程

如图 1-110 所示零件，需要加工 4 个 $\phi10$mm 的小孔，深度为 22mm；加工 $\phi20$H8 通孔；加工四边形和五边形的外轮廓。采用 FANUC-0i M 数控系统。

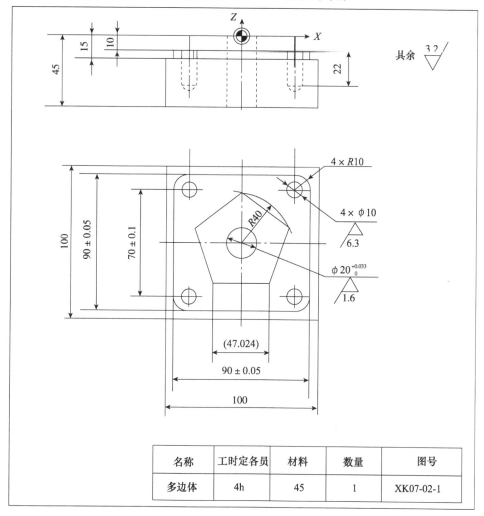

图 1-110　多边体零件

（1）确定数控铣削加工工艺

① 工装：采用机用虎钳装夹工件，底部用垫块垫起。

② 加工工艺路线。

• 使用 $\phi20$ 的立铣刀铣外四边形。

• 使用 $\phi20$ 的立铣刀铣外五边形。

• 用 A2 中心钻钻 4 个 $\phi10$ 小孔及 $\phi20$ 孔的中心定位孔。

• 使用 $\phi10$ 麻花钻钻 $4\times\phi10$ 孔。

• 用 $\phi18$ 麻花钻钻 $\phi20$ 底孔。

• 使用 $\phi19.7$ 麻花钻扩孔至 $\phi19.7$。

- 使用 $\phi20$ H8 铰刀铰孔至尺寸。

（2）工、量、刃具清单

多边形零件加工的工量、刀具清单见表 1-22。

表 1-22 多边形零件加工的工、量、刃具清单

工、量、刃具清单			图号	XK07—02—1	
序号	名称	规格	精度	单位	数量
1	Z 轴定位器	50	0.01	个	1
2	寻边器	$\phi10$	0.002	个	1
3	游标卡尺	0～150	0.02	把	1
4	游标深度尺	0～200	0.02	把	1
5	内径百分表	18～25	0.01	把	1
6	百分表及磁力表座	0～0.8	0.01	副	1
7	粗糙度样板	N0～N1	12 级	副	1
8	平行垫铁			副	若干
9	中心钻	A2		个	1
10	立钝刀	$\phi20$		个	1
11	麻花钻	$\phi10$		个	1
12	麻花钻	$\phi18$		个	1
13	麻花钻	$\phi19.8$		个	1
14	铰刀	$\phi20H8$		个	1
15	机用虎钳	QH160		个	1
16	半圆锉			套	1
17	铜锤			个	1
18	活扳手	12'		把	1

（3）刀具与合理的切削用量

刀具与合理的切削用量详见表 1-23。

表 1-23 加工多边形零件的刀具与切削用量

刀具号	刀具名称	工序内容	f /(mm/min)	n /(r/min)	刀具长度补偿号	刀具半验补偿号
T01	$\phi20$ 立铣刀	铣外圆边形和外五边形	80	560	H01	D01
T02	A2 中心钻	钻定位孔	50	1000	H02	
T03	$\phi10$ 麻花钻	钻 4×$\phi10$ 孔	60	560	H03	
T04	$\phi18$ 麻花钻	钻 $\phi20$ 底孔	80	400	H04	
T05	$\phi19.7$ 麻花钻	扩孔至 $\phi19.7$	100	350	H05	
T06	$\phi20H8$ 铰刀	铰孔至 $\phi20H8$	60	80	H06	

（4）加工准备

① 阅读零件图,并按毛坯图检查坯料的尺寸。

② 开机,机床回参考点。

③ 编写并输入程序并检查该程序(程序见后)。

④ 安装夹具,夹紧工件。工件安装时,基准面 B 为定位安装面,选择该零件下表面及两侧面作安装基准,用平行垫铁垫起毛坯,零件的底面要保证垫出一定厚度的标准块,用机用虎钳装夹工件,伸出钳口 8mm 左右。定位时要利用百分表调整工件前后侧面与机床 X 轴的平行度,将其控制在 0.05mm 之内。

⑤ 备刀具。选用刀具有 A2 中心钻(钻定位孔)、ϕ10 麻花钻(加工盲孔)、ϕ18 麻花钻、ϕ19.7 扩孔钻、ϕ20 H8 铰刀及 ϕ20 立铣刀。

(5)对刀操作

略。

(6)输入及修改刀具补偿值

在加工前,可适当加大铣削四边形凸台和正五边形凸台所用刀具(ϕ20 立铣刀)的半径补偿值;可以在加工时预留量。试切完毕后,可根据实际尺寸再修正刀具半径补偿值。

(7)程序校验

略。

(8)工件加工

略。

(9)尺寸测量

在加工结束后,返回设定高度,主轴停止,用量具检查工件尺寸,如果有必要,调整刀具半径及长度补偿,再加工一次。

(10)结束加工

加工完毕,检查工件各部位尺寸及表面粗糙度,卸下工件,清理机床。

注意:

① 安装虎钳时要对虎钳固定钳口进行找正。

② 工件安装时要放在钳口的中间部位,以免钳口受力不匀。

③ 工件在钳口上安装时,下面要垫平行垫铁,必要时用百分表找正工件上表面,使其保持水平。

④ 工件上表面应高出钳口 20～25mm,以免对刀或操作失误时损坏刀具或钳口。

⑤ 用寻边器确定工件坐标系原点坐标值。

⑥ 除钻中心孔外,在进行其他工序加工时,应充分浇注冷却液。

(11)零件的数控加工程序

```
O8001;
N1 M03 S560;
N2 G00 G90 G54 X0 Y0;
N3 G43 Z100 H01;
N4 Y-60;
N5 Z5;
N6 G01 Z-15 F80;
N7 G01 G41 X15 D01;
```

N8 G03 X0 Y-45 R15；

N9 G0 1 X-35；

N10 G02 X-45 Y-35 R10；

N11 G01 Y35；

N12 G02 X-35 Y45 R10；

N13 G01 X35；

N14 G02 X45 Y35 R10；

N15 G01 Y-35；

N16 G02 X3 5 Y-45 R10；

N17 G01 X0；

N18 G03 X-15 Y-60 R15；

N19 G40 G01 X0；

N20 Z-10 F100；

N21 G90 G41 X27. 64 D01；

N22 G03 X0 Y-32. 36 R27. 64 F50；

N23 G01 X-23. 51；

N24 X-38. 04 Y12. 36；

N25 X0 Y40；

N26 X38. 04 Y12. 36；

N27 X23. 51 Y-32. 36；

N28 X0；

N29 G03 X-27. 64 Y-60 R27. 64；

N30 G01 G40 X0 F100；

N31 G00 Z100 M09；

N32 M05；

N3 3 M00；

N34 G00 G90 G54 X0 Y0 M03 S1000；

N3 5 G43 Z30，H02 M08；

N3 6 G99 G81 X-35 Y-35 Z-14 R10 F50；

N37 Y35；

N38 X35；

N39 Y-35；

N40 X0 Y0；

N41 G00 G80 Z100；

N42 G00 X0 Y0 M09；

N43 M05；

N44 M00；

N45 G00 G90 G54 X0 Y0 M03 S560；

N46 G43 H03 Z100 M08；

N47 G99 G81 X-35 Y-35 Z-35 R5 F60；

N48 Y35；

N49 X35；

N50 Y-35;

N51 G00 G80 Z1 00;

N52 G00 X0 Y0 M09;

N53 M05;

N54 M00;

N55 G00 G90 G54 X0 Y0 M03 S400;

N56 G43,H04 Z10 M08;

N57 G99 G83 X0 Y0 Z-45 R5 Q5 F80;

N58 G00 G80 Z100;

N59 G00 X0 Y0 M09;

N60 M05;

N61 M00;

N62 G00 G90 G54 X0 Y0 M03 S350;

N63 G43 H05 Z10 M08;

N64 G8 1 X0 Y0 Z-45 R5 F100;

N65 G00 G80 Z100;

N66 G00 X0 Y0 M09;

N67 M05;

N68 M00;

N70 G43 H06 Z100 M08;

N71 G81 X0 Y0 Z-45 R5 F60;

N72 G00 G80 Z100;

N73 G00 X0 Y0 M09;

N74 M05;

N75 M30;

(八) 程序编制中的数学处理

根据被加工零件图样,按照已经确定的加工工艺路线和允许的编程误差,计算数控系统所需要输入的数据,此过程称为数学处理。数学处理一般包括两个内容:根据零件图样给出的形状、尺寸和公差等直接通过数学方法(如三角、几何与解析几何法等),计算出编程时所需要的有关各点的坐标值;当按照零件图样给出的条件不能直接计算出编程所需的坐标,也不能按零件给出的条件直接进行工件轮廓几何要素的定义时,就必须根据所采用的具体工艺方法、工艺装备等加工条件,对零件原图形及有关尺寸进行必要的数学处理或改动,才可以进行各点的坐标计算和编程工作。

1. 选择编程原点

从理论上讲编程原点选在零件上的任何一点都可以,但实际上,为了换算尺寸尽可能简便,减少计算误差,应选择一个合理的编程原点。

车削零件编程原点的 X 向零点应选在零件的回转中心。Z 向零点一般应选在零件的右端面、设计基准或对称平面内。车削零件的编程原点选择如图 1-111 所示。

铣削零件的编程原点,X、Y 向零点一般可选在设计基准或工艺基准的端面或孔的中心线上,对于有对称部分的工件,可以选在对称面上,以便用镜像等指令来简化编程。Z 向的编程原点,习惯选在工件上表面,这样当刀具切入工件后 Z 向尺寸字均为负值,以便于检查程序。铣削零件的编程原点如图 1-112 所示。

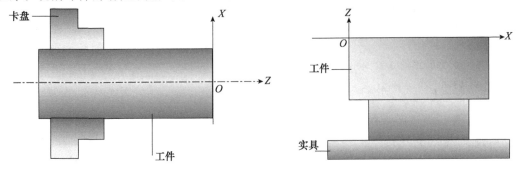

图 1-111　车削加工的编程原点　　　　　图 1-112　铣削加工的编程原点

编程原点选定后,就应把各点的尺寸换算成以编程原点为基准的坐标值。为了在加工过程中有效地控制尺寸公差,按尺寸公差的中值来计算坐标值。

2. 基点

零件的轮廓是由许多不同的几何要素所组成,如直线、圆弧、二次曲线等,各几何要素之间的连接点称为基点。基点坐标是编程中所必需的重要数据。

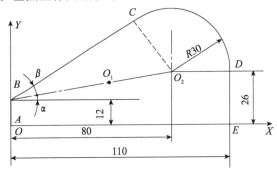

图 1-113　零件图样

例:图 1-113 所示零件中,A,B,C,D,E 为基点。A,B,D,E 的坐标值从图中很容易找出,C 点是直线与圆弧切点,要联立方程求解。以 B 点为计算坐标系原点,联立下列方程:

直线方程　　　$Y=\cot(\alpha+\beta)X$

圆弧方程　　　$(X-80)^2+(Y-14)^2=30^2$

可求得(64.2786,39.5507),换算到以 A 点为原点的编程坐标系中,C 点坐标为(64.2786,51.5507)。

可以看出,对于如此简单的零件,基点的计算都很麻烦。对于复杂的零件,其计算工作量可想而知,为提高编程效率,可借助于 CAD/CAM 软件辅助计算或 CAM 软件自动编程。

3. 非圆曲线数学处理的基本过程

数控系统一般只能作直线插补和圆弧插补的切削运动。如果工件轮廓是非圆曲线,数控系统就无法直接实现插补,而需要通过一定的数学处理。数学处理的方法是,用直线段或圆弧段去逼近非圆曲线,逼近线段与被加工曲线交点称为节点。

例如,对图 1-112 所示的曲线用直线逼近时,其交点 A,B,C,D,E,F 等即为节点。

在编程时,首先要计算出节点的坐标,节点的计算一般都比较复杂,靠手工计算已很难胜任,必须借助 CAD/CAM 计算机辅助软件处理。求得各节点后,就可按相邻两节点间的直线来编写加工程序。

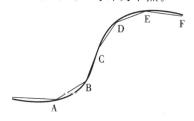

图 1-114 零件轮廓的节点

这种通过求得节点再编写程序的方法,使得节点数目决定了程序段的数目。图 1-114 中有 6 个节点,即用五段直线逼近了曲线,因而就有五个直线插补程序段。节点数目越多,由直线逼近曲线产生的误差 δ 越小,程序的长度则越长。可见,节点数目的多少,决定了加工的精度和程序的长度。因此,正确确定节点数目是个关键问题。

4. 数控加工误差的组成

数控加工误差 $\Delta_{数加}$ 是由编程误差 $\Delta_{编}$、机床误差 $\Delta_{机}$、定位误差 $\Delta_{定}$、对刀误差 $\Delta_{刀}$ 等误差综合形成。即

$$\Delta_{数加} = f(\Delta_{编} + \Delta_{机} + \Delta_{定} + \Delta_{刀})$$

其中:

① 编程误差 $\Delta_{编}$ 由逼近误差 δ、圆整误差组成。逼近误差 δ 是在用直线段或圆弧段去逼近非圆曲线的过程中产生,如图 1-115 所示。圆整误差是在数据处理时,将坐标值四舍五入圆整成整数脉冲当量值而产生的误差。脉冲当量是指每个单位脉冲对应坐标轴的位移量。普通精度级的数控机床,一般脉冲当量值为 0.01mm;较精密数控机床的脉冲当量值为 0.005mm 或 0.001mm 等。

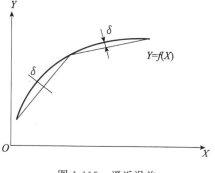

图 1-115 逼近误差

② 机床误差 $\Delta_{机}$ 由数控系统误差、进给系统误差等原因产生。

③ 定位误差 $\Delta_{定}$ 是当工件在夹具上定位、夹具在机床上定位时产生的。

④ 对刀误差 $\Delta_{刀}$ 是在确定刀具与工件的相对位置时产生。

第二篇　数控车削工艺及编程技术训练

任务一　熟悉数控车床的整体结构和安全操作规程

一、任务目标

知识目标

1. 了解数控机床的机构组成及作用；
2. 了解数控机床安全操作的规程。

技能目标

能按照安全操作规程进行操作。

二、学习任务

1. 数控车床的整体结构；
2. 数控车床安全操作规范。

三、任务分析

本任务主要是让学生对数控车床机构及基本操作有一个直观性的认识。针对中、高职学生初学者来说，本任务的重点是培养安全、正确的操作习惯，在后续的零件加工中，使学生能够正确地完成任务。

四、任务准备

本任务涉及的车床见表 2-1。

表 2-1　数控车床

机床序号	名称	型号	数量	备注
1	数控车床	FANUC-0i	1 台/每 3 位学生	

五、任务实施过程

1. 数控车床的整体结构认识

数控车床的外形如图 2-1 所示，下面介绍其机构组成及作用。

（1）数控车床的组成

数控车床主要由数控系统、机床主机(包括床身、主轴箱、刀架进给传动系统、液压系统、冷却系统、润滑系统等)组成。

（2）作用

① 数控系统　用于对机床的各种动作进行自动化控制。

② 床身　数控车床的床身和导轨有多种形式,主要有水平床身、倾斜床身、水平床身斜滑鞍等,它构成机床主机的基本骨架。

图 2-1　数控车床

③ 传动系统及主轴部件　其主传动系统一般采用直流或交流无级调速电动机,通过皮带传动或通过联轴器与主轴直联,带动主轴旋转,实现自动无级调速及恒切削速度控制。主轴组件是机床实现旋转运动(主运动)的执行部件。

④ 进给传动系统　一般采用滚珠丝杠螺母副,由安装在各轴上的伺服电机,通过齿形同步带传动或通过联轴器与滚珠丝杠直联,实现刀架的纵向和横向移动。

⑤ 自动回转刀架　用于安装各种切削加工刀具,加工过程中能实现自动换刀,以实现多种切削方式的需要。它具有较高的回转精度。

⑥ 液压系统　它可使机床实现夹盘的自动松开与夹紧以及机床尾座顶尖自动伸缩。

⑦ 冷却系统　在机床工作过程中,可通过手动或自动方式为机床提供冷却液对工件和刀具进行冷却。

⑧ 润滑系统　集中供油润滑装置,能定时定量地为机床各润滑部件提供合理润滑。

2. 数控车床安全操作规范

① 作业前必须按要求穿工作服,否则不许进入车间。

② 禁止戴手套操作机床,若长发要戴帽子或发网。

③ 所有实训步骤须在实训教师指导下进行,未经指导教师同意,不许开动机床。

④ 机床开动期间严禁离开工作岗位做与操作无关的事情。

⑤ 严禁在车间内嬉红戏、打闹。机床开动时,严禁在机床间穿梭。

⑥ 未经指导教师确认程序正确前,不许动操作箱上已设置好的"机床锁住"状态键。

⑦ 拧紧工件:保证工件牢牢固定在三爪盘上。

⑧ 移去调节的工具:启动机床前应检查是否已将扳手等工具从机床上拿开。

⑨ 采用正确的速度及刀具:严格按照实训指导书推荐的速度及刀具选择正确的刀具及加工速度。

⑩ 机床运转中,绝对禁止变速。变速或换刀时,必须保证机床完全停止,开关处于"OFF"位置,以防机床事故发生。

注:此项适用于手动变速机床。

⑪ 芯轴插入主轴前,芯轴表面及主轴孔内,必须彻底擦拭干净,不得有油污。

六、机床操作加工

1. 认识数控机床

为方便学生熟悉机床,对照实体数控车帮助学生熟悉整体结构,已及相互的位置关系,为编程及对刀操作打下良好基础。

2. 操作示范

教师做好操作示范，让学生注意整个操作过程中必须要注意的安全操作规程，适当可以让学生自己动手操作，可以及时纠正学生操作过程中的不当之处，让学生引起足够重视。

任务二　熟悉数控车床的操作面板及系统面板

一、任务目标

 知识目标

1. 了解和初步掌握数控车的操作面板；
2. 了解和初步掌握数控车的系统面板；
3. 掌握系统的控制按钮（键）的主要功能。

技能目标

1. 会正确操作机床；
2. 会正确输入及修改程序。

二、学习任务

1. 熟悉机床操作面板中各个按钮（键）、运行控制开关的功能及操作；
2. 熟悉系统面板编程面板上各按键的功能。

三、任务分析

本任务重点是对数控机床操作面板及系统面板的功能做介绍。通过学习，使初学者能够初步熟悉各个按键的基本功能，方便后续对数控车床的操作，各个功能按键的熟练运用需通过后期的操作进一步加深。

四、任务准备

同本篇任务一，详见表2-1。

五、任务实施过程

1. 数控车床操作面板

1）认识数控车床操作面板

如图2-2所示，面板位于窗口的右下侧，主要用于控制机床运行状态，由模式选择键、运行控制开关等多个部分组成。

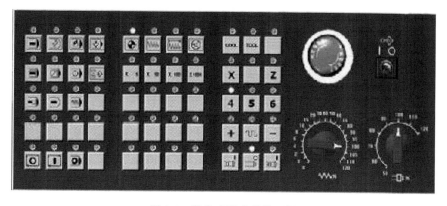

图 2-2 数控车机床操作面板

2）数控车床控制面板上各功能键的作用

数控车床控制面板上各功能键的作用详见表 2-2。

表 2-2 数控车床控制面板上各功能键的作用

序号	名称	功能说明
1	AUTO	自动加工模式
2	EDIT	编辑模式
3	MDI	手动数据输入
4	INC	增量进给
5	HND	手轮模式移动机床
6	JOG	手动模式,手动连续移动机床
7	DNC	用 RS-232 电缆线连接 PC 和数控机床,选择程序传输加工
8	REF	回参考点
9	程序运行开始	模式选择为"AUTO"和"MDI"时按下有效,其余时间按下无效
10	程序运行停止	在程序运行中,按下此按钮停止程序运行
11		手动方式下,主轴正转、主轴停止和主轴反转

序号	名称	功能说明
12	 单步执行开关	每按一次程序启动执行一条程序指令
13	 程序段跳读	自动方式按下此键,跳过程序段开头带有"/"程序
14	 程序停	自动方式下,遇有 M00 程序停止
15	 机床空运行	按下此键,各轴以固定的速度运动
16	 冷却液开关	按下此键,冷却液开;再按一下,冷却液关
17	 在刀库中选刀	按下此键,刀库中选刀
18	 程序重启动	由于刀具破损等原因自动停止后,程序可以从指定的程序段重新启动
19	 机床锁定开关	按下此键,机床各轴被锁住
20	 M00 程序停止	程序运行中,遇 M00 停止
21	 程序编辑锁定开关	置于"⊙"位置,可编辑或修改程序
22	 紧急急停按钮	遇紧急急停时,按下此按钮,紧急制动

2. 数控车床系统面板

1)认识数控车床 FANUC-0i 系统面板

系统操作键盘在视窗的右上角,其左侧为显示屏,右侧是编程面板如图 2-3 所示。

2)MDI 键

MDI 键的布局如图 2-4 所示。

3)按键功能

(1)地址/数字键

如图 2-5 所示,地址/数字键用于输入数据到输入区域,系统自动判别取字母还是取数字。

字母和数字键通过 SHIFT 键切换输入,如 O—P,7—A。

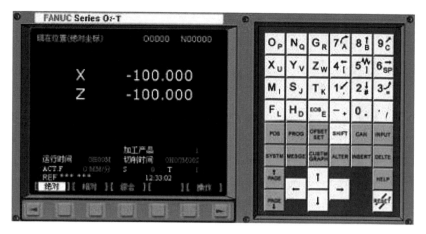

图 2-3 数控车床的系统面板

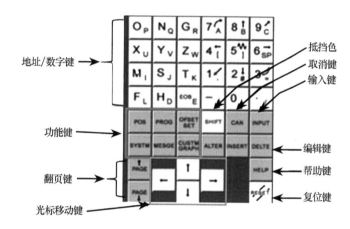

图 2-4 MDI 键

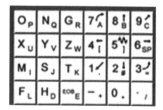

图 2-5 地址/数字键

（2）编辑键

编辑键详见表 2-3。

表 2-3 编辑键

序号	名称	说明
1	**SHIFT** 换挡键	在有些键的上面显示有两个字符,按 SHIFT 键来选择字符,当一个特殊字符 E 显示在屏幕上时,表示键面右下角的字符可以输入

序号	名称	说明
2	CAN 取消键	按此键可删除已输入到输入缓冲器的最后一个字符或符号
3	INPUT 输入键	当按了地址键或数字键后,把输入区内的数据输入参数页面
4	ALTER 替换键	用输入的数据替换光标所在的数据
5	DELTE 删除键	删除光标所在的数据,或者删除一个程序或者删除全部程序
6	INSERT 插入键	把输入区之中的数据插入到当前光标之后的位置
7	EOB E 回车换行键	结束一行程序的输入并且换行
8	HELP 帮助键	按此键可以用来显示如何操作机床,可在 CNC 发生报警时提供报警的详细信息(帮助功能)
9	RESET 复位键	按此键可使 CNC 复位,用以清除报警等

(3)光标/翻页键

光标/翻页键详见表 2-4。

表 2-4　光标/翻页键

序号	名称	说明
1	↑ ↓ ← → 光标移动键	↑:向上移动光标 ↓:向左移动光标 ←:向右移动光标 →:向下移动光标
2	翻页键 PAGE↑ PAGE↓	PAGE↑:向上翻页 PAGE↓:向下翻页

(4)功能键

功能键详见表 2-5。

表 2-5　功能键

序号	名称	说明
1	POS	位置显示页面,位置显示有三种方式,用 PAGE 键选择
2	PROG	程序显示与编辑页面
3	OFSET SET	参数输入页面,显示刀偏/设定页面。按第一次进入坐标系设置页面,按第二次进入刀具补偿参数页面。进入不同的页面以后,用 PAGE 键切换
4	SYSTM	显示系统参数页面
5	MESGE	显示信息页面,如"报警"
6	CUSTM GRAPH	显示图形参数设置页面

六、机床操作

1. 熟悉数控车床操作面板和系统面板上各个按键的功能。
2. 完成从一个页面到另一个页面的实际切换。

任务三　数控车床操作技术基础训练及日常维护保养技术训练

一、任务目标

 知识目标

1. 熟悉和掌握数控车床的操作面板;
2. 熟悉和掌握数控车床的系统面板;
3. 掌握正确进行数控车床保养的方法。

技能目标

1. 会正确操作数控车床;
2. 会正确输入及修改程序;
3. 能正确对数控车床进行维护保养。

二、学习任务

1. 掌握机床操作面板中各个按键、运行控制开关的功能;
2. 掌握系统面板中各按键的功能。

三、任务分析

操作面板及系统面板的操作训练可以培养操作者良好的操作习惯,方便以后正确操作数控车床;机床的日常保养是不仅能较好地维护好机床的性能,还能培养操作人员良好的工作习惯和工作作风,这也是要求操作人员应具有的职业素质,本任务的训练是为以后的实际编辑与加工打良好的基础。

四、任务准备

同本篇任务一,详见表2-1。

五、任务实施过程

1. 程序编辑

1）选择一个程序,有两种方法进行选择。

（1）按程序号搜索

① 选择"EDIT"模式。

② 按 PROG 键,输入字母"O"。

③ 按 7A 键,输入数字"7",输入搜索的号码"O7"。

④ 按 ↓ 键开始搜索;找到后,"O7"显示在屏幕右上角程序号位置,"O7"NC 程序显示在屏幕上。

（2）选择"AUTO"模式

① 按 PROG 键,输入字母"O"。

② 按 7A 键,输入数字"7",键入搜索的号码"07"。

③ 按 操作 → 〔BG-EDT〕〔O检索〕〔N检索〕〔 〕〔REWIND〕 O检索 软键,"O7"显示在屏幕上。

④ 可输入程序段号"N30",按 N检索 软键搜索程序段。

2）删除一个程序

① 选择"EDIT"模式。

② 按 PROG 键,输入字母"O"。

③ 按 7A 键,输入数字"7",输入要删除的程序的号码"O7"。

④ 按 DELTE 键,"O7"NC 程序被删除。

3）删除全部程序

① 选择"EDIT"模式。

② 按 PROG 键,输入字母"O"。

③ 输入"—9999"。

④ 按 [DELTE] 键,全部程序被删除。

4）搜索一个指定的代码

一个指定的代码可以是：一个字母或一个完整的代码。例如："N0010","M","F"、"G03"等。搜索应在当前程序内进行。操作步骤如下：

① 选择"AUTO" [→|] 或"EDIT" [◇] 模式。

② 按 [PROG] 键。

③ 选择一个 NC 程序。

④ 输入需要搜索的字母或代码,如"M","F","G03"。

⑤ 按 [检索↓] 软键,开始在当前程序中搜索。

5）编辑 NC 程序（删除、插入、替换操作）

① 模式置于"EDIT" [◇] 。

② 按 [PROG] 键。

③ 输入被编辑的 NC 程序名,如"07",按 [INSERT] 键即可编辑。

④ 移动光标。

方法一:按 [PAGE↑] 或 [PAGE↓] 键翻页,按 ↓ 或 ↑ 键移动光标。

方法二:用搜索一个指定的代码的方法移动光标。

⑤ 输入数据:用数字/字母键,将数据输入到输入域。 [CAN] 键用于删除输入域内的数据。

⑥ 自动生成程序段号输入:按 [OFSET SET] → [SETING] ,在参数页面顺序号中输入"1",所编程序自动生成程序段号。

6）删除、插入、替代

按 [DELTE] 键,删除光标所在处的代码。

按 [INSERT] 键,把输入区的内容插入到光标所在处代码的后面。

按 [ALTER] 键,把输入区的内容替代光标所在处的代码。

2. 通过操作面板手工输入 NC 程序

具体操作如下：

① 选择"EDIT" [→|] 模式。

② 按 [PROG] 键,再按 [DIR] 软键进入程序页面。

③ 按 [7A] 键输入"O7" 程序名（输入的程序名不可以与已有程序名重复）。

④ 按 [EOB E] → [INSERT] 键,开始程序输入。

⑤ 按 [EOB E] → [INSERT] 键，换行后再继续输入。

3. MDI 手动数据输入

具体操作如下：

① 按 [🖐] 键，切换到"MDI"模式。

② 按 [PROG] 键，再按 [MDI] → [EOB E]，分程序段号输入程序。

③ 按 [INSERT] 键，程序被输入。

④ 按 [▯] 程序启动按钮。

4. 手动加工

（1）回参考点

① 选择 [⊕] 模式。

② 选择各轴，按住 [X]、[Y]、[Z] 键，即回参考点。

（2）移动

手动移动数控机床轴的方法有以下三种。

方法一：快速移动 [⁀]。这种方法用于较长距离的工作台移动。

① 选择"JOG" [〰] 模式。

② 选择各轴，单击方向键 [+]、[−]，机床各轴移动，松开后停止移动。

③ 按 [⁀] 键，各轴快速移动。

方法二：增量移动 [〰]。这种方法用于微量调整，如用在对基准操作中。

① 选择 [〰] 模式，选择 [X 1]、[X 10]、[X 100]、[X1000] 步进量。

② 选择各轴，每按一次，机床各轴移动一步。

方法三：操纵"手脉" [◈]。这种方法用于微量调整。在实际生产中，使用手脉可以让操作者容易控制和观察机床移动。"手脉"在软件界面右上角 [◁◁]，单击即出现。

5. 数控车床对刀

（1）输入刀具补偿参数

① 按 [OFSET SET] 键进入参数设定页面，按 [补正] 软键，进入刀具补正页面，如图 2-6 所示。

② 用 [PAGE ↓] 和 [PAGE ↑] 键选择长度补偿和半径补偿。

③ 用 [↓] 和 [↑] 键选择补偿参数编号。

④ 输入补偿值到长度补偿 H 或半径补偿 D。

⑤ 按 [INPUT] 键，把输入的补偿值输入到所指定的位置。

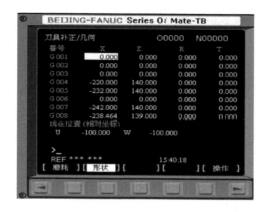

图 2-6　FANUC-0i－T(车床)刀具补正页面

（2）位置显示

按 <kbd>POS</kbd> 键切换到位置显示页面,用 <kbd>PAGE↓</kbd> 和 <kbd>PAGE↑</kbd> 键或者软键切换。

6.FANUC-0i 数控车床自动对刀操作步骤

具体如下:

① 在 MDI 方式下,启动主轴,选择实际使用的刀具试切工件外圆,不移动 X 轴,仅 Z 方向退刀,主轴停止。(假定显示器 X 为－210.45)

② 测量工件外圆尺寸,把该值作为 X 轴的测量值,用下述方法设定到指定号的刀偏存储器中。(假定 X 测量尺寸为 60.253)

Ⅰ 按 MENU/OFSET 键,显示刀具补偿页面,按"形状"软键。

Ⅱ 移动光标键,指定刀偏号。

Ⅲ 按地址键 X。

Ⅳ 输入测量值 60.253。

Ⅴ 按测量软键。

Ⅵ 此时刀具表显示 X—270.703。

③ 启动主轴,用刀具试切工件端面,不移动 Z 轴,仅 X 方向退刀,停主轴。

④ 测量工件坐标系的原点到工件端面的距离,作为 Z 轴的测量值。

⑤ 执行上述Ⅰ到Ⅵ的步骤。

⑥ 如果需要其他刀具,重复执行。

对刀结束后,按自动、循环启动键即可加工相应程序。

7. 数控车床日常维护保养技术训练

（1）数控车床操作维护规程

① 操作者必须熟悉机床使用说明书和机床的一般性能、结构,严禁超性能使用。

② 开机前应按设备点检卡规定检查机床各部分是否完整、正常,机床的安全防护装置是否牢靠。

③ 按润滑图表规定加油,检查油标、油量、油质及油路是否正常,保持润滑系统清洁,油箱、油眼不得敞开。

④ 操作者必须严格按照数控车床操作步骤操作机床,未经操作者同意,其他人员不得私自操作机床。

⑤ 按动各按键时用力应适度,不得用力拍打键盘、按键和显示屏。

⑥ 严禁敲打中心架、顶尖、刀架、导轨。

⑦ 机床发生故障或不正常现象时,应立即停车检查、排除。

⑧ 操作者离开机床、更换刀具、测量尺寸、调整工件时,都应停车。

⑨ 工作完毕后,应使机床各部处于原始状态,并切断电源。

⑩ 妥善保管机床附件,保持机床整洁、完好。

⑪ 做好机床清扫工作,保持清洁,认真执行交接班手续,填好交接班记录。

（2）数控车床日常保养技术

数控车床集机、电、液集于一身,具有技术密集和知识密集的特点,是一种自动化程度高、结构复杂且又昂贵的先进加工设备。为了充分发挥其效益,减少故障的发生,必须做好日常维护工作,所以要求数控车床维护人员不仅要有机械、加工工艺以及液压气动方面的知识,也要具备电子、计算机、自动控制及测量技术等知识,这样才能全面了解、掌握数控车床,及时搞好维护工作。

① 选择合适的使用环境:数控车床的使用环境(如温度、湿度、振动、电源电压、频率及干扰等)会影响机床的正常运转,所以在安装机床时应严格要求做到符合机床说明书规定的安装条件和要求。在经济条件许可的条件下,应将数控车床与普通机械加工设备隔离安装,以便于维修与保养。

② 应为数控车床配备数控系统编程、操作和维修的专门人员:这些人员应熟悉所用机床的机械部分、数控系统、强电设备、液压与气压等部分及使用环境、加工条件等,并能按机床和系统使用说明书的要求正确使用数控车床。

③ 长期不用数控车床的维护与保养:在数控车床闲置不用时,应经常给数控系统通电,在机床锁住情况下,使其空运行。在空气湿度较大的梅雨季节应该天天通电,利用电器元件本身发热驱走数控柜内的潮气,以保证电子部件的性能稳定、可靠。

④ 数控系统中硬件控制部分的维护与保养:每年让有经验的维修电工检查一次。检测有关的参考电压是否在规定范围内,如电源模块的各路输出电压、数控单元参考电压等,若不正常应清除灰尘;检查系统内各电器元件连接是否松动;检查各功能模块使用的风扇运转是否正常并清除灰尘;检查伺服放大器和主轴放大器使用的外接式再生放电单元的连接是否可靠,清除灰尘;检测各功能模块使用的存储器后备电池的电压是否正常,一般应根据厂家的要求定期更换。对于长期停用的机床,应每月开机运行4小时,这样可以延长数控机床的使用寿命。

⑤ 机床机械部分的维护与保养:操作者在每班加工结束后,应清扫干净散落于拖板、导轨等处的切屑;在工作时注意检查排屑器是否正常以免造成切屑堆积,损坏导轨精度,危及滚珠丝杠与导轨的寿命;在工作结束前,应将各伺服轴回归原点后停机。

⑥ 机床主轴电机的维护与保养:维修电工应每年检查一次伺服电机和主轴电机。着重检查其运行噪声、温升,若噪声过大,应查明原因,是轴承等机械问题还是与其相配的放大器的参数设置问题,采取相应措施加以解决。对于直流电机,应对其电刷、换向器等进行检查、

调整、维修或更换,使其工作状态良好。检查电机端部的冷却风扇运转是否正常并清扫灰尘;检查电机各连接插头是否松动。

六、机床操作加工

(1)机床回参考点操作。

(2)MDI 操作。

(3)数控程序输入与处理。

七、知识巩固与提高

对刀操作。

任务四　选用与安装数控车刀

一、任务目标

 ### 知识目标

1. 熟悉刀具的常用材料;

2. 学习安装刀具的方法。

技能目标

1. 会正确操作机床;

2. 会正确选择加工刀具;

3. 能正确安装刀具;

4. 会对常用刀具进行磨修。

二、学习任务

1. 刀具的常用材料;

2. 刀具的安装方法;

3. 刀具的磨修方法。

三、任务分析

本次任务的学习,重点是为保证后续在正确操作数控机床的基础上,能最大程度地保证加工零件地质量和尺寸要求。对于初学者来说,需要具备正确选择刀具和安装刀具的能力,同时也要学习常用刀具的磨修,以保证正确车削零件,完成加工任务。

四、任务准备

同本篇任务一,详见表2-1。

五、任务实施过程

1. 常用的数控刀具材料

刀具材料是指刀具切削部分的材料。切削时刀具切削部分是在较大的切削抗力、较高的切削温度和剧烈的摩擦条件下进行工作的。刀具寿命的长短和切削效率的高低,首先决定于切削部分的材料是否具备优良的切削性能。因此,刀具切削部分的材料应具备如下要求:

① 高硬度。

② 高耐磨性。

③ 高耐热性。

④ 足够的抗弯强度和冲击韧性。

⑤ 良好的工艺性。

数控机床刀具从制造所采用的材料上可以分为高速钢刀具、硬质合金刀具、陶瓷刀具等。目前,用得最普遍的刀具材料有高速钢和硬质合金两大类,见表2-6。

表2-6 常用刀具材料

车刀材料	牌号	性　能	用　途
高速钢	W18Cr4V	具有较好的综合性能和可磨削性能	制造各种复杂刀具和精加工刀具,应用广泛
	W6Mo5Cr4V	具有较好的综合性能,热塑性较好	用于制造热轧刀具
硬质合金	YG3	这类合金抗弯强度和韧性较好,适用于加工铸铁、有色金属等脆性材料或用于冲击力较大的场合	用于精加工
	YG6		介于粗、精加工之间
	YG8		用于粗加工
	YT5	这类合金的耐磨性和抗黏附性较好,能承受较高的切削温度,适于加工钢或其他韧性较大的塑性金属	用于粗加工
	YT15		介于粗、精加工之间
	YT30		用于精加工

2. 常用数控车刀种类及其选择

数控车削常用车刀一般分尖形车刀、圆弧形车刀和成型车刀三类。

（1）尖型车刀

是以直线形切削刃为特征的车刀。

这类车刀的刀尖(同时也为其刀位点)由直线形的主、副切削刃构成,如90°内外圆车刀、左右端面车刀、切断(车槽)车刀以及刀尖倒棱很小的各种外圆和内孔车刀。

用这类车刀加工零件时,其零件的轮廓形状主要由一个独立的刀尖或一条直线形主切削刃位移后得到,它与另两类车刀加工时所得到零件轮廓形状的原理是截然不同的。

尖形车刀几何参数(主要是几何角度)的选择方法与普通车削时基本相同,但应对数控加工的特点(如加工路线、加工干涉等)进行全面的考虑,并应兼顾刀尖本身的强度。

(2)圆弧形车刀

圆弧形车刀是以一圆度误差或线轮廓误差很小的圆弧形切削刃为特征的车刀,如图 2-7 所示。

该车刀圆弧刃上每一点都是圆弧形车刀的刀尖,因此,刀位点不在圆弧上,而在该圆弧的圆心上。

当某些尖形车刀或成型车刀(如螺纹车刀)的刀尖具有一定的圆弧形状时,也可作为这类车刀使用。

圆弧形车刀可用于车削内外表面,特别适合于车削各种光滑连接(凹形)的成型面。选择车刀圆弧半径时应考虑两点:一是车刀切削刃的圆弧半径应小于或等于零件凹形轮廓上的最小曲率半径,以免发生加工干涉;二是该半径不宜选择太小,否则不但制造困难,还会因刀具强度太弱或刀体散热能力差而导致车刀损坏。

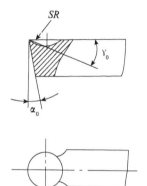

图 2-7　圆弧形车刀

(3)成型车刀

成型车刀俗称样板车刀,其加工零件的轮廓形状完全由车刀刀刃的形状和尺寸决定。数控车削加工中,常见的成型车刀有小半径圆弧车刀、非矩形槽车刀和螺纹车刀等。在数控加工中,应尽量少用或不用成型车刀,当确有必要选用时,则应在工艺准备文件或加工程序单上进行详细说明。

图 2-8 给出了常用车刀的种类、形状和用途。

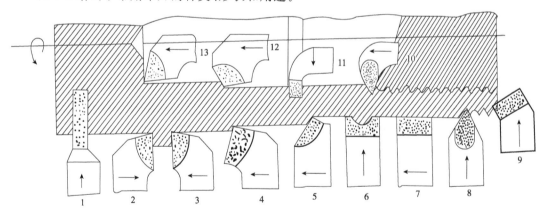

1—切断刀;2—90°左偏刀;3—90°右偏刀;4—弯头车刀;5—直头车刀;6—成型车刀;7—宽刃精车刀;
8—外螺纹车刀;9—端面车刀;10—内螺纹车刀;11—内槽车刀;12—通孔车刀;13—盲孔车刀

图 2-8　常用车刀的种类、形状和用途

3. 车刀的安装

装刀是数控机床加工中极其重要并十分棘手的一项基本工作。在实际切削中,车刀安装的高低,车刀刀杆轴线是否垂直,对车刀角度有很大影响。以车削外圆(或横车)为例,当车刀刀尖高于工件轴线时,因其车削平面与基面的位置发生变化,使前角增大,后角减小;反之,则前角减小,后角增大。车刀安装的歪斜,对主偏角、副偏角影响较大,特别是在车螺纹时,会使牙形半角产生误差。因此,正确地安装车刀,是保证加工质量,减小刀具磨损,提高刀具使用寿命的重要步骤。

图 2-9 所示为车刀安装角度示意。图 2-9(a)为"－"的倾斜角度,增大刀具切削力;图 2－9(b)为"＋"的倾斜角度,减小刀具切削力。

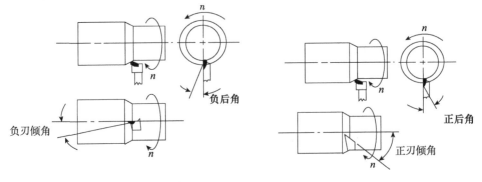

(a)"－"的倾斜角度,增大刀具切削力　　　　(b)"＋"的倾斜角度,减小刀具切削力

图 2-9　车刀的安装角度

4. 车刀的修磨

车削加工是在工件的旋转运动和刀具的进给运动共同作用下完成切削工作的。因此车刀角度的选择是否合理,车刀刃磨的角度是否正确,都会直接影响工件的加工质量和切削效率。

1) 砂轮的选用

目前,常用的砂轮有氧化铝砂轮和碳化硅砂轮两类,刃磨时必须根据刀具材料来选定。

① 氧化铝砂轮:多呈白色,其砂粒韧度好,比较锋利,但硬度稍低。适于刃磨高速钢车刀和碳素工具钢刀具。氧化铝砂轮也称刚玉砂轮。

② 碳化硅砂轮:多呈绿色,其砂粒硬度高,切削性能好,但较脆,适于刃磨硬质合金车刀。

砂轮的粗细以粒度表示,一般分为 36#,60#,80# 和 120# 等级别。粒度越大则表示组成砂轮的磨料越细,反之则越粗。粗磨车刀时应选择粗砂轮,精磨车刀时应选择细砂轮。

2) 车刀修磨的方法和步骤

(1)车刀修磨的一般步骤与方法

① 粗磨主后面,同时磨出主偏角及主后角,如图 2-10(a)所示。

② 粗磨副后面,同时磨出副偏角及副后角,如图 2-10(b)所示。

③ 磨前面,同时磨出前角,如图 2-11 所示。

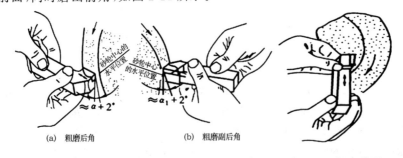

(a) 粗磨后角　　　　(b) 粗磨副后角

图 2-10　粗磨后角、副后角　　　　图 2-11　粗磨前面

④ 磨断屑槽。断屑槽常见的有圆弧型和直线型两种,如图 2-12 所示。圆弧型断屑槽的前角一般较大,适合切削较软的材料;直线型断屑槽的前角较小,适合切削较硬的材料。刃磨断屑槽的方法如图 2-13 所示。

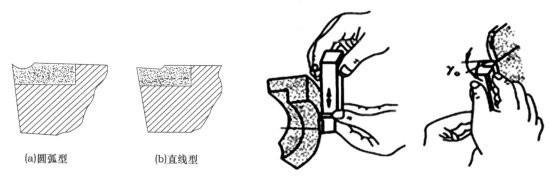

(a)圆弧型 (b)直线型

图 2-12　断屑槽的型式

图 2-13　刃磨断屑槽的方法

⑤ 精磨主后面和副后面。精磨前要修整好砂轮,保持砂轮平稳旋转,如图 2-14 所示。修磨时将车刀底平面靠在调整好角度的托架上,使切削刃轻轻地靠在砂轮的端面上并沿砂轮端面缓慢地左右移动,使砂轮磨损均匀、车刀刃口平直,主偏角、副偏角、主后角、副后角符合切削加工要求。

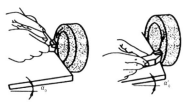

图 2-14　精磨主后面和副后面

⑥ 磨负倒棱。为了提高主切削刃的强度,改善其受力和散热条件,通常在车刀的主切削刃上磨出负倒棱,如图 2-15 所示。负倒棱的宽度一般为进给量的 0.5~0.8。

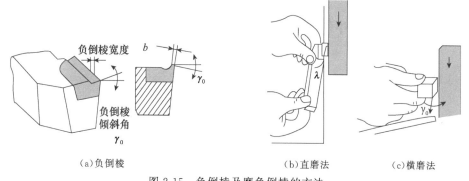

（a)负倒棱 （b)直磨法 （c)横磨法

图 2-15　负倒棱及磨负倒棱的方法

⑦ 油石研磨车刀。车刀在砂轮上磨好后,其切削刃不够平滑光洁。使用这样的车刀,不仅会直接影响工件的表面粗糙度,而且也会降低车刀的使用寿命。因此,手工刃磨后的车

刀要根据刀具材料选择不同的精细油石研磨车刀的刀刃,如图 2-16 所示。

图 2-16　用油石研磨车刀

（2）车刀修磨的注意事项

① 修磨车刀时,双手拿稳车刀,使刀杆靠于支架,并让受磨表面轻贴砂轮。倾斜角度要合适,用力应均匀,以防挤碎砂轮,造成事故。

② 砂轮表面应经常修整,磨刀时不要用力过猛,以防打滑而伤手。

③ 应尽量避免在砂轮端面上修磨。

④ 修磨高速钢车刀,刀头磨热时,应及时放入水中冷却,以防刀刃退火;修磨硬质合金车刀,刀头发热后,不能将刀头放入水中冷却,以防刀头因急冷而产生裂纹。

⑤ 修磨结束,应随手关闭砂轮机电源。

⑥ 严格遵守安全、文明操作的相关规定。

六、机床操作加工

根据图 2-17 所示,试选择正确的加工刀具。

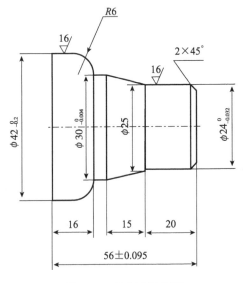

图 2-17　任务四训练题

任务五　外轮廓加工程序的编制及加工技术训练

一、任务目标

 知识目标

1. 通过分析图纸能正确选择零件的编程零点,编制加工工艺;

2. 会对零件图进行工艺分析并进行刀具、工艺参数的选择与确定;

3. 能正确地确定刀具偏置功能（刀具长度补偿）。

![技能目标] **技能目标**

1. 会正确操作机床；

2. 会用直线插补指令 G01,保证零件的尺寸；

3. 会用所学指令对图纸进行程序编制；

4. 会使用测量工具正确测量。

二、学习任务

对图 2-18 所示外轮廓进行编程及加工。

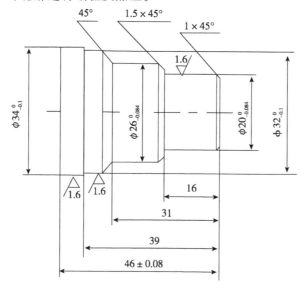

图 2-18 外轮廓加工图例

三、任务分析

本任务的外轮廓简单,又是单头加工。针对中、高职学生初学者来说,本任务工艺、程序、操作较为简单,学习本任务后将为后续的零件循环加工打下良好基础。

四、任务准备

1. 机床及夹具

外轮廓加工机床、附件配备建议清单见表 2-7。

表 2-7 机床、附件配备建议清单

序号	名称	型号	数量	备注
1	数控车床	FANUC 0i	1 台/每 3 位学生	
2	砂轮机		2/每场地	

2. 毛坯材料

备料建议清单见表2-8。

表2-8 备料建议清单

序号	材料	规格/mm	数量
1	45钢	ϕ35	1

3. 工、量、刃具

数控车床工、量、刃具建议清单见表2-9。

表2-9 数控车床工、量、刃具建议清单

类别	序号	名称	规格或型号	精度/mm	数量
量具	1	外径千分尺	50~75,75~100	0.01	各1
	2	游标卡尺	0~150	0.02	1
刃具	1	外圆刀	90°		1
	2	切断刀	刀宽4mm		1
操作工具	1	铜棒或塑料榔头			1
	2	垫刀片	自定		自定
	3	锉刀			1
	4	计算器、铅笔、橡皮、绘图工具			自定

五、任务实施过程

1. 图样分析

① 该零件不需要掉头加工；

② 需要加工的表面为回转体外轮廓表面；

③ 该零件的表面精度要求不高；

④ 该零件里包含了直线加工轮廓。

2. 加工工艺分析

（1）确定加工步骤

① 装夹零件毛坯；

② 车端面；

③ 车零件外形轮廓到尺寸要求；

④ 切断零件，总长余量0.5mm左右；

⑤ 掉头加工零件总长至尺寸要求。

（2）装夹工件

用三爪卡盘装夹工件，保证伸出长度 70mm。

 想一想 夹紧装置的基本要求

ⅰ 夹紧装置应具备的基本要求：

① 夹紧过程可靠，不改变工件定位后所占据的正确位置。

② 夹紧力的大小适当，既要保证工件在加工过程中其位置稳定不变、振动小，又要使工件不会产生过大的夹紧变形。

③ 操作简单方便、省力、安全。

④ 结构性好，夹紧装置的结构力求简单、紧凑，便于制造和维修。

ⅱ 三爪自定心卡盘：

三爪自定心卡盘是车床上最常用的自定心夹具，如图 2-19 所示。它夹持工件时一般不需要找正，装夹速度较快。将其略加改进，还可以方便地装夹方料、其他形状的材料，同时还可以装夹小直径的圆棒料。

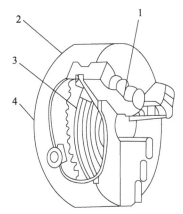

1—卡爪；2—卡盘体；3—锥齿端面螺纹圆盘；4—小锥齿轮

图 2-19　三爪自定心卡盘

（3）选择刀具

根据图 2-19 选择刀具，见表 2-10。

表 2-10　刀具卡

序号	刀具编号	刀具名称	刀片材料	备注
1	T01	外圆车刀	硬质合金	90°
2	T02	切断刀	硬质合金	刀宽 4mm

3. 设定工件坐标系

选取工件的右端面与轴心线的交点为工件坐标系原点。

4. 零件程序编制

① 粗车和精车使用同一个加工程序，通过调整刀具偏置（即刀具长度补偿）值实现粗加

工、半精加工和精加工。刀具加工参数及刀具补偿见表2-11。

表 2-11　刀具加工参数及刀具补偿表

序号	刀具类型	刀具材料	刀号 T	长度补偿号 H	半径补偿值 D/mm			主轴转速 n /(r/min)	进给率 f/(mm/r)
					刀补号	粗加工刀补值	半精加工刀补值		
1	外圆刀	硬质合金	1	1	1	自定	自定	500	0.2
2	切断刀	硬质合金	3	3	3	自定	自定	300	0.1

想一想　如何使用刀具补偿

刀具补偿功能是数控车床的主要功能之一。它分为两类：刀具的偏移（即刀具长度补偿）和刀尖圆弧半径补偿。

（1）刀具的偏移

刀具的偏移是指当车刀刀尖位置与编程位置（工件轮廓）存在差值时，可以通过刀具补偿值的设定，使刀具在 X、Z 轴方向加以补偿。它是操作者控制工件尺寸的重要手段之一。

刀具偏移可以根据实际需要分别或同时对刀具轴向和径向的偏移量实行修正。在程序中必须事先编入刀具及其刀补号（例如在粗加工结束后精加工开始前，在程序中专门编入"T0101"），每个刀补号中的 X 向补偿值或 Z 向补偿值根据实际需要由操作者输入，当程序在执行如"T0101"后，系统就调用了补偿值，使刀尖从偏离位置恢复到编程轨迹上，从而实现刀具偏移量的修正。

（2）刀具半径补偿

在实际加工中，由于刀具产生磨损及精加工时车刀刀尖磨成半径不大的圆弧，为确保工件轮廓形状，加工时不允许刀具中心轨迹与被加工工件轮廓重合，而应与工件轮廓偏移一个半径值 R，这种偏移称为刀具半径补偿。

在数控系统编程时，不需要计算刀具中心运动轨迹，而只按零件轮廓编程。在程序中使用刀具半径编程指令，在"刀具刀补设置"页面中设置好刀具半径，数控系统在自动运行时能自动计算出刀具中心轨迹，即刀具自动偏离工件轮廓一个刀具半径值，从而加工出所要求的工件轮廓。

G41——刀具半径左补偿指令，即沿刀具运动方向看（假设工件不动），刀具位于工件左侧时的刀具半径补偿，如图 2-20（a）所示。

G42——刀具半径右补偿指令，即沿刀具运动方向看（假设工件不动），刀具位于工件右侧时的刀具半径补偿，如图 2-20（b）所示。

G40——刀具半径补偿撤销指令，即使用该指令后，使 G41，G42 指令无效。

② 参考程序。

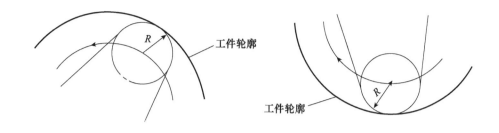

(a) 刀具半径左补偿　　　　　　　　(b) 刀具半径右补偿

图 2-20　刀具半径补偿

O0001

N10 M03 S500 T0101；(设定主轴转速,选用 1 号外圆车刀)

N20 G00 X14 Z2；

N30 G01 X20 Z- 1 F0.15；(倒角)

N40 Z- 16；(车 ϕ20 的外圆)

N50 X23；

N60 X26 Z- 17.5；(倒角)

N70 Z- 31；(车 ϕ26 的外圆)

N80 X32 Z- 34；(倒角)

N90 Z- 39；(车 ϕ32 的外圆)

N100 X34；

N110 Z- 50；(车 ϕ34 的外圆)

N120 G00 X60；(退刀)

N130 Z60；

N140 M05；(主轴停转)

N150 M30；(程序结束)

5. 仿真加工

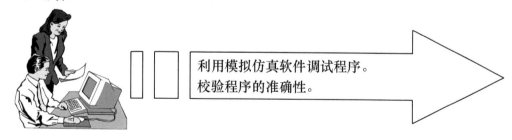

利用模拟仿真软件调试程序。
校验程序的准确性。

六、机床操作加工

1. 加工前机床检查

开机前检查机床润滑油泵液面及各处润滑点是否正常,检查冷却液箱中的冷却液是否充足;按规定上电,机床回零(绝对式编码器不用回零),检查机床控制面板的各按钮是否正常,手动移动各移动部件,主轴低速空运转 15min,检查各移动部件和旋转轴有无异响。

2. 工件坐标系建立

工件坐标系是以工件原点为坐标原点建立的 X, Z 轴坐标系,编程时工件各尺寸的 X, Z 坐标值都是相对工件原点而言的。

(1) FANUC-0i 数控系统可使用 G50 准备功能指令建立工件坐标系;

(2) FANUC-0i 数控系统也可采用刀具偏置的方法建立工件坐标系。

 **知识链接**

1. 数控车床的坐标系统

学习数控车床编程时,首先要了解机床坐标系及坐标轴运动方向的规定、工件坐标系的设定等问题。

1) 数控车床坐标方向的规定

数控车使用 X 轴、Z 轴组成的直角坐标系进行定位和插补运动。数控车床的 Z 轴规定为主轴轴线方向,且以刀具远离轴线的方向为正方向;X 轴位于与工件装夹面平行的水平面内,且以刀具离开工件的方向为正方向。

如图 2-21 所示前、后刀座的坐标系,Z 方向是相同的,而 X 方向正好相反。在以后的图示和例子中,用前刀座来说明编程的应用,而后刀座车床系统可以类推。

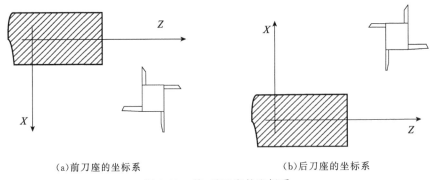

(a)前刀座的坐标系　　　　　　　　　(b)后刀座的坐标系

图 2-21　前、后刀座的坐标系

2) 工件坐标系的设定

编程时要先设定工件坐标系,其原点称为工件原点,也叫程序原点,通常设定在工件右端面的中心处。

在数控车床中确定工件坐标系,一般有两种方法:一种以 G50 设定的方法,另一种用 G54~G59 设定的方法。

下面以图 2-22 所示工件的加工为例介绍工件坐标的设定,通过刀具试切测得(37.38, 89.68)。

(1) 用 G50 设定

假定起刀点在工件坐标系中处于 X80,Z60 的位置,那么用基准刀具(一般为 1 号外圆刀)试切完端面及外圆后,刀具停留在图 2-22 虚线所画的位置,此时把数控系统的坐标系选择为相对坐标系,并把相对坐标 U,W 设置为 0。测出试切外圆的直径(ϕ37.38),利用手动

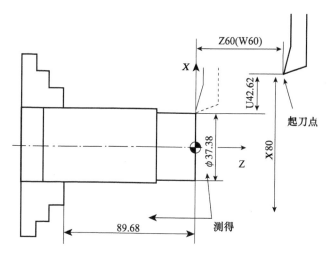

图 2-22　工件坐标系设定

方式使其沿坐标系正向移动,移动量分别为 U42.62、W60(直径编程),刀具到达起刀点。在程序中,第一个程序段就执行 G50 X80 Z60,那么系统就建立了图 2-22 所示右端面与轴线相交点为原点的工件坐标系。其他刀具分别使刀尖(或刀位点)与外圆或端面相接触,读得相对坐标 U 与 W 值,在"工具补正/形状"页面中,进行刀具偏置量设置。例如螺纹刀为 2 号刀,那么把螺纹刀的相对坐标 U 与 W 值(包括正负)设置在 G02 对应的 X 与 Z 下(1 号刀 G01 对应的 X 与 Z 都设置为 0)。

用这种方法建立的工件坐标系,必须注意以下几个问题:

① 装夹的工件必须是定长的,即在重新装夹工件后,工件右端面到卡盘的距离必须是 89.68。如果不定长,那么必须车端面及外圆,在相对坐标系下手动移动到起刀点位置。

② 在加工过程中起刀点与终刀点必须重合,否则在加工下一个零件时坐标系会发生改变。

③ 如果 1 号基准刀更换,那么必须重新车端面及外圆,在相对坐标系下手动移动到起刀点位置。而且要重新确定其他所有刀具相对基准刀具的偏置量。

④ 其他非基准刀具更换后,先要用基准刀具在工件上利用已有的或需重新车削的外圆及端面作为相对坐标点,然后确定其与基准刀具的相对坐标,重新设置偏置量。

(2) 用 G54～G59 设定

通过试切对刀,确定每把刀具的相对位置,然后根据工件的伸出长度,在 G54～G57 中设定 Z 偏移值,然后在程序中通过 G54 等进行调用,确定工件坐标系。

实际加工时也可以用试切法对刀后直接用 G00 来控制刀具的运动,这样编程会更加简单。

2. 编程坐标的分类

本系统可用绝对坐标(X,Z 字段)、相对坐标(U,W 字段)或混合坐标(X/Z,U/W 字段,绝对和相对坐标同时使用)进行编程。相对坐标是相对于当前的坐标,对于 X 轴,还可使用直径编程或半径编程。

(1) 绝对坐标值

"距坐标系原点的距离",即刀具要移到的坐标位置是相对于固定坐标原点给出的。

如图 2-23 所示,刀具从 A 点移动到 B 点,使用 B 点的坐标值,其坐标为 X30.0,Z70.0。

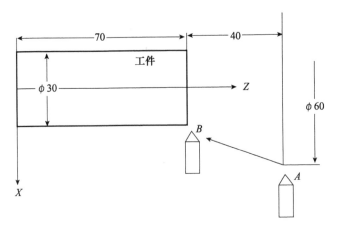

图 2-23　坐标示意图

（2）增量坐标值

刀具运动位置的坐标值相对于前一点来计算,而不是相对于固定原点来计算的。
同样对于 2-23,刀具从 A 点移动到 B 点,其增量坐标值为 U－30.0,W－40.0。

3. 确定进给路线

加工路线的确定要满足以下几个要求：

（1）必须保持被加工零件的尺寸精度和表面质量。

（2）应考虑到数值计算简单、进给路线尽量短、效率高等。

七、任务评价

1. 操作现场评价

填写表 2-12 所列现场记录表。

表 2-12　外轮廓加工现场记录表

学生姓名：＿＿＿＿＿＿＿＿＿＿　　学生学号：＿＿＿＿＿＿＿＿＿＿

学生班级：＿＿＿＿＿＿＿＿＿＿　　工件编号：＿＿＿＿＿＿＿＿＿＿

安全、文明生产	安全规范	好　□	一般 □	差 □
	刀具、工具、量具的放置合理	合理 □		不合理 □
	正确使用量具	好　□	一般 □	差 □
	设备保养	好　□	一般 □	差 □
	关机后机床停放位置合理	合理 □		不合理 □
	发生重大安全事故、严重违反操作规程者,取消成绩	（事故状态）：		
	备注			

规范操作	开机前的检查和开机顺序正确	检查 □		未检查 □
	正确回参考点	回参考点 □		未回参考点 □
	工件装夹规范	规范 □		不规范 □
	刀具安装规范	规范 □		不规范 □
	正确对刀,建立工件坐标系	正确 □		不正确 □
	正确设定换刀点	正确 □		不正确 □
	正确校验加工程序	正确 □		不正确 □
	正确设置参数	正确 □		不正确 □
	自动加工过程中,不得开防护门	未开 □	开 □	次数 □
	备注			
时间	开始时间:	结束时间:		

2. 零件加工考核评价

填写表 2-13。

表 2-13 外轮廓加工考核评分表

检测项目		技术要求	配分	评分标准	检测结果	得分
机床操作	1	按步骤开机、检查、润滑	2	不正确无分		
	2	回机床参考点	2	不正确无分		
	3	按程序格式输入程序,检查及修改	2	不正确无分		
	4	程序轨迹检查	2	不正确无分		
	5	工具、夹具、刀具的正确安装	4	不正确无分		
	6	按指定方式对刀	4	不正确无分		
	7	检查对刀	4	不正确无分		
外圆	8	$\phi 34_{-0.1}^{0}$ $Ra1.6$	8/4	超差 0.01 扣 4 分、降级无分		
	9	$\phi 26_{-0.084}^{0}$ $Ra3.2$	8/4	超差 0.01 扣 4 分、降级无分		
	10	$\phi 32_{-0.1}^{0}$ $Ra3.2$	8/4	超差 0.01 扣 4 分、降级无分		
	11	$\phi 20_{-0.084}^{0}$ $Ra1.6$	8/4	超差 0.01 扣 4 分、降级无分		
长度	12	46 ± 0.08	4	超差无分		
	13	39	4	超差无分		
	14	31	4	超差无分		
	15	16	4	超差无分		
其他	16	45°	4	不符无分		
	17	$1.5 \times 45°$	4	不符无分		
	18	$1 \times 45°$	4	不符无分		
	19	未注倒角	2	不符无分		
	20	安全操作规程	2	违反扣总分 10 分/次		

3. 任务学习自我评价

填写任务学习自我评价表,见表 2-14。

表 2-14 外轮廓加工任务学习自我评价表

任务名称		实施地点		实施时间	
学生班级		学生姓名		指导教师	
评 价 项 目		评 价 结 果			

评价项目大类	评价项目	评价结果
任务实施前的准备过程评价	任务实施所需的工具、量具、刀具是否准备齐全	1. 准备齐全 ☐ 2. 基本齐全 ☐ 3. 所缺较多 ☐
	任务实施所需材料是否准备妥当	1. 准备妥当 ☐ 2. 基本妥当 ☐ 3. 材料未准备 ☐
	任务实施所用的设备是否准备完善	1. 准备完善 ☐ 2. 基本完善 ☐ 3. 没有准备 ☐
	任务实施的目标是否清楚	1. 清楚 ☐ 2. 基本清楚 ☐ 3. 不清楚 ☐
	任务实施的工艺要点是否掌握	1. 掌握 ☐ 2. 基本掌握 ☐ 3. 未掌握 ☐
	任务实施的时间是否进行了合理分配	1. 已进行合理分配 ☐ 2. 已进行分配,但不是最佳 ☐ 3. 未进行分配 ☐
任务实施中的过程评价	每把刀的平均对刀时间为多少 你认为中间最难对的是哪把刀	1. 2～5 分钟 ☐　　最难对的刀是: 2. 5～10 分钟 ☐ 3. 10 分钟以上 ☐
	实际加工中切削参数是否有改动? 改动情况怎样? 效果如何	1. 无改动 ☐ 2. 有改动 ☐ 所改切削参数: 切削效果:
	各件的加工时间与工序要求相差多少	件一　　　　　　件二 1. 正常 ☐　　1. 正常 ☐ 2. 快　分钟　　2. 快　分钟 3. 慢　分钟　　3. 慢　分钟

任务名称			实施地点		实施时间	
学生班级			学生姓名		指导教师	
评 价 项 目			评 价 结 果			
任务实施中的过程评价	加工过程中是否有因主观原因造成失误的情况,具体是什么		1. 没有			☐
			2. 有			☐
			具体原因:			
	加工过程中是否有因客观原因造成失误的情况,具体是什么		1. 没有			☐
			2. 有			☐
			具体原因:			
	在加工过程中是否遇到困难,怎么解决的		1. 没有困难,顺利完成			☐
			2. 有困难,已解决 具体内容: 解决方案:			☐
			3. 有困难,未解决 具体内容:			☐
	在加工过程中是否重新调整了加工工艺,原因是什么,如何进行的调整,结果如何		1. 没有调整,按工序卡加工			☐
			2. 有调整 调整原因: 调整方案:			☐
	刀具的使用情况如何?		1. 正常			☐
			2. 有撞刀情况,刀片损毁,进行了更换			☐
			3. 有撞刀情况,刀具损毁,进行了更换			☐
	设备使用情况如何		1. 使用正确,无违规操作			☐
			2. 使用不当,有违规操作 违规内容:			☐
			3. 使用不当,有严重违规操作 违规内容:			☐
任务完成后的评价	任务的完成情况如何		1. 按时完成	1. 质量好		☐
				2. 质量中		☐
				3. 质量差		☐
			2. 提前完成	1. 质量好		☐
				2. 质量中		☐
				3. 质量差		☐
			3. 滞后完成	1. 质量好		☐
				2. 质量中		☐
				3. 质量差		☐

任务名称		实施地点		实施时间	
学生班级		学生姓名		指导教师	
评价项目		评价结果			
任务完成后的评价	是否进行了自我检测	1. 是,详细检测			☐
		2. 是,一般检测			☐
		3. 否,没有检测			☐
	是否对所使用的工、量、刃具进行了保养	1. 是,保养到位			☐
		2. 有保养,但未到位			☐
		3. 未进行保养			☐
	是否进行了设备的保养	1. 是,保养到位			☐
		2. 有保养,但未到位			☐
		3. 未进行保养			☐
总结评价	针对本任务自我的一个总体评价	总体自我评价:			
加工质量分析	针对本任务形成超差分析	原因:			

八、知识巩固与提高

1. 使用轮廓倒角简化程序编制。
2. 实际加工时如何设定刀具补偿?

任务六　外圆弧轮廓的程序编制及加工技术训练

一、任务目标

知识目标

1. 通过分析图纸能正确选择零件的编程零点,编制加工工艺;
2. 会对零件图进行工艺分析,进行刀具、工艺参数的选择与确定;
3. 能够正确设定刀具补偿。

技能目标

1. 会正确操作机床;
2. 会使用圆弧加工指令 G02/G03,并能保证零件的尺寸;
3. 能正确根据圆弧选择加工刀具。

二、学习任务

本任务是对图 2-24 所示外圆弧轮廓工件进行编程与加工。

三、任务分析

本任务重点是学习外圆弧轮廓的加工,此类轮廓所用加工指令简单,又是单头加工,针对中、高职学生初学者来说,工艺、程序、操作较为简单,学习本任务的难点在于正确地判断圆弧的加工方向,为以后综合加工打下基础。

四、任务准备

1. 机床及夹具

同本篇任务五,详见表 2-7。

2. 毛坯材料

外圆弧轮廓加工备料建议清单见表 2-15。

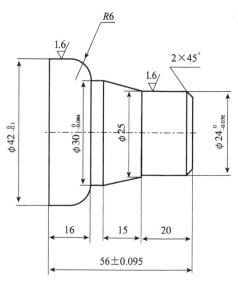

图 2-24　外圆弧轮廓加工图例

表 2-15　外圆弧轮廓加工备料建议清单

序号	材料	规格/mm	数量
1	45 钢	$\phi45$	1

注:根据零件加工的需要,备料可让学生自行完成。

3. 工、量、刃具

数控车床工、量、刃具建议清单同本篇任务五,详见表 2-9。

五、任务实施过程

1. 图样分析

① 该零件不需要掉头加工;

② 需要加工的表面为回转体外轮廓表面;

③ 该零件的表面精度要求不高;

④ 该零件里包含了直线、圆弧加工轮廓;

2. 加工工艺分析

(1) 确定工艺路线

工艺路线:车右端面—车圆柱面和圆弧面—切断。

① 装夹零件毛坯,毛坯为 $\phi45$mm 的棒料,伸出卡盘长度 75mm;

② 车端面;

③ 车零件外形轮廓到尺寸要求;

④ 切断零件,总长余量 0.5mm 左右;

⑤ 掉头加工零件总长至尺寸要求。

(2) 装夹工件

用三爪卡盘装夹工件,保证伸出长度 75mm。

(3) 选择刀具

根据图 2-24 选择刀具,见表 2-16。

表 2-16　外圆弧轮廓加工刀具卡

序号	刀具编号	刀具名称	刀片材料	备注
1	T01	外圆车刀	硬质合金	90°
2	T03	切断刀	硬质合金	刀宽 4mm

3. 设定工件坐标系

选取工件的右端面与轴心线的交点为工件坐标系原点。

4. 零件程序编制

① 粗车和精车使用同一个加工程序,通过调整刀具偏置(即刀具长度补偿)值实现粗加工、半精加工和精加工。刀具加工参数及刀具补偿同本篇任务五完全一样,详见表 2-11。

② 参考程序。

O0001

N10　M03　S500　T0101;(设定主轴转速,选用 1 号外圆车刀)

N20　G00　X16　Z2;

N30　G01　X24　Z- 2　F0.15;　　(倒角)

N40　　　　　　　Z- 20;(车 ϕ24 外圆)

N50　　　　X25;

N60　　　　X30　Z- 35;　　　(加工圆锥面)

N70　　　　　　Z- 40;　　　(车 ϕ30 外圆)

N80　G03　X42　Z- 46　R6;　(车 R6 圆弧)

N90　G01　Z- 60;　　　(车 ϕ42 外圆)

N100　G00　X60;　　　　(退刀)

　　　　　　Z60;

N110　M05;　　　(主轴停转)

N120　M30;　　　(程序结束)

5. 仿真加工

利用模拟仿真软件调试程序。
校验程序的准确性。

六、机床操作加工

操作步骤如下：

① 加工前机床检查；

② 工件装夹；

③ 对刀；

④ 输入程序,设置参数。

知识链接

圆弧插补指令 G02/G03 使刀具相对工件以指定的速度从当前点(起始点)向终点进行圆弧插补,指令格式如下：

G02/G03 X(U)＿＿ Z(W)＿＿ R ＿＿ F ＿＿

G02/G03 X(U)＿＿ Z(W)＿＿ I ＿＿ K ＿＿ F ＿＿

（1）指令格式说明

指令格式说明见表2-17。

表 2-17　G02/G03 指令格式说明

指 定 内 容	命 令	意 义
回转方向	G02	顺时针转 CW
	G03	反时针转 CCW
绝对值	X,Z	零件坐标系中的终点位置
终点位置(相对值)	U,W	从始点到终点的距离
圆心坐标	I,K	圆心相对起点的增量坐标
圆弧半径	R	圆弧半径(半径指定)
进给速度	F	沿圆弧加工的进给速度

对表2-17说明如下：

① I,K：圆弧中心用地址 I,K 指定。它们分别对应于 X,Z 轴。但 I,K 后面的数值是从圆弧始点到圆心的矢量分量,是增量值,I,K 根据方向带有符号。圆心坐标示意图如图 2-25 所示。

② 半径 R：圆弧中心除用 I,K 指定外,还可以用半径 R 来指定。用半 R 指定的指令格式如下：G02/G03 X ＿＿ Z ＿＿ R ＿＿ F ＿＿；此时可画出图 2-26 所示两个圆弧,大于 180°的圆弧和小于 180°的圆弧。小于或者等于 180°的圆弧 R 取正值,反之取负值。

（2）圆弧顺逆时针的判别方法

所谓顺时针(或反时针)是指在右手直角坐标系中,对于 ZX 平面,从 Z 轴的正方向往负方向看而言,结果如图 2-27 和图 2-28 所示。

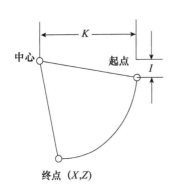

图 2-25 圆心坐标示意

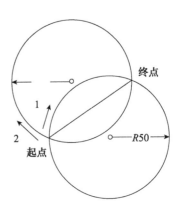

图 2-26 圆弧半径正负判断

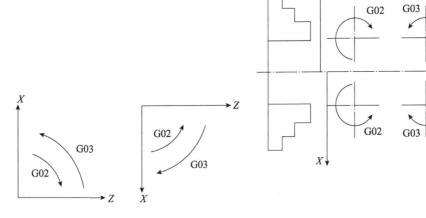

图 2-27 右手坐标系

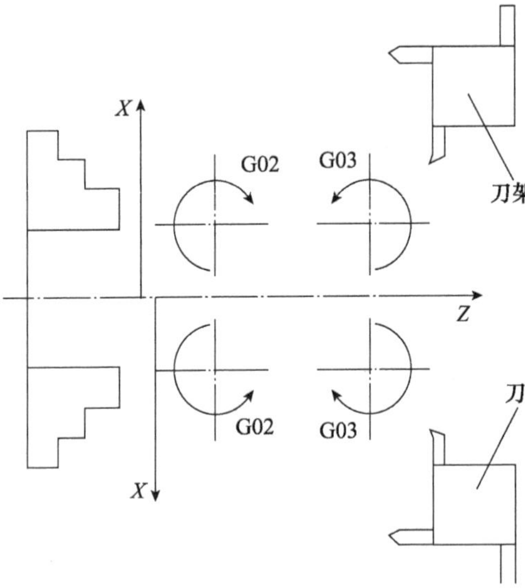

图 2-28 前置刀架与后置刀架车床圆弧方向

七、任务评价

1. 操作现场评价

填写表 2-18。

表 2-18 外圆弧轮廓加工现场记录表

学生姓名：＿＿＿＿＿＿＿＿＿＿　　　学生学号：＿＿＿＿＿＿＿＿＿＿

学生班级：＿＿＿＿＿＿＿＿＿＿　　　工件编号：＿＿＿＿＿＿＿＿＿＿

安全、文明生产	安全规范	好 □	一般 □	差 □
	刀具、工具、量具的放置合理	合理 □		不合理 □
	正确使用量具	好 □	一般 □	差 □
	设备保养	好 □	一般 □	差 □
	关机后机床停放位置合理	合理 □		不合理 □
	发生重大安全事故、严重违反操作规程者,取消成绩	(事故状态)：		
	备注			

规范操作	开机前的检查和开机顺序正确	检查 □	未检查 □
	正确回参考点	回参考点 □	未回参考点 □
	工件装夹规范	规范 □	不规范 □
	刀具安装规范	规范 □	不规范 □
	正确对刀,建立工件坐标系	正确 □	不正确 □
	正确设定换刀点	正确 □	不正确 □
	正确校验加工程序	正确 □	不正确 □
	正确设置参数	正确 □	不正确 □
	自动加工过程中,不得开防护门	未开 □ 开 □	次数 □
	备注		
时间	开始时间:	结束时间:	

2. 零件加工考核评价

填写表 2-19。

表 2-19 外圆弧轮廓加工考核评分表

检测项目		技术要求	配分	评分标准	检测结果	得分
机床操作	1	按步骤开机、检查、润滑	2	不正确无分		
	2	回机床参考点	2	不正确无分		
	3	按程序格式输入程序,检查及修改	2	不正确无分		
	4	程序轨迹检查	2	不正确无分		
	5	工具、夹具、刀具的正确安装	4	不正确无分		
	6	按指定方式对刀	4	不正确无分		
	7	检查对刀	4	不正确无分		
外圆	8	$\phi 42_{-0.1}^{0}$ $Ra1.6$	8/5	超差 0.01 扣 4 分、降级无分		
	9	$\phi 30_{-0.084}^{0}$ $Ra3.2$	8/5	超差 0.01 扣 4 分、降级无分		
	10	$\phi 25$ $Ra3.2$	8/4	超差扣分、降级无分		
	11	$\phi 24_{-0.052}^{0}$ $Ra1.6$	8/4	超差 0.01 扣 4 分、降级无分		
圆弧	12	$R6$ $Ra3.2$	4	超差扣分、降级无分		
长度	13	56 ± 0.095 两侧 $Ra3.2$	4	超差、降级无分		
	14	20	4	超差无分		
	15	16	4	超差无分		
	16	15	4	超差无分		
其他	17	$2\times45°$	4	不符无分		
	18	未注倒角	4	不符无分		
	19	安全操作规程	2	违反扣总分 10 分/次		

3. 任务学习自我评价

填写任务学习自我评价表,见表 2-20。

表 2-20　外圆弧轮廓加工任务学习自评价表

任务名称		实施地点		实施时间	
学生班级		学生姓名		指导教师	

评 价 项 目		评 价 结 果			
任务实施前的准备过程评价	任务实施所需的工具、量具、刀具是否准备齐全	1. 准备齐全			☐
		2. 基本齐全			☐
		3. 所缺较多			☐
	任务实施所需材料是否准备妥当	1. 准备妥当			☐
		2. 基本妥当			☐
		3. 材料未准备			☐
	任务实施所用的设备是否准备完善	1. 准备完善			☐
		2. 基本完善			☐
		3. 没有准备			☐
	任务实施的目标是否清楚	1. 清楚			☐
		2. 基本清楚			☐
		3. 不清楚			☐
	任务实施的工艺要点是否掌握	1. 掌握			☐
		2. 基本掌握			☐
		3. 未掌握			☐
	任务实施的时间是否进行了合理分配	1. 已进行合理分配			☐
		2. 已进行分配,但不是最佳			☐
		3. 未进行分配			☐
任务实施中的过程评价	每把刀的平均对刀时间为多少? 你认为中间最难对的是哪把刀	1.2~5 分钟 ☐		最难对的刀是:	
		2.5~10 分钟 ☐			
		3.10 分钟以上 ☐			
	实际加工中切削参数是否有改动? 改动情况怎样?效果如何	1. 无改动			☐
		2. 有改动			☐
		所改切削参数: 切削效果:			
	各件的加工时间与工序要求相差多少	件一		件二	
		1. 正常 ☐		1. 正常	☐
		2. 快　　　　分钟		2. 快	分钟
		3. 慢　　　　分钟		3. 慢	分钟
	加工过程中是否有因主观原因造成失误的情况,具体是什么	1. 没有			☐
		2. 有			☐
		具体原因:			

任务名称		实施地点		实施时间	
学生班级		学生姓名		指导教师	
评 价 项 目			评 价 结 果		
任务实施中的过程评价	加工过程中是否有因客观原因造成失误的情况,具体是什么	1. 没有			☐
		2. 有			☐
		具体原因:			
	在加工过程中是否遇到困难,怎么解决的	1. 没有困难,顺利完成			☐
		2. 有困难,已解决 具体内容: 解决方案:			☐
		3. 有困难,未解决 具体内容:			☐
	在加工过程中是否重新调整了加工工艺,原因是什么,如何进行的调整,结果如何	1. 没有调整,按工序卡加工			☐
		2. 有调整 调整原因: 调整方案:			☐
	刀具的使用情况如何	1. 正常			☐
		2. 有撞刀情况,刀片损毁,进行了更换			☐
		3. 有撞刀情况,刀具损毁,进行了更换			☐
	设备使用情况如何	1. 使用正确,无违规操作			☐
		2. 使用不当,有违规操作 违规内容:			☐
		3. 使用不当,有严重违规操作 ☐ 违规内容:			
任务完成后的评价	任务的完成情况如何	1. 按时完成	1. 质量好		☐
			2. 质量中		☐
			3. 质量差		☐
		2. 提前完成	1. 质量好		☐
			2. 质量中		☐
			3. 质量差		☐
		3. 滞后完成	1. 质量好		☐
			2. 质量中		☐
			3. 质量差		☐

任务名称		实施地点		实施时间	
学生班级		学生姓名		指导教师	
评价项目			评 价 结 果		
任务完成后的评价	是否进行了自我检测		1. 是,详细检测		☐
			2. 是,一般检测		☐
			3. 否,没有检测		☐
	是否对所使用的工、量、刃具进行了保养		1. 是,保养到位		☐
			2. 有保养,但未到位		☐
			3. 未进行保养		☐
	是否进行了设备的保养		1. 是,保养到位		☐
			2. 有保养,但未到位		☐
			3. 未进行保养		☐
总结评价	针对本任务自我的一个总体评价		总体自我评价:		
加工质量分析	针对本任务形成超差分析		原因:		

八、知识巩固与提高

1. 如何使用轮廓倒圆角简化程序编制?

2. 实际加工时如何设定刀具半径补偿?

3. 尖刀在什么情况下使用?

任务七　简单循环指令的应用及加工技术训练

一、任务目标

知识目标

1. 能熟练的运用简单循环指令;

2. 能正确分析零件图,并编制加工工艺;

3. 会对零件图进行工艺分析,进行刀具、工艺参数的选择与确定。

技能目标

1. 会正确操作机床;

2. 会用固定循环指令 G90 对图纸进行程序编制,并能保证零件加工后的尺寸。

二、学习任务

本任务是对图 2-29 所示零件进行编程及加工。

三、任务分析

本任务重点是掌握单一循环指令 G90 的功能及其应用。对于学习者来说,这样的循环

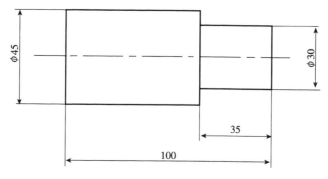

图 2-29　单一循环指令加工图例

功能可免去许多复杂的计算,并使程序简化。本任务的工艺、程序、操作较为简单,学习本任务后移为复合循环指令的学习打下一定的基础。

四、任务准备

1. 机床及夹具

本任务的机床、附件配置情况同本篇任务五,详见表 2-7。

2. 毛坯材料

本任务的备料建议清单见表 2-19。

表 2-19　任务七的备料建议清单

序号	材料	规格/mm	数量
1	45 钢	ϕ50	1

注:根据零件加工的需要,备料可让学生自行完成。

3. 工、量、刃具

本任务的数控车床工、量、刃同本篇任务五,详见表 2-9。

五、任务实施过程

1. 图样分析

① 零件轮廓简单;

② 需要加工的表面为回转体外轮廓表面;

③ 该零件的表面精度要求不高。

2. 加工工艺分析

(1) 确定工艺路线

工艺路线车右端面——车圆柱面——切断。

① 装夹零件毛坯,毛坯为 ϕ45mm 的棒料,伸出卡盘长度 110mm;

② 车端面;

③ 车零件外形轮廓到尺寸要求;

④ 切断零件,总长余量 0.5mm 左右;

⑤ 掉头加工零件总长至尺寸要求。

（2）装夹工件

用三爪卡盘装夹工件,保证伸出长度 110mm。

（3）选择刀具

根据图 2-29 选择刀具,同本篇任务六,详见表 2-16。

3. 设定工件坐标系

选取工件的右端面与轴心线的交点为工件坐标系原点。

4. 零件程序编制

① 刀具加工参数及刀具补偿同本篇任务五,见表 2-11。

② 参考程序。

O0001;

N10   M03   S800   T0101;

N20   G00   X52   Z2;

N20   G90   X48   Z- 100 F0.2;（外圆循环）

N30   X46;

N40   X45;

N50   G00   X48;

N60   Z2;

N70   G90   X41   Z- 35 F0.2;（外圆循环）

N80   X37;

N90   X33;

N100   X30;

N110   G00   X80;

N120   Z80;

N130   M05;

N140   M30;

5. 仿真加工

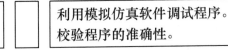

利用模拟仿真软件调试程序。
校验程序的准确性。

六、机床操作加工

操作步骤如下:

① 加工前机床检查;

② 工件装夹;

③ 对刀;

④ 输入程序,设置参数。

1. 单一循环指令

(1)圆柱面切削循环

指令格式:G90 X(U)___ Z(W)___ F ___;

走刀路线如图 2-30 所示。

(2)圆锥面切削循环

指令格式:G90 X(U)___ Z(W)___ I ___ F ___;

走刀路线如图 2-31 所示,I 为锥体起点与终点半径之差。

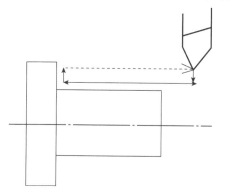

图 2-30　圆柱面切削循环路径

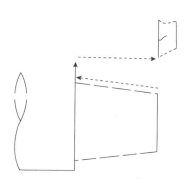

图 2-31　圆锥面切削循环路径

七、任务评价

1. 操作现场评价

填写表 2-22。

表 2-22　任务七现场记录表

学生姓名:_____　　学生学号:_____

学生班级:_____　　工件编号:_____

安全、文明生产	安全规范	好 □	一般 □	差 □
	刀具、工具、量具的放置合理	合理 □	不合理 □	
	正确使用量具	好 □	一般 □	差 □
	设备保养	好 □	一般 □	差 □
	关机后机床停放位置合理	合理 □	不合理 □	
	发生重大安全事故、严重违反操作规程者,取消成绩	(事故状态):		
	备注			

规范操作	开机前的检查和开机顺序正确	检查 ☐		未检查 ☐
	正确回参考点	回参考点 ☐		未回参考点 ☐
	工件装夹规范	规范 ☐		不规范 ☐
	刀具安装规范	规范 ☐		不规范 ☐
	正确对刀,建立工件坐标系	正确 ☐		不正确 ☐
	正确设定换刀点	正确 ☐		不正确 ☐
	正确校验加工程序	正确 ☐		不正确 ☐
	正确设置参数	正确 ☐		不正确 ☐
	自动加工过程中,不得开防护门	未开 ☐	开 ☐	次数 ☐
	备注			
时间	开始时间:	结束时间:		

2. 零件加工考核评价

填写表 2-23。

表 2-23 任务七零件加工考核评分表

检测项目		技术要求	配分	评分标准	检测结果	得分
机床操作	1	按步骤开机、检查、润滑	2	不正确无分		
	2	回机床参考点	2	不正确无分		
	3	按程序格式输入程序,检查及修改	2	不正确无分		
	4	程序轨迹检查	4	不正确无分		
	5	工具、夹具、刀具的正确安装	4	不正确无分		
	6	按指定方式对刀	6	不正确无分		
	7	检查对刀	6	不正确无分		
	8	$\phi30$ $Ra3.2$	10/8	超差扣分、降级无分		
	9	$\phi45$ $Ra3.2$	10/8	超差扣分、降级无分		
长度	10	100 两侧 $Ra3.2$	10/8	超差、降级无分		
	11	35	8	超差无分		
其他	12	$2\times45°$	8	不符无分		
	13	未注倒角	2	不符无分		
	14	安全操作规程	2	违反扣总分 10 分/次		

3. 任务学习自我评价

任务学习自我评价表,见表 2-24。

表 2-24　任务七的任务学习自我评价表

任务名称		实施地点		实施时间	
学生班级		学生姓名		指导教师	

评 价 项 目		评 价 结 果		
任务实施前的准备过程评价	任务实施所需的工具、量具、刀具是否准备齐全	1. 准备齐全		☐
		2. 基本齐全		☐
		3. 所缺较多		☐
	任务实施所需材料是否准备妥当	1. 准备妥当		☐
		2. 基本妥当		☐
		3. 材料未准备		☐
	任务实施所用的设备是否准备完善	1. 准备完善		☐
		2. 基本完善		☐
		3. 没有准备		☐
	任务实施的目标是否清楚	1. 清楚		☐
		2. 基本清楚		☐
		3. 不清楚		☐
	任务实施的工艺要点是否掌握	1. 掌握		☐
		2. 基本掌握		☐
		3. 未掌握		☐
	任务实施的时间是否进行了合理分配	1. 已进行合理分配		☐
		2. 已进行分配,但不是最佳		☐
		3. 未进行分配		☐
任务实施中的过程评价	每把刀的平均对刀时间为多少?你认为中间最难对的是哪把刀	1.2～5 分钟　　☐	最难对的刀是:	
		2.5～10 分钟　　☐		
		3.10 分钟以上　☐		
	实际加工中切削参数是否有改动?改动情况怎样? 效果如何	1. 无改动		☐
		2. 有改动		☐
		所改切削参数:		
		切削效果:		
	各件的加工时间与工序要求相差多少	件一	件二	
		1. 正常　　☐	1. 正常　　☐	
		2. 快　　分钟	2. 快　　分钟	
		3. 慢　　分钟	3. 慢　　分钟	
	加工过程中是否有因主观原因造成失误的情况,具体是什么	1. 没有		☐
		2. 有		☐
		具体原因:		

任务名称			实施地点		实施时间	
学生班级			学生姓名		指导教师	
评价项目			评价结果			

	评价项目	评价结果	
任务实施中的过程评价	加工过程中是否有因客观原因造成失误的情况,具体是什么	1. 没有	☐
		2. 有	☐
		具体原因:	
	在加工过程中是否遇到困难,怎么解决的	1. 没有困难,顺利完成	☐
		2. 有困难,已解决　具体内容:　解决方案:	☐
		3. 有困难,未解决　具体内容:	☐
	在加工过程中是否重新调整了加工工艺,原因是什么,如何进行的调整,结果如何	1. 没有调整,按工序卡加工	☐
		2. 有调整　调整原因:　调整方案:	☐
	刀具的使用情况如何	1. 正常	☐
		2. 有撞刀情况,刀片损毁,进行了更换 ☐	
		3. 有撞刀情况,刀具损毁,进行了更换 ☐	
	设备使用情况如何	1. 使用正确,无违规操作	☐
		2. 使用不当,有违规操作　违规内容:	☐
		3. 使用不当,有严重违规操作 ☐　违规内容:	
任务完成后的评价	任务的完成情况如何	1. 按时完成	1. 质量好 ☐
			2. 质量中 ☐
			3. 质量差 ☐
		2. 提前完成	1. 质量好 ☐
			2. 质量中 ☐
			3. 质量差 ☐
		3. 滞后完成	1. 质量好 ☐
			2. 质量中 ☐
			3. 质量差 ☐

任务名称			实施地点		实施时间	
学生班级			学生姓名		指导教师	
评 价 项 目			评 价 结 果			
任务完成后的评价	是否进行了自我检测		1. 是,详细检测			☐
			2. 是,一般检测			☐
			3. 否,没有检测			☐
	是否对所使用的工、量、刃具进行了保养		1. 是,保养到位			☐
			2. 有保养,但未到位			☐
			3. 未进行保养			☐
	是否进行了设备的保养		1. 是,保养到位			☐
			2. 有保养,但未到位			☐
			3. 未进行保养			☐
总结评价	针对本任务自我的一个总体评价		总体自我评价:			
加工质量分析	针对本任务形成超差分析		原因:			

八、知识巩固与提高

如何运用 G90 进行圆锥面切削循环编程?

任务八　复合循环指令的应用及加工技术训练

一、任务目标

📖 知识目标

1. 能熟练的运用复合循环指令;

2. 能正确分析零件图,并编制加工工艺;

3. 会对零件图进行工艺分析,进行刀具、工艺参数的选择与确定。

技能目标

1. 会正确操作机床;

2. 能灵活运用复合循环指令 G71 或 G73 以及精加工循环指令 G70;

3. 按图纸进行程序编制,并能保证零件加工后的尺寸。

二、学习任务

本任务是对图 2-32 所示零件进行编程与加工。

三、任务分析

本任务重点是掌握复合循环指令的应用。对于学习者来说，使用循环功能既可免去许多复杂的计算，并使程序简化，也是综合加工时重要的运用。本任务的工艺、程序、操作较为简单，本任务的学习是综合加工技术的重要组成部分。

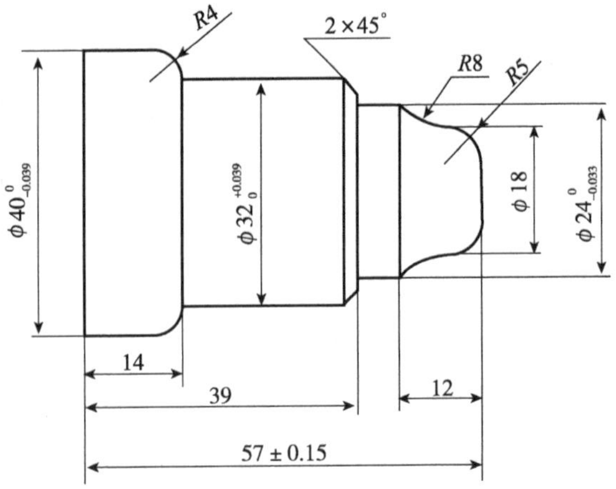

图 2-32　复合循环指令加工图例

四、任务准备

1. 机床及夹具

本任务的机床、附件配置同本篇任务五，详见表 2-7。

2. 毛坯材料

本任务的备料建议清单见表 2-25。

表 2-25　任务八的备料建议清单

序号	材料	规格/mm	数量
1	45 钢	$\phi 45$	1

注：根据零件加工的需要，备料可让学生自行完成。

3. 工、量、刃具

本任务的数控车床工、量、刃具同本篇任务五，详见表 2-9。

五、任务实施过程

1. 图样分析

① 零件轮廓简单；

② 需要加工的表面轮廓为圆弧面和圆柱面；

③ 该零件尺寸要求较高，表面精度也要求较高。

2. 加工工艺分析

(1) 确定工艺路线

工艺路线：车右端面—车圆弧面和圆柱面—切断。

① 装夹零件毛坯，毛坯为 $\phi 45mm$ 的棒料，伸出卡盘长度 65mm；

② 车端面；

③ 车零件外形轮廓到尺寸要求；

④ 切断零件，总长余量 0.5mm 左右；

⑤ 掉头加工零件总长至尺寸要求。

(2) 装夹工件

用三爪卡盘装夹工件，保证伸出长度 65mm。

（4）选择刀具

根据图 2-32 选择刀具，同本篇任务六，详见表 2-16。

3. 设定工件坐标系

选取工件的右端面与轴心线的交点为工件坐标系原点。

4. 零件程序编制

① 刀具加工参数及刀具补偿同本篇任务五，详见表 2-9。

② 参考程序。

```
O0001
N10   M03   S500   T0101;
N20   G00   X45 Z2;
N30   G71   U1.5   R0.8;
N40   G71   P50   Q180   U0.5   W0.5   F0.25;
N50   G00   X0;
N60   G01        Z0   F0.15;
N70        X8;
N80   G03   X18   Z-5   R5;
N90   G01        Z-5.76;
N100  G02   X24   Z-12   R8;
N110  G01        Z-18;
N120        X28;
N130        X32   Z-20;
N140             Z-43 ;
N150  G03   X42   Z-47   R4;
N160  G01   Z-62;
N170  G00   X60 ;
N180        Z60 ;
N190  T0202;
N200  G70   P50   Q180   S800;
N210  G00   X60 ;
N220        Z60 ;
N230  M05;
N240  M30;
```

5. 仿真加工

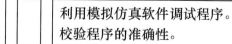

利用模拟仿真软件调试程序。
校验程序的准确性。

六、机床操作加工

操作步骤如下：

① 加工前机床检查；

② 工件装夹；

③ 对刀；

④ 输入程序，设置参数。

**知识链接**

下面介绍复合循环指令。

（1）内外径车削循环指令 G71/G70

如图 2-33 所示，在程序中，给出 A—A'—B 之间的精加工形状，留出 $\Delta U/2$，ΔW 精加工余量，用 ΔD 表示每次的切削深量。

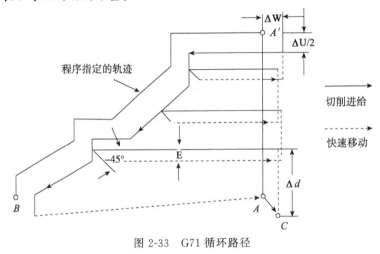

图 2-33 G71 循环路径

内外径粗车循环指令 G71 格式：

G71 U(ΔD) R(E)；

G71 P(NS) Q(NF) U(ΔU) W(ΔW) F(F) S(S) T(T)；

格式说明：

① ΔD——切深，无符号。切入方向由 AA' 方向决定（半径指定）。该指定是模态的，一直到下个指定以前均有效。

② E——退刀量。是模态值，在下次指定前均有效。

③ NS——精加工程序段群的第一个程序段的顺序号。

④ NF——精加工程序段群的最后一个程序段的顺序号。

⑤ ΔU——X 轴方向精加工余量的距离及方向（直径/半径指定）。外径车削为正值，内径车削为负值。

⑥ ΔW——Z 轴方向精加工余量的距离及方向。

⑦ F,S,T——在 G71 循环中,顺序号 NS~NF 之间程序段中的 F,S,T 功能都无效,全部忽略,仅在有 G71 指令的程序段中,F,S,T 是有效的。

（2）精车循环指令 G70 格式

指令格式:G70 P(NS) Q(NF);

走刀路线同图 2-33 所示。

（3）封闭循环指令 G73

利用该循环指令,可以按同一轨迹重复切削,每次切削刀具向前移动一次,因此对于锻造等粗加工已初步形成的毛坯,可以高效率地加工。

G73 指令格式:

G73 U(ΔI)W(ΔK) R(D);

G73 P(NS) Q(NF) U(ΔU) W(ΔW) F(F) S(S) T(T);

格式说明:

① I——X 轴方向退刀的距离及方向(半径指定)。这个指定值是模态的,一直到下次指定前均有效。

② ΔK——Z 轴方向退刀距离及方向。这个指定是模态的,一直到下次指定之前均有效。

③ D——分割次数,等于粗车次数。该指定是模态的,直到下次指定前均有效。

④ NS——构成精加工的程序段群的第一个程序段的顺序号。

⑤ NF——构成精加工的程序段群的最后一个程序段的顺序号。

⑥ ΔU——X 轴方向的精加工余量(直径/半径指定)。

⑦ ΔW——Z 轴方向的精加工余量。

⑧ F,S,T——在 NS~NF 间任何一个程序段上的 F,S,T 功能均无效,仅在 G73 中指定的 F,S,T 功能有效。

走刀路线如图 12-34 所示。

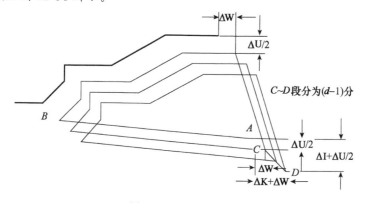

图 2-34 G73 循环路径

七、任务评价

1. 操作现场评价
填写表 2-26。

表 2-26 任务八的现场记录表

学生姓名：_____   学生学号：_____

学生班级：_____   工件编号：_____

安全、文明生产	安全规范	好 ☐		一般 ☐	差 ☐
	刀具、工具、量具的放置合理	合理 ☐			不合理 ☐
	正确使用量具	好 ☐	一般 ☐		差 ☐
	设备保养	好 ☐	一般 ☐		差 ☐
	关机后机床停放位置合理	合理 ☐			不合理 ☐
	发生重大安全事故、严重违反操作规程者,取消成绩	(事故状态):			
	备注				
规范操作	开机前的检查和开机顺序正确	检查 ☐			未检查 ☐
	正确回参考点	回参考点 ☐			未回参考点 ☐
	工件装夹规范	规范 ☐			不规范 ☐
	刀具安装规范	规范 ☐			不规范 ☐
	正确对刀,建立工件坐标系	正确 ☐			不正确 ☐
	正确设定换刀点	正确 ☐			不正确 ☐
	正确校验加工程序	正确 ☐			不正确 ☐
	正确设置参数	正确 ☐			不正确 ☐
	自动加工过程中,不得开防护门	未开 ☐	开 ☐	次数 ☐	
	备注				
时间	开始时间:		结束时间:		

2. 零件加工考核评价

填写表 2-27。

表 2-27 任务八的零件加工考核评分表

检测项目		技术要求	配分	评分标准	检测结果	得分
外圆	1	$\phi 42_{-0.039}^{0}$ $Ra1.6$	8/5	超差 0.01 扣 5 分、降级无分		
	2	$\phi 32_{0}^{+0.039}$ $Ra1.6$	8/5	超差扣分、降级无分		
	3	$\phi 24_{-0.033}^{0}$ $Ra1.6$	8/5	超差 0.01 扣 5 分、降级无分		
圆弧	4	$R8$ $Ra3.2$	8/5	超差、降级无分		
	5	$R4$ $Ra3.2$	8/5	超差、降级无分		
长度	6	12	5	超差无分		
	7	19	5	超差 0.01 扣 4 分		
	8	20	5	降级无分、不符无分		

检测项目		技术要求	配分	评分标准	检测结果	得分
机床操作	9	按步骤开机、检查、润滑	2	不正确无分		
	10	回机床参考点	2	不正确无分		
	11	按程序格式输入程序,检查及修改	2	不正确无分		
	12	程序轨迹检查	2	不正确无分		
	13	工具、夹具、刀具的正确安装	2	不正确无分		
	14	按指定方式对刀	2	不正确无分		
	15	检查对刀	2	不正确无分		
其他	16	2×45°	2	不符无分		
	17	未注倒角	2	不符无分		
	18	安全操作规程	2	违反扣总分10分/次		

3. 任务学习自我评价

任务学习自我评价表,见表 2-28。

表 2-28 任务八的任务学习自我评价表

任务名称			实施地点		实施时间	
学生班级			学生姓名		指导教师	
评价项目			评价结果			
任务实施前的准备过程评价	任务实施所需的工具、量具、刀具是否准备齐全		1. 准备齐全			☐
			2. 基本齐全			☐
			3. 所缺较多			☐
	任务实施所需材料是否准备妥当		1. 准备妥当			☐
			2. 基本妥当			☐
			3. 材料未准备			☐
	任务实施所用的设备是否准备完善		1. 准备完善			☐
			2. 基本完善			☐
			3. 没有准备			☐
	任务实施的目标是否清楚		1. 清楚			☐
			2. 基本清楚			☐
			3. 不清楚			☐
	任务实施的工艺要点是否掌握		1. 掌握			☐
			2. 基本掌握			☐
			3. 未掌握			☐
	任务实施的时间是否进行了合理分配		1. 已进行合理分配			☐
			2. 已进行分配,但不是最佳			☐
			3. 未进行分配			☐

任务名称		实施地点		实施时间	
学生班级		学生姓名		指导教师	
评价项目		评价结果			

	评价项目	评价结果			
任务实施中的过程评价	每把刀的平均对刀时间为多少?你认为中间最难对的是哪把刀	1.2～5 分钟 □ 2.5～10 分钟 □ 3.10 分钟以上 □		最难对的刀是:	
	实际加工中切削参数是否有改动?改动情况怎样?效果如何	1. 无改动 □ 2. 有改动 □ 所改切削参数: 切削效果:			
	各件的加工时间与工序要求相差多少?	件一 1. 正常 □ 2. 快 分钟 3. 慢 分钟		件二 1. 正常 □ 2. 快 分钟 3. 慢 分钟	
	加工过程中是否有因主观原因造成失误的情况,具体是什么	1. 没有 □ 2. 有 □ 具体原因:			
	加工过程中是否有因客观原因造成失误的情况,具体是什么	1. 没有 □ 2. 有 □ 具体原因:			
	在加工过程中是否遇到困难,怎么解决的	1. 没有困难,顺利完成 □ 2. 有困难,已解决 □ 　具体内容: 解决方案: 3. 有困难,未解决 □ 　具体内容:			
	在加工过程中是否重新调整了加工工艺,原因是什么,如何进行的调整,结果如何	1. 没有调整,按工序卡加工 □ 2. 有调整 □ 　调整原因: 　调整方案:			
	刀具的使用情况如何	1. 正常 □ 2. 有撞刀情况,刀片损毁,进行了更换 □ 3. 有撞刀情况,刀具损毁,进行了更换 □			

任务名称		实施地点		实施时间	
学生班级		学生姓名		指导教师	
评 价 项 目		评 价 结 果			
任务实施中的过程评价	设备使用情况如何	1. 使用正确,无违规操作			☐
		2. 使用不当,有违规操作 违规内容:			☐
		3. 使用不当,有严重违规操作 违规内容:			☐
任务完成后的评价	任务的完成情况如何	1. 按时完成	1. 质量好		☐
			2. 质量中		☐
			3. 质量差		☐
		2. 提前完成	1. 质量好		☐
			2. 质量中		☐
			3. 质量差		☐
		3. 滞后完成	1. 质量好		☐
			2. 质量中		☐
			3. 质量差		☐
	是否进行了自我检测	1. 是,详细检测			☐
		2. 是,一般检测			☐
		3. 否,没有检测			☐
	是否对所使用的工、量、刃具进行了保养	1. 是,保养到位			☐
		2. 有保养,但未到位			☐
		3. 未进行保养			☐
	是否进行了设备的保养	1. 是,保养到位			☐
		2. 有保养,但未到位			☐
		3. 未进行保养			☐
总结评价	针对本任务自我的一个总体评价	总体自我评价:			
加工质量分析	针对本任务形成超差分析	原因:			

八、知识巩固与提高

试运用 G73 指令编写图 2-32 的加工程序。

任务九　普通螺纹的编程及加工技术训练

一、任务目标

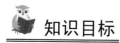

知识目标

1. 能熟练掌握螺纹加工指令,并能区别 G92 与 G76 指令的运用;

2. 能正确地编写切槽加工程序；

3. 能正确分析零件图,并编制加工工艺；

4. 会对零件图进行工艺分析,进行刀具、工艺参数的选择与确定。

技能目标

1. 会正确操作机床；

2. 能灵活运用螺纹加工指令编写加工程序；

3. 能正确对螺纹深度做合理的进刀分配；

4. 按图纸进行程序编制,并能保证零件加工后的尺寸。

二、学习任务

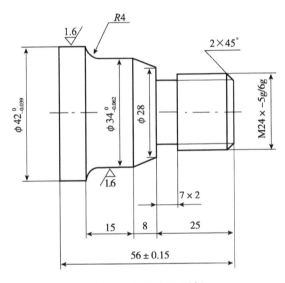

图 2-35 螺纹加工图例

三、任务分析

本任务重点是学习螺纹加工指令。对于学习者来说,需要正确地计算螺纹深度,并能合理分配每刀的进刀深度,所以需要结合一定的实际加工经验。本任务的学习是学习综合加工技术的重要组成部分。

四、任务准备

1. 机床及夹具

同本篇任务五,详见表 2-7。

2. 毛坯材料

螺纹加工的备料建议清单见表 2-29。

表 2-29　备料建议清单

序号	材料	规格/mm	数量
1	45 钢	φ45	1

注：根据零件加工的需要，备料可让学生自行完成。

3. 工、量、刃具

图 2-35 所示零件加工的控车床工、量、刃具建议清单见表 2-30。

表 2-30　数控车床工、量、刃具建议清单

类 别	序号	名 称	规格或型号	精度/mm	数量
量 具	1	外径千分尺	50～75,75～100	0.01	各 1
	2	游标卡尺	0～150	0.02	1
刀 具	1	外圆车刀	90°		1
	2	切断刀	刀宽 4mm		1
	3	螺纹刀	60°		1
操作工具	1	铜棒或塑料榔头			1
	3	垫刀片	自定		自定
	4	锉刀			1
	5	计算器、铅笔、橡皮、绘图工具			自定

五、任务实施过程

1. 图样分析

① 需要加工的表面轮廓为圆弧面和圆柱面以及圆柱螺纹面；

② 螺纹退刀槽根据刀宽需两次进刀完成；

③ 该零件尺寸要求较高，圆柱面的表面精度要求较高。

2. 加工工艺分析

(1) 确定工艺路线

工艺路线：车右端面—车圆弧面和圆柱面—切退刀槽—车螺纹—切断。

① 装夹零件毛坯，毛坯为 φ45mm 的棒料，伸出卡盘长度 65mm；

② 车端面；

③ 车零件外形轮廓到尺寸要求；

④ 切退刀槽；

⑤ 车圆柱螺纹；

⑥ 切断零件，总长余量 0.5mm 左右；

⑦ 掉头加工零件总长至尺寸要求。

(2) 装夹工件

用三爪卡盘装夹工件，保证伸出长度 65mm。

(3) 选择刀具

根据图 2-35 选择刀具，见表格 2-31。

表 2-31 图 2-35 所示零件加工刀具卡

序号	刀具编号	刀具名称	刀片材料	备注
1	T01	外圆车刀	硬质合金	90°
2	T02	切断刀	硬质合金	刀宽 4mm
3	T03	螺纹刀	硬质合金	60°

3. 设定工件坐标系

选取工件的右端面与轴心线的交点为工件坐标系原点。

4. 零件程序编制

① 刀具加工参数及刀具补偿,见表 2-32。

表 2-32 图 2-35 所示零件加工刀具加工参数及刀具补偿表

序号	刀具类型	刀具材料	刀号 T	长度补偿号 H	半径补偿值 D/mm			主轴转速 n /(r/min)	进给率 f/(mm/r)
					刀补号	粗加工刀补值	半精加工刀补值		
1	外圆刀	硬质合金	1	1	1	自定	自定	500	0.15
2	切断刀	硬质合金	2	2	2	自定	自定	450	0.1
3	螺纹刀	硬质合金	3	3	3	自定	自定	300	0.2

② 参考程序。

```
O0001
N10   M03  S800  T0101;
N20   G00  X16  Z2;
N30   G01  X24  Z- 2  F0.15;
N40        Z- 25;
N50        X28;
N60        X34  Z- 33;
N70        Z- 44  ;
N80   G02  X42  Z- 48 R4;
N90   G01  Z- 60;
N100  G00  X60;
N110       Z60;
N120  T0202  M03  S300;      (换刀,设切槽刀宽度为 4mm)
N130  G00  Z- 25;
N140       X30;
N150  G01  X24  F0.1;
N160       G04  X0.5;
N170       X30  F0.5;
N180       Z- 22;
N190       X24  F0.1;
N200  G00  X60;
N210       Z60;
N220  T0303  M03  S450;      (换螺纹刀)
N230  G00  X24.5  Z2;        (设定螺纹刀的循环起始点)
```

```
N240    G92   X23.1   Z- 20   F0.2;
N250          X22.5;
N260          X21.9;
N270          X21.5;
N280          X21.4;
N290    G00   X60
N300          Z60;
N310    M05;
N320    M30;
```

5. 仿真加工

利用模拟仿真软件调试程序。
校验程序的准确性。

六、机床操作加工

操作步骤如下：

① 加工前机床检查；

② 工件装夹；

③ 对刀；

④ 输入程序，设置参数。

 知识链接

1. 螺纹切削固定循环指令 G92

（1）圆柱螺纹切削循环

格式 G92X（U）___ Z（W）___ F ___;（公制螺纹）

其中，W 指定螺纹导程（L）。加工路径如图 2-36 所示。

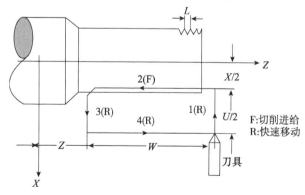

图 2-36　圆柱螺纹切削路径

增量值指令的地址 U、W 后续数值的符号,根据轨迹 1 和 2 的方向决定。即,如果轨迹 1 的方向是 X 轴的负向时,则 U 的数值为负。

（2）圆锥螺纹切削循环

指令格式:G92X(U)___ Z(W)___ I ___ F ___;

其中,R 为圆锥螺纹始端与终端半径差,W 指定螺纹导程(L),加工路径如图 2-37 所示。

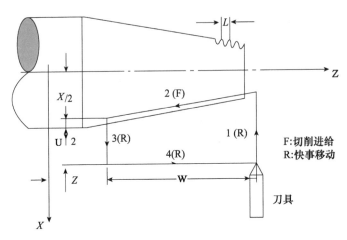

图 2-37　圆锥螺纹切削路径

2. 螺纹切削复合循环指令

（1）特点

在编程时程序较烦琐,G76 指令可用于低速加工螺距较大的螺纹。使用该指令一般是斜进法车削,但也可以是直进法车削。G76 指令程序简单,调整方便。

（2）指令格式

G76 P(m)(r)(a) Q(Δdin) R(d);

G76 X(u) Z(w0 R(i) P(k) Q(Δd) F(L);

（3）格式含义(见图 2-38)

m——螺纹切削最后精加工次数,为模态值;

r——螺纹退尾倒角量,为模态值;

a——刀尖角(螺纹牙型角);

Δdin——最小切入量(为千分位表示);

d——最后一刀精车余量;

i——锥螺纹的半径差(省略为直螺纹);

k——牙深(半径值);

Δd——第一刀切入深度;

L——指定螺纹的螺距。

（4）加工路线

加工路线如图 2-39 所示。

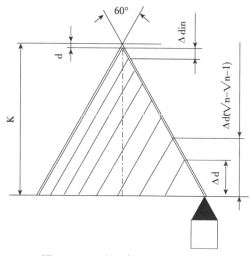

图 2-38　6 循环单边切削及其参数

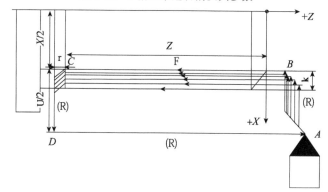

图 2-39　螺纹切削复合循环指令 G76 的运行轨迹

（5）使用 G76 指令的注意事项

① G76 指令可以在 MDI 方式下使用。

② G76 指令多用于多次自动循环切削加工。

③ G76 指令是非模态指令，所以必须每次指定。

④ 在用 G76 指令加工时，按下进给键时，就和螺纹切削循环终点的倒角一样，刀具立刻快速退回，返回到刀具起点。当按下循环启动键时，螺纹切削恢复。

⑤ 对于多头螺纹的加工，可将螺纹加工起点 Z 坐标按螺距偏移一定距离。

⑥ 在 G76 循环指令中，m，r，a 由地址符 P 及后面两位数字指定，每个数字中的前置 0 不能省略，P，Q，R 地址后的数值应表示为无小数点形式。

⑦ 梯形螺纹宜选用 G76 指令采用斜进法进行加工。

⑧ 用 G76 指令加工螺纹时，刀位点应在毛坯之外，以保证快速进给的安全。

⑨ G76 螺纹切削循环采用斜进式进刀方式，一般适用于大螺距低精度螺纹的加工。

3. 螺纹的检测

对于螺纹的检测，可以借助螺纹通止规来完成，螺纹环规通常分为通端螺纹环规和止端螺纹环规。其区别是在检测螺纹工件时，通端螺纹环规应顺利的旋入螺纹工件，而止端螺纹环规应旋入螺纹工件不过两扣,也就是不到两个螺距,则判为该螺纹工件合格。

七、任务评价

1. 操作现场评价

填写现场记录表,见表 2-33。

表 2-33　图 2-35 所示零件加工现场记录表

学生姓名:_____　　　　学生学号:_____

学生班级:_____　　　　工件编号:_____

安全、文明生产	安全规范	好 ☐　　一般 ☐　　差 ☐		
	刀具、工具、量具的放置合理	合理 ☐　　　　不合理 ☐		
	正确使用量具	好 ☐　　一般 ☐　　差 ☐		
	设备保养	好 ☐　　一般 ☐　　差 ☐		
	关机后机床停放位置合理	合理 ☐　　　　不合理 ☐		
	发生重大安全事故、严重违反操作规程者,取消成绩	(事故状态):		
规范操作	奋挑前的检查和开机顺序正确	检查 ☐　　　　　　未检查 ☐		
	正确回参考点	回参考点 ☐　　　未回参考点 ☐		
	工件装夹规范	规范 ☐　　　　　　不规范 ☐		
	刀具安装规范	规范 ☐　　　　　　不规范 ☐		
	正确对刀,建立工件坐标系	正确 ☐　　　　　　不正确 ☐		
	正确设定换刀点	正确 ☐　　　　　　不正确 ☐		
	正确校验加工程序	正确 ☐　　　　　　不正确 ☐		
	正确设置参数	正确 ☐　　　　　　不正确 ☐		
	自动加工过程中,不得开防护门	未开 ☐　　开 ☐　　次数 ☐		
	备注			
时间	开始时间:	结束时间:		

2. 零件加工考核评价

填写零件加工考核评价表,见表 2-34。

表 2-34　图 2-35 所示零件的数控车加工考核评分表

检测项目		技术要求	配分	评分标准	检测结果	得分
机床操作	1	按步骤开机、检查、润滑	2	不正确无分		
	2	回机床参考点	2	不正确无分		
	3	按程序格式输入程序,检查及修改	2	不正确无分		
	4	程序轨迹检查	2	不正确无分		
	5	工具、夹具、刀具的正确安装	2	不正确无分		
	6	按指定方式对刀	2	不正确无分		
	7	检查对刀	2	不正确无分		

检测项目		技术要求		配分	评分标准	检测结果	得分
外圆	8	$\phi42_{-0.039}^{0}$	$Ra1.6$	8/4	超差0.01扣4分、降级无分		
	9	$\phi34_{-0.062}^{0}$	$Ra1.6$	8/4	超差0.01扣4分、降级无分		
	10	$\phi28$	$Ra3.2$	4	超差扣分		
圆弧	11	$R4$	$Ra3.2$	6/4	超差扣分、降级无分		
沟槽	12	7×2	两侧 $Ra3.2$	6/4	超差扣分、降级无分		
螺纹	13	$M24\times2$		12	超差扣分、降级无分		
长度	13	56 ± 0.15 两侧 $Ra3.2$		5/2	超差、降级无分		
	14	25		5	超差无分		
	15	15		4	超差无分		
	16	8		4	超差无分		
其他	17	$2\times45°$		2	不符无分		
	18	未注倒角		2	不符无分		
	19	安全操作规程		2	违反扣总分10分/次		

3. 任务学习自我评价

填写任务学习自我评价表,见表2-35。

表 2-35　图2-35 所示零件编程加工自我评价表

任务名称		实施地点		实施时间	
学生班级		学生姓名		指导教师	
评 价 项 目			评 价 结 果		
任务实施前的准备过程评价	任务实施所需的工具、量具、刀具是否准备齐全		1. 准备齐全		□
			2. 基本齐全		□
			3. 所缺较多		□
	任务实施所需材料是否准备妥当		1. 准备妥当		□
			2. 基本妥当		□
			3. 材料未准备		□
	任务实施所用的设备是否准备完善		1. 准备完善		□
			2. 基本完善		□
			3. 没有准备		□
	任务实施的目标是否清楚		1. 清楚		□
			2. 基本清楚		□
			3. 不清楚		□
	任务实施的工艺要点是否掌握		1. 掌握		□
			2. 基本掌握		□
			3. 未掌握		□
	任务实施的时间是否进行了合理分配		1. 已进行合理分配		□
			2. 已进行分配,但不是最佳		□
			3. 未进行分配		□

任务名称		实施地点		实施时间	
学生班级		学生姓名		指导教师	

评 价 项 目		评 价 结 果			
任务实施中的过程评价	每把刀的平均对刀时间为多少？你认为中间最难对的是哪把刀	1.2～5 分钟 □ 2.5～10 分钟 □ 3.10 分钟以上 □		最难对的刀是：	
	实际加工中切削参数是否有改动？改动情况怎样？效果如何	1. 无改动 □ 2. 有改动 □ 所改切削参数： 切削效果：			
	各件的加工时间与工序要求相差多少	件一 1. 正常 □ 2. 快 分钟 3. 慢 分钟		件二 1. 正常 □ 2. 快 分钟 3. 慢 分钟	
	加工过程中是否有因主观原因造成失误的情况,具体是什么	1. 没有 □ 2. 有 □ 具体原因：			
	加工过程中是否有因客观原因造成失误的情况,具体是什么	1. 没有 □ 2. 有 □ 具体原因：			
	在加工过程中是否遇到困难,怎么解决的	1. 没有困难,顺利完成 □ 2. 有困难,已解决 □ 具体内容： 解决方案： 3. 有困难,未解决 □ 具体内容：			
	在加工过程中是否重新调整了加工工艺,原因是什么,如何进行的调整,结果如何	1. 没有调整,按工序卡加工 □ 2. 有调整 □ 调整原因： 调整方案：			
	刀具的使用情况如何	1. 正常 □ 2. 有撞刀情况,刀片损毁,进行了更换 □ 3. 有撞刀情况,刀具损毁,进行了更换 □			

任务名称			实施地点		实施时间		
学生班级			学生姓名		指导教师		
评价项目			评价结果				
任务实施中的过程评价	设备使用情况如何?		1. 使用正确,无违规操作				☐
			2. 使用不当,有违规操作				☐
			违规内容:				
			3. 使用不当,有严重违规操作				☐
			违规内容:				
任务完成后的评价任务的完成情况如何	任务的完成情况如何			1. 按时完成		1. 质量好	
						2. 质量中	
						3. 质量差	
				2. 提前完成		1. 质量好	
						2. 质量中	
						3. 质量差	
				3. 滞后完成		1. 质量好	
						2. 质量中	
						3. 质量差	
	是否进行了自我检测		1. 是,详细检测				☐
			2. 是,一般检测				☐
			3. 否,没有检测				☐
	是否对所使用的工、量、刃具进行了保养		1. 是,保养到位				☐
			2. 有保养,但未到位				☐
			3. 未进行保养				☐
	是否进行了设备的保养		1. 是,保养到位				☐
			2. 有保养,但未到位				☐
			3. 未进行保养				☐
总结评价	针对本任务自我的一个总体评价		总体自我评价:				
加工质量分析	针对本任务形成超差分析		原因:				

八、知识巩固与提高

试运用 G76 编写图 2-35 所示零件的加工程序。

任务十 内孔的编程及加工技术训练

一、任务目标

 知识目标

1. 能正确编写内孔加工程序;

2. 能正确分析零件图；

3. 会正确选定刀具并设定工艺参数。

 技能目标

1. 会正确操作机床；

2. 正确进行内孔车刀的正确装夹和粗、精车切削用量的选择；

3. 能正确对内孔加工时的进刀退刀做合理分配；

4. 会正确使用内径千分尺或内径百分表进行测量。

二、学习任务

本任务是对图 2-40 所示零件进行编程与加工。

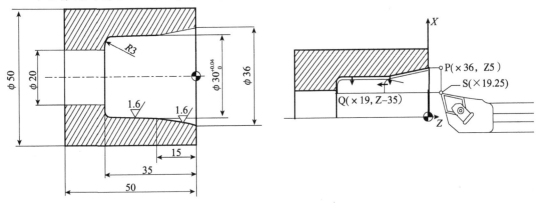

图 2-40　内孔加工示例图

三、任务分析

本任务的重点是学习如何编写内孔加工程序。对于学习者来说，车内表面需要选择合适的内孔车刀，并特别注意进刀与退刀的路线，根据要求合理分配每刀的进刀深度，所以需要结合一定的实际加工经验。

四、任务准备

1. 机床及夹具

图 2-40 所示零件加工的机床、附件配备同本篇任务五，详见表 2-7。

2. 毛坯材料

图 2-40 所示零件加工的备料建议清单见表 2-36。

表 2-36　图 2-40 所示零件加工的备料建议清单

序号	材料	规格/mm	数量
1	45 钢	$\phi45$	1

注:根据零件加工的需要,备料可让学生自行完成。

3. 工、量、刃具

图 2-48 所示零件加工的数控车床工、量、刃具建议清单见表 2-37。

表 2-37　数控车床工、量、刃具建议清单

类别	序号	名　称	规格或型号	精度/mm	数量
量具	1	外径千分尺	50～75,75～100	0.01	各1
	2	游标卡尺	0～150	0.02	1
刀具	1	内孔车刀(镗刀)	90°		1
	2	中心钻	$\phi3$		
	3	麻花钻	$\phi20$		
操作工具	1	铜棒或塑料榔头			1
	3	垫刀片	自定		自定
	4	锉刀			1
	5	计算器、铅笔、橡皮、绘图工具			自定

五、任务实施过程

1. 图样分析

① 需要加工的为内表面轮廓;

② 根据零件图,先选用 $\phi20$ 的麻花钻钻孔,在用镗刀镗孔;

③ 注意进刀、退刀路线,以防碰刀。

2. 加工工艺分析

(1) 确定工艺路线

① 车端面;

② 选用 $\phi3$ 的中心钻钻削中心孔;

③ 钻 $\phi20$ 的孔;

③ 粗镗削内孔;

④ 精镗削内孔。

(2) 选择刀具

根据图 2-40 选择刀具,见表 2-38:

表 2-38　图 2-40 所示零件加工的刀具卡

序号	刀具编号	刀具名称	刀片材料	备注
1	T01	内孔车刀	硬质合金	90°
2		中心钻	硬质合金	$\phi3$
3		麻花钻	硬质合金	$\phi20$

3. 设定工件坐标系

选取工件的右端面与轴心线的交点为工件坐标系原点。

4. 零件程序编制

① 刀具加工参数及刀具补偿,见表 2-39。

表 2-39 图 2-40 所示零件加工的刀具加工参数及刀具补偿表

序号	刀具类型	刀具材料	刀号 T	长度补偿号 H	半径补偿值 D/mm			主轴转速 n/(r/min)	进给率 f/(mm/r)
					刀补号	粗加工刀补值	半精加工刀补值		
1	外圆刀	硬质合金	1	1	1	自定	自定	500	0.15
2	切断刀	硬质合金	2	2	2	自定	自定	450	0.1
3	螺纹刀	硬质合金	3	3	3	自定	自定	300	0.2

② 参考程序(内孔镗刀 G71/G70)。

```
O0001
N10 G40 M03 S500 T0101;
N20 G00 X19 Z5;
N30 G71 U1 R0.5;
N40 G71 P50 Q100 U- 0.3 W0 F0.1;
N50 G00 X36 S800;
N60 G01 Z0;
N70      X30 Z- 10;
N80      Z- 32;
N90 G03 X24 Z- 35 R3;
N100      X19;
N110 G70 P50 Q100;
N120 G00 Z60;
N130      X100;
N140 M05;
N150 M30;
```

5. 仿真加工

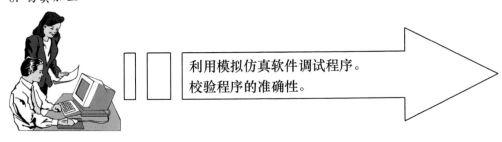

利用模拟仿真软件调试程序。
校验程序的准确性。

六、机床操作加工

操作步骤如下:

① 加工前机床检查;

② 工件装夹,夹持外圆找正;

③ 对刀;

④ 输入程序,设置参数。

 知识链接

1. 内孔车刀的安装

内孔车刀安装的正确与否,直接影响到车削情况及孔的精度,所以在安装车刀时一定要注意以下几点:

① 刀尖应与工件中心等高或稍高。如果装得低于中心,由于切削抗力的作用,容易因刀柄压低而产生扎刀现象,并可能造成孔径扩大。

② 不柄伸出刀架不宜过长,一般比加工孔长 5～6mm。

③ 刀柄基本平行于工件轴线,否则在车削到一定深度时刀柄后半部分容易碰到工件孔口。

④ 盲孔车刀装夹时,内偏刀的主切削刃应与孔底平面成 3°～5°角,并且在车削平面时要求横向有足够的退刀余地。

2. 车孔的关键技术

车内孔的关键技术是解决内孔车刀的刚性和排屑问题。

(1) 增加内孔车刀刚性可采取以下措施

① 尽量增加刀柄的截面积;

② 尽可能缩短刀柄的伸出长度。

(2) 排屑问题

主要是控制切屑流出方向。精加工孔时要求切屑流向待加工表面(前排屑)。为此,采用正刃倾角的内孔车刀;加工盲孔时,应采用负的刃倾角,使切屑从孔口排出。

3. 车阶台孔注意事项

① 车削直径较小的阶台孔时,由于观察困难而尺寸精度不宜掌握,所以常采用粗、精车小孔,再粗精车大孔。

② 车削大的台阶也时,在便于测量小孔尺寸而视线又不受影响的情况下,一般先粗车大孔和小孔,再精车小孔和大孔。

③ 车削孔径尺寸相差较大的阶台孔时,最好采用主偏角 $\kappa_r < 90°$(一般为 85°～88°)的车刀先粗车,然后再用内偏刀精车,直接用内偏刀车削时切削深度不可太大,否则刀刃易损坏。其原因是刀尖处于刀刃的最前端,切削时刀尖先切入工件,因此其承受切削抗力最大,加上刀尖本来强度差,所以容易碎裂。由于刀柄伸长,在轴向抗力的作用下,切削深度大容易产生振动和扎刀。

④ 控制车孔深度的方法通常采用,粗车时在刀柄上刻线痕作记号或安放限位铜片,以及利用床鞍刻度控制线来控制等;精车时需用小滑板刻度盘或游标深度尺等来控制车孔的深度。

4. 钻孔的注意事项

钻孔时钻头容易产生偏斜,从而导致被加工孔的轴心线歪斜。为防止和减少钻头的偏斜,工艺上常采用下列措施:

① 钻孔前先加工孔的端面,以保证端面与钻头轴心线垂直。

② 先采用 90°顶角直径大而且长度较短的钻头预钻一个凹坑,以引导钻头钻削,此方法

多用于转塔车床和自动车床,防止钻偏。

③ 仔细刃磨钻头,使其切削刃对称。

④ 钻小孔或深孔时应采用较小的进给量。

⑤ 采用工件回转的钻削方式,注意排屑和切削液的合理使用。

钻孔直径一般不超过75mm,对于孔径超过35mm的孔,宜分两次钻削。第一次钻孔直径约为第二次的0.5~0.7。

5. 孔径的测量

① 用游标卡尺的内测头直接测量。

② 用内径千分尺直接测量,如图2-41所示。

③ 用内径杠杆百分表测量。

④ 用塞规测量。塞规由过端、止端和柄组成,如图2-42所示。过端按孔的最小极限尺寸制成,测量时应塞入孔内。止端按孔的最大极限尺寸制成,测量时不允许插入孔内。当过端塞入孔内,而止端插不进去时,就说明此孔尺寸是在最小极限尺寸与最大极限尺寸之间,是合格的。

⑤ 用内卡钳与千分尺配合测量。

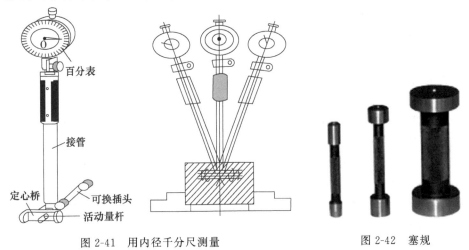

图2-41 用内径千分尺测量   图2-42 塞规

6. 车削内孔与车削外圆的区别

数控车削内孔的指令与车削外圆的指令基本相同,但也有区别,编程时应注意以下方面:

① 粗车循环指令G71,G73,在加工外径时余量U为正,但在加工内轮廓时余量U应为负。

② 加工内孔轮廓时,切削循环的起点S、切出点Q的位置选择要慎重,要保证刀具在狭小的内结构中移动而不干涉工件。起点S、切出点Q的X值一般取与预加工孔直径稍小一点的值。

七、任务评价

1. 操作现场评价

填写现场记录表,见表2-40。

表 2-40　图 2-40 所示零件加工的现场记录表

学生姓名：_____　　　　学生学号：_____

学生班级：_____　　　　工件编号：_____

安全、 文明生产	安全规范	好　□	一般　□	差　□
	刀具、工具、量具的放置合理	合理　□		不合理　□
	正确使用量具	好　□	一般　□	差　□
	设备保养	好　□	一般　□	差　□
	关机后机床停放位置合理	合理　□		不合理　□
	发生重大安全事故、严重违反操作规程 者，取消成绩	（事故状态）：		
	备注			
规 范 操 作	开机前的检查和开机顺序正确	检查　□		未检查　□
	正确回参考点	回参考点　□		未回参考点　□
	工件装夹规范	规范　□		不规范　□
	刀具安装规范	规范　□		不规范　□
	正确对刀，建立工件坐标系	正确　□		不正确　□
	正确设定换刀点	正确　□		不正确　□
	正确校验加工程序	正确　□		不正确　□
	正确设置参数	正确　□		不正确　□
	自动加工过程中，不得开防护门	未开　□	开　□	次数　□
	备注			
时间	开始时间：	结束时间：		

2. 零件加工考核评价

填写零件加工考核评价表，见表 2-41。

表 2-41　图 2-40 所示零件加工考核评价表

检测项目		技术要求	配分	评分标准	检测结果	得分
机床操作	1	按步骤开机、检查、润滑	2	不正确无分		
	2	回机床参考点	2	不正确无分		
	3	输入程序、检查及修改	2	不正确无分		
	4	程序轨迹检查	2	不正确无分		
	5	工、夹、刀具的正确安装	2	不正确无分		
	6	对刀	2	不正确无分		
	7	检查对刀	2	不正确无分		
内 孔	8	$\phi20_{-0.05}^{\ 0}$	20	超差 0.01 扣 4 分		
	9	$\phi30_{0}^{+0.04}$	20	超差 0.01 扣 4 分		
	10	$\phi36$	10	超差扣分		

检测项目		技术要求	配分	评分标准	检测结果	得分
长度	11	15	4	超差扣分		
	12	35	4	超差扣分		
	13	50	6	超差扣分		
其他	14	Ra1.6	10	超差无分		
	15	Ra3.2	10	降级无分		
	16	安全操作规程	2	违反扣总分10分/次		

3. 任务学习自我评价

填写任务学习自我评价表,见表2-42。

表 2-42　任务十的学习自我评价表

任务名称			实施地点		实施时间	
学生班级			学生姓名		指导教师	
评价项目			评价结果			
任务实施前的准备过程评价	任务实施所需的工具、量具、刀具是否准备齐全		1. 准备齐全 □			
			2. 基本齐全 □			
			3. 所缺较多 □			
	任务实施所需材料是否准备妥当		1. 准备妥当 □			
			2. 基本妥当 □			
			3. 材料未准备 □			
	任务实施所用的设备是否准备完善		1. 准备完善 □			
			2. 基本完善 □			
			3. 没有准备 □			
	任务实施的目标是否清楚		1. 清楚 □			
			2. 基本清楚 □			
			3. 不清楚 □			
	任务实施的工艺要点是否掌握		1. 掌握 □			
			2. 基本掌握 □			
			3. 未掌握 □			
	任务实施的时间是否进行了合理分配		1. 已进行合理分配 □			
			2. 已进行分配,但不是最佳 □			
			3. 未进行分配 □			
任务实施中的过程评价	每把刀的平均对刀时间为多少?你认为中间最难对的是哪把刀		1. 2~5分钟 □	最难对的刀是:		
			2. 5~10分钟 □			
			3. 10分钟以上 □			

任务名称		实施地点		实施时间	
学生班级		学生姓名		指导教师	

评价项目		评价结果			
任务实施中的过程评价	实际加工中切削参数是否有改动?改动情况怎样?效果如何	1. 无改动 □ 2. 有改动 □ 所改切削参数: 切削效果:			
	各件的加工时间与工序要求相差多少	**件一**		**件二**	
		1. 正常 □		1. 正常 □	
		2. 快 分钟		2. 快 分钟	
		3. 慢 分钟		3. 慢 分钟	
	加工过程中是否有因主观原因造成失误的情况,具体是什么	1. 没有 □ 2. 有 □ 具体原因:			
	加工过程中是否有因客观原因造成失误的情况,具体是什么	1. 没有 □ 2. 有 □ 具体原因:			
	在加工过程中是否遇到困难,怎么解决的	1. 没有困难,顺利完成 □ 2. 有困难,已解决 □ 具体内容: 解决方案: 3. 有困难,未解决 □ 具体内容:			
	在加工过程中是否重新调整了加工工艺,原因是什么,如何进行的调整,结果如何	1. 没有调整,按工序卡加工 □ 2. 有调整 □ 调整原因: 调整方案:			
	刀具的使用情况如何	1. 正常 □ 2. 有撞刀情况,刀片损毁,进行了更换 □ 3. 有撞刀情况,刀具损毁,进行了更换 □			

任务名称			实施地点		实施时间	
学生班级			学生姓名		指导教师	
评价项目			评价结果			
任务实施中的过程评价	设备使用情况如何		1. 使用正确,无违规操作			☐
			2. 使用不当,有违规操作 违规内容:			☐
			3. 使用不当,有严重违规操作 违规内容:			☐
任务完成后的评价	任务的完成情况如何		1. 按时完成	1. 质量好		☐
				2. 质量中		☐
				3. 质量差		☐
			2. 提前完成	1. 质量好		☐
				2. 质量中		☐
				3. 质量差		☐
			3. 滞后完成	1. 质量好		☐
				2. 质量中		☐
				3. 质量差		☐
	是否进行了自我检测		1. 是,详细检测			☐
			2. 是,一般检测			☐
			3. 否,没有检测			☐
	是否对所使用的工、量、刃具进行了保养		1. 是,保养到位			☐
			2. 有保养,但未到位			☐
			3. 未进行保养			☐
	是否进行了设备的保养		1. 是,保养到位			☐
			2. 有保养,但未到位			☐
			3. 未进行保养			☐
总结评价	针对本任务自我的一个总体评价		总体自我评价:			
加工质量分析	针对本任务形成超差分析		原因:			

八、知识巩固与提高

1. 车不通孔时,用来控制孔深的方法哪有几种?

2. 测量孔径的方法有哪些?

任务十一 数控车综合加工技术训练

一、任务目标

知识目标

1. 能正确完整地编写加工程序；
2. 会根据零件图选用正确的刀具。

技能目标

1. 会正确地操作机床；
2. 能进行不同刀具的正确装夹和粗、精车切削用量的选择；
3. 会正确使用各种测量工具。

二、学习任务

本任务是对图 2-43 所示零件进行编程与加工。

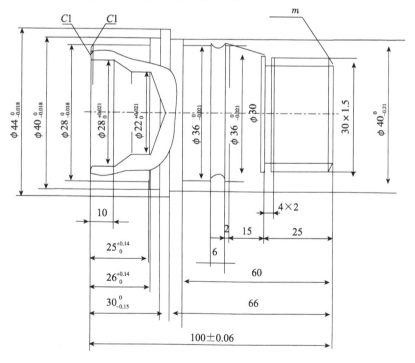

图 2-43 数控车综合加工图例

三、任务分析

本任务是对本篇前期所学内容的综合运用。对于学习者来说,进过前期的编程及加工技术学习与训练,具备了一定的加工和操作能力,能够顺利地完成本次综合加工。

四、任务准备

1. 机床及夹具

图 2-43 所示零件加工的机床、附件配备同本篇任务五,详见表 2-7。

2. 毛坯材料

图 2-43 所示零件的备料建议清单见表 2-43。

表 2-43　图 2-43 所示零件加工的备料建议清单

序号	材料	规格/mm	数量
1	45 钢	ϕ45	1

注:根据零件加工的需要,备料可让学生自行完成。

3. 工、量、刃具

图 2-43 所示零件加工的数控车床工、量、刃具建议清单见表 2-44。

表 2-44　图 2-43 所示零件加工的数控车床工、量、刃具建议清单

类别	序号	名　称	规格或型号	精度/mm	数量
量具	1	外径千分尺	50~75,75~100	0.01	各1
	2	游标卡尺	0~150	0.02	1
刀具	1	外圆车刀	90°		1
	2	切断刀	刀宽 4mm		1
	3	螺纹刀	60°		1
	4	尖刀	30°		1
	5	内孔车刀(镗刀)	90°		1
	6	中心钻	ϕ3		1
	7	麻花钻	ϕ18		1
操作工具	1	铜棒或塑料榔头			1
	3	垫刀片	自定		自定
	4	锉刀			1
	5	计算器、铅笔、橡皮、绘图工具			自定

五、任务实施过程

1. 图样分析

① 综合加工,需完成外轮廓加工、螺纹加工以及内孔加工;

② 根据零件图,该零件需要掉头加工;

③ 为保证总长,以直径最大处分左右两段编程加工,先加工螺纹部分,再掉头作内孔加工部分。

2. 加工工艺分析

(1) 确定工艺路线

右端：

① 装夹零件毛坯，毛坯为 $\phi45$mm 的棒料，伸出卡盘长度 80mm；

② 车端面；

③ 车零件外形轮廓到尺寸要求；

④ 切退刀槽；

⑤ 车圆柱螺纹；

⑥ 掉头加工左半部分零件。

左端：

① 掉头装夹零件（零件表面用铜皮保护装夹），毛坯为 $\phi45$mm 的棒料，保证总长 100mm；

② 车端面；

③ 车零件外形轮廓到尺寸要求；

④ 选用 $\phi3$ 的中心钻钻削中心孔；

⑤ 钻 $\phi18$ 的孔；

⑥ 粗镗削内孔；

⑦ 精镗削内孔。

（2）选择刀具

根据图 2-43 选择刀具，见表格 2-45。

表 2-45　图 2-43 所示零件加工的刀具卡

序号	刀具编号	刀具名称	刀片材料	备注
1	T01	外圆车刀	硬质合金	90°
2	T02	切断刀	硬质合金	刀宽 4mm
3	T03	螺纹刀	硬质合金	60°
4	T04	尖刀	硬质合金	30°
5	T03（换刀）	内孔车刀（镗刀）	硬质合金	90°
6		中心钻	高速钢	$\phi3$
7		麻花钻	高速钢	$\phi18$

3. 设定工件坐标系

选取工件的右端面与轴心线的交点为工件坐标系原点。

4. 零件程序编制

① 刀具加工参数及刀具补偿，见表 2-46。

表 2-46　图 2-43 所示零件加工的刀具加工参数及刀具补偿表

| 序号 | 刀具类型 | 刀具材料 | 刀号 T | 长度补偿号 H | 半径补偿值 D/mm | | | 主轴转速 n /(r/min) | 进给率 f/(mm/r) |
					刀补号	粗加工刀补值	半精加工刀补值		
1	外圆刀	硬质合金	1	1	1	自定	自定	500	0.25
2	切断刀	硬质合金	2	2	2	自定	自定	300	0.1
3	螺纹刀	硬质合金	3	3	3	自定	自定	300	0.2
4	尖刀	硬质合金	4	4	4	自定	自定	500	0.25
5	内孔镗刀	硬质合金	3	3	3	自定	自定	400	0.2

② 参考程序(内孔镗刀 G71/G70)。

右端编程：

O0001（外轮廓加工）

N10 M03 S500 T0101；(90°外圆车刀)

N20 G00 X45 Z10；

N30 G71 U1 R1；

N40 G71 P50 Q140 U0.5 W0.1 F0.25；

N50 G00 X25.9 S1000；

N60 G01 Z0 F0.1；

N70 X29.9 Z-2；

N80 Z-25；

N90 X30；

N100 X36 Z-40；

N110 Z-60；

N120 X44；

N130 Z-70；

N140 X45；

N150 G70 P50 Q140；

N160 G00 Z100；

N170 T0404；(30°尖刀)

N180 G00 X40 Z-42；

N190 G01 X37 F0.1；

N200 G02 X37 Z-48 R4；

N210 G00 X40；

N220 Z-42；

N230 G01 X36 F0.1；

N240 G02 X36 Z-48 R4 F0.05；

N250 G00 X50；

N260 Z100；

N270 T0202 S300；(切槽刀)

N280 G00 X35 Z-25；

N290 G01 X26 F0.1；

N300 G04 X1；

N310 G00 X50；

N320 Z100；

N330 T0303 S300；（螺纹车刀）

N340 G00 X30 Z4；

N350 G92 X29.1 Z-22 F1.5；

N360 X28.5；

N370 X28.1；

N380 X28.05；

N390 X28.05；

N400 G00 X50；

N410 Z100；

N420 M05；

N430 M30；

左半部分编程：

O0002（内孔加工）

N10 M03 S400 T0303；（镗孔刀）

N20 G00 X17 Z5；

N30 G71 U0.5 R1；

N40 G71 P50 Q110 U-0.3 W0 F0.2；

N50 G00 X30 S800；

N60 G01 Z0 F0.08；

N70 X28 Z-1；

N80 Z-10；

N90 X22 Z-16；

N100 Z-26；

N110 X17；

N120 G70 P50 Q110；

N130 G00 Z100；

N140 T0101 S400；（外圆车刀）

N150 G00 X45 Z5；

N160 G71 U1.5 R1；

N170 G71 P180 Q240 U0.5 W0.1 F0.3；

N180 G00 X34 S1000；

N190 G01 Z0 F0.1；

N200 X36 Z-1；

N210 Z-25；

N220 X40；

N230 Z-30；

N240 X45；

N250 G70 P180 Q240；

N260 G00 X50；

N270 Z100；

N280 M05；

N290 M30；

5. 仿真加工

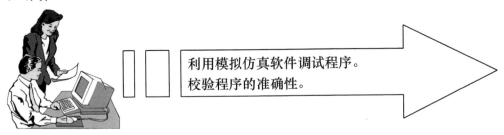

利用模拟仿真软件调试程序。
校验程序的准确性。

六、机床操作加工

操作步骤如下：

① 加工前机床检查；

② 工件装夹,夹持外圆找正；

③ 对刀；

④ 输入程序,设置参数。

 知识链接

零件掉头加工时注意事项：

① 要能合理选择掉头加工的面,一般以直径值最大的面为掉头界面；

② 在掉头装夹时,即要控制好伸出长度,又要保护好已加工面,最好以铜皮包裹进行加工；

③ 在轴类零件的加工时除了要保证好总长外,还要保证好轴两端的同轴度。

七、任务评价

1. 操作现场评价

填写现场记录表见表 2-47。

表 2-47　图 2-43 所示零件加工的现场记录表

学生姓名：＿＿＿＿＿＿＿＿　　　　学生学号：＿＿＿＿＿＿＿＿

学生班级：＿＿＿＿＿＿＿＿　　　　工件编号：＿＿＿＿＿＿＿＿

安全、 文明生产	安全规范	好　□	一般　□	差　□
	刀具、工具、量具的放置合理	合理　□		不合理　□
	正确使用量具	好　□	一般　□	差　□
	设备保养	好　□	一般　□	差　□
	关机后机床停放位置合理	合理　□		不合理　□
	发生重大安全事故、严重违反操作规程 者,取消成绩	（事故状态）：		
	备注			

规范操作	开机前的检查和开机顺序正确	检查 ☐	未检查 ☐
	正确回参考点	回参考点 ☐	未回参考点 ☐
	工件装夹规范	规范 ☐	不规范 ☐
	刀具安装规范	规范 ☐	不规范 ☐
	正确对刀,建立工件坐标系	正确 ☐	不正确 ☐
	正确设定换刀点	正确 ☐	不正确 ☐
	正确校验加工程序	正确 ☐	不正确 ☐
	正确设置参数	正确 ☐	不正确 ☐
	自动加工过程中,不得开防护门	未开 ☐ 开 ☐ 次数 ☐	
	备注		
时间	开始时间:	结束时间:	

2. 零件加工考核评价

填写零件加工考核评价表,见表 2-48。

表 2-48 图 2-43 所示零件加工考核评价表

检测项目		技术要求	配分	评分标准	检测结果	得分
机床操作	1	按步骤开机、检查、润滑	2	不正确无分		
	2	回机床参考点	2	不正确无分		
	3	输入程序、检查及修改	2	不正确无分		
	4	程序轨迹检查	2	不正确无分		
	5	工、夹、刀具的正确安装	2	不正确无分		
	6	对刀	4	不正确无分		
	7	检查对刀	4	不正确无分		
内孔	8	$\phi 22^{+0.021}_{0}$	10	超差 0.01 扣 8 分		
	9	$\phi 28^{+0.021}_{0}$	10	超差 0.01 扣 8 分		
长度	11	$25^{+0.04}_{0}$	10	超差 0.01 扣 10 分		
	12	$26^{+0.04}_{0}$	10	超差 0.01 扣 10 分		
	13	$30^{0}_{-0.05}$	10	超差 0.01 扣 10 分		
	14	$100^{+0.06}_{-0.06}$	10	超差 0.01 扣 10 分		
	15	其他长度	10	超差扣 10 分		
其他	14	$Ra3.2$	10	超差无分		
	16	安全操作规程	2	违反扣总分 10 分/次		

3. 任务学习自我评价

填写任务学习自我评价表,见表 2-49。

表 2-49　任务十一的学习自我评价表

任务名称		实施地点		实施时间	
学生班级		学生姓名		指导教师	
评 价 项 目			评 价 结 果		

评价项目		评价结果			
任务实施前的准备过程评价	任务实施所需的工具、量具、刀具是否准备齐全	1. 准备齐全			☐
		2. 基本齐全			☐
		3. 所缺较多			☐
	任务实施所需材料是否准备妥当	1. 准备妥当			☐
		2. 基本妥当			☐
		3. 材料未准备			☐
	任务实施所用的设备是否准备完善	1. 准备完善			☐
		2. 基本完善			☐
		3. 没有准备			☐
	任务实施的目标是否清楚	1. 清楚			☐
		2. 基本清楚			☐
		3. 不清楚			☐
	任务实施的工艺要点是否掌握	1. 掌握			☐
		2. 基本掌握			☐
		3. 未掌握			☐
	任务实施的时间是否进行了合理分配	1. 已进行合理分配			☐
		2. 已进行分配,但不是最佳			☐
		3. 未进行分配			☐
任务实施中的过程评价	每把刀的平均对刀时间为多少?你认为中间最难对的是哪把刀	1.2～5 分钟　☐	最难对的刀是:		
		2.5～10 分钟　☐			
		3.10 分钟以上　☐			
	实际加工中切削参数是否有改动?改动情况怎样?效果如何	1. 无改动			☐
		2. 有改动			☐
		所改切削参数:　　　　切削效果:			
	各件的加工时间与工序要求相差多少	件一		件二	
		1. 正常　☐		1. 正常　☐	
		2. 快　　　分钟		2. 快　　　分钟	
		3. 慢　　　分钟		3. 慢　　　分钟	

任务名称		实施地点		实施时间	
学生班级		学生姓名		指导教师	
评价项目			评价结果		
任务实施中的过程评价	加工过程中是否有因主观原因造成失误的情况,具体是什么		1. 没有		☐
			2. 有		☐
			具体原因:		
	加工过程中是否有因客观原因造成失误的情况,具体是什么		1. 没有		☐
			2. 有		☐
			具体原因:		
	在加工过程中是否遇到困难,怎么解决的		1. 没有困难,顺利完成		☐
			2. 有困难,已解决		☐
			具体内容: 解决方案:		
			3. 有困难,未解决 具体内容:		☐
	在加工过程中是否重新调整了加工工艺,原因是什么,如何进行的调整,结果如何		1. 没有调整,按工序卡加工		☐
			2. 有调整 调整原因: 调整方案:		☐
	刀具的使用情况如何		1. 正常		☐
			2. 有撞刀情况,刀片损毁,进行了更换		☐
			3. 有撞刀情况,刀具损毁,进行了更换		☐
	设备使用情况如何		1. 使用正确,无违规操作		☐
			2. 使用不当,有违规操作 违规内容:		☐
			3. 使用不当,有严重违规操作 违规内容:		☐

任务名称		实施地点		实施时间	
学生班级		学生姓名		指导教师	
评价项目			评价结果		
任务完成后的评价	任务的完成情况如何	1. 按时完成	1. 质量好		□
			2. 质量中		□
			3. 质量差		□
		2. 提前完成	1. 质量好		□
			2. 质量中		□
			3. 质量差		□
		3. 滞后完成	1. 质量好		□
			2. 质量中		□
			3. 质量差		□
	是否进行了自我检测	1. 是,详细检测			□
		2. 是,一般检测			□
		3. 否,没有检测			□
	是否对所使用的工、量、刃具进行了保养	1. 是,保养到位			□
		2. 有保养,但未到位			□
		3. 未进行保养			□
	是否进行了设备的保养	1. 是,保养到位			□
		2. 有保养,但未到位			□
		3. 未进行保养			□
总结评价	针对本任务自我的一个总体评价	总体自我评价:			
加工质量分析	针对本任务形成超差分析	原因:			

八、知识巩固与提高

试运用前文所学编程知识编写如图 2-44 的加工程序,毛坯为 $\phi45mm$ 的钢棒。

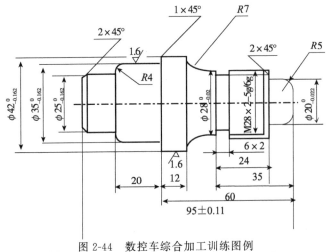

图 2-44　数控车综合加工训练图例

第三篇 数控铣削(加工中心)工艺及编程技术训练

任务一 熟悉数控铣床的整体结构和安全操作规程

一、任务目标

 知识目标

1. 熟悉数控铣床的机构组成及作用;
2. 正确理解数控铣床安全操作的规程。

 技能目标

能按照安全操作规程进行铣床操作。

二、学习任务

1. 数控铣床的整体结构;
2. 数控铣床安全操作规范。

三、任务分析

本任务主要是让学生对数控铣床机构及基本操作有一个直观性的认识。针对中、高职学生初学者来说,本任务的重点是认识数控机床结构和培养正确的操作习惯,在后续的零件加工中,使学生能够正确地完成任务。

四、任务准备

本任务涉及的机床见表 3-1。

表 3-1 数控铣床

序号	名称	型号	数量	备注
1	数控铣床	FANUC-0i	1 台/每 3 位学生	

五、任务实施过程

1. 数控铣床的整体结构认识

数控铣床的外形如图 3-1 所示,下面介绍其机构组成及作用。

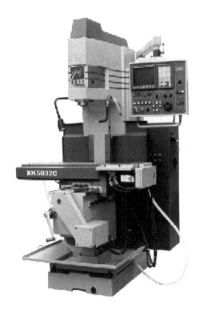

图 3-1　数控铣床

数控铣床大体由输入装置、数控装置、伺服系统、检测及其辅助装置和机床本体等组成。

2. 数控铣床安全操作规范

① 作业前穿戴好防护用品(工作服、安全帽、防护眼镜、口罩等),操作时,操作员严禁戴手套,以防手卷入旋转刀具和工件之间。

② 操作者必须熟悉机床使用说明书和机床的一般性能、结构,严禁超性能使用。

③ 操作前应检查铣床各部件及安全装置是否安全可靠,检查设备电气部分安全可靠程度是否良好。

④ 按润滑图表规定加油,检查油标、油量、油质及油路是否正常,保持润滑系统清洁,油箱、油眼不得敞开。

⑤ 操作者必须严格按照数控铣床操作步骤操作机床,未经操作者同意,其他人员不得私自开动机床。

⑥ 按动各按键时用力应适度,不得用力拍打键盘、按键和显示屏。

⑦ 工作台面不许放置其他物品,安放分度头、虎钳或较重夹具时,要轻取轻放,以免碰伤台面。

⑧ 机床发生故障或不正常现象时,应立即停车检查、排除。

⑨ 操作者离开机床、变换速度、更换刀具、测量尺寸、调整工件时,都应停车。

⑩ 机床运转时,不得调整、测量工件和改变润滑方式,以防手触及刀具碰伤手指。

⑪ 在铣刀旋转未完全停止前,严禁用手制动。

⑫ 铣削中不要用手清除切屑,也不要用嘴吹,以防切屑损伤皮肤和眼睛。

⑬ 装卸工件时,应将工作台退到安全位置,使用扳手紧固工件时,用力方向应避开铣刀,以防扳手打滑时撞到刀具或工夹具。

⑭ 装卸铣刀时要用专用衬垫垫好,严禁用手直接握住铣刀。

⑮ 在机动快速进给时,要把手轮离合器打开,以防手轮快速旋转伤人。

⑯ 工作完毕后,应使机床各部处于原始状态,并切断电源。

⑰ 妥善保管机床附件,保持机床整洁、完好。

⑱ 做好机床清扫工作,保持清洁,认真执行交接班手续,填好交接班记录。

六、机床操作加工

1. 认识数控铣床

为方便学生熟悉机床,对照实体数控铣床帮助学生熟悉整体结构,以及相互的位置关系,为编程及对刀操作打下良好的基础。

2. 操作示范

教师做好操作示范,让学生注意整个操作过程中必须要注意的安全操作规程,适当可以让学生自己动手操作,可以及时纠正学生操作过程中的不当之处,让学生引起足够重视。

任务二　熟悉数控铣床的操作面板及系统面板

一、任务目标

知识目标

1. 了解和初步掌握数控铣床的操作面板;

2. 了解和初步掌握数控铣床的系统面板;

3. 掌握操作面板和系统面板中各按键的主要功能。

技能目标

1. 会正确操作机床;

2. 会正确输入及修改程序。

二、学习任务

1. 熟悉机床操作面板中各个按钮(键)、运行控制开关的功能及操作;

2. 熟悉系统面板编程面板上各按键的功能。

三、任务分析

本任务重点是对数控铣床操作面板及系统面板的功能做介绍。通过学习,使初学者能够初步熟悉各个按键的基本功能,方便后续对数控铣床的操作,各个功能键的熟练运用需通过后期的操作进一步加深。

四、任务准备

同本篇任务一,详见表 3-1。

五、任务实施过程

1. 认识数控铣床操作面板

CRT/MDI 操作面板与系统有关,不同的数控系统其面板也不同,由系统制造厂家确定。

机床操作面板是机床制造厂家确定的,机床的类型不同,其开关的数量、功能及排列顺序有一定的差异。国产机床的操作按(旋)钮多用中文标示,进口机床多用英文标示,还有一些数控机床用标准图标标示。图 3-2 所示为 XK5032C 型数控铣床的操作面板。

图 3-2 XK5032C 型数控铣床操作面板

操作面板上按(旋)钮的功能见表 3-2。

表 3-2 数控铣床操作面板上按(旋)钮的功能

序号	名　称	功能说明
1	接通	接通 CNC 的电源
2	断开	断开 CNC 的电源
3	循环启动	自动运转启动并执行程序
4	进给保持	程序执行暂停

序号	名　称	功能说明
5	机床 电源 准备好	机床电源/准备好指示灯
6	报警 主轴 控制器 润滑	主轴/控制器/润滑报警指示灯
7	回零 X Y Z IV	X/Y/Z/第四轴回零指示灯
8	手动 手轮 快速 MDI 回零 自动 DNC 编辑 示教 方式选择	编辑:处于此方式,可以进行数控程序的输入与编辑 自动:处于此方式,可以按"循环启动"键,完成程序的自动运行 MDI:处于此方式,MDI手动数据输入,可操作系统面板并设置必要的参数 手动:处于此方式,可以进行手动连续进给或步进进给 手轮:处于此方式,可以通过操作手轮,在 X,Y,Z 三个方向进行精确的移动。对刀时常用 快速:处于此方式,刀具快速进给 回零:处于此方式,可以使机床返回参考点 DNC:处于此方式,联机通信,计算机直接加工控制方式 示教:示教编程方式,用于教学演示
9	Y Z X IV 手轮轴选择	手轮轴选择
10	1 10 100 手轮轴倍率	手轮轴移动倍率
11	80 90 70 100 60 110 50 120 主轴速率修调	主轴转速调节旋钮,调节范围 50%～120%
12	跳步	按下此按钮,跳过带有"/"(斜线号)的程序段

序号	名　称	功能说明
13	单段	程序执行一个程序段
14	空运行	按下该按钮,程序执行时,将忽略程序中设定的 F 值
15	锁定	机床锁定,断开进给控制信号
16	选择停	按下此按钮,执行 M01 指令时,程序将暂停
17	急停	机床紧急停止,断开机床主电源
18	进给速率修调	选择自动运行和手动运行时进给速率的倍率
19	机床复位	用于接触警报,CNC 复位
20	程序保护	保护程序不被删改
21	手动轴选择	各轴移动方向

序号	名 称	功能说明
22	手摇脉冲发生器	手摇脉冲发生器,也叫手轮
23	停止 正转 反转 主轴手动操作	主轴停止/正转/反转
24	接通 断开 冷泵手动操作	冷泵控制开关

2. 数控铣床系统面板

数控铣床 FANUC-0i 系统面板如图 3-3 所示,系统操作键盘在视窗的右上角,其左侧为显示屏,右侧是编程面板。

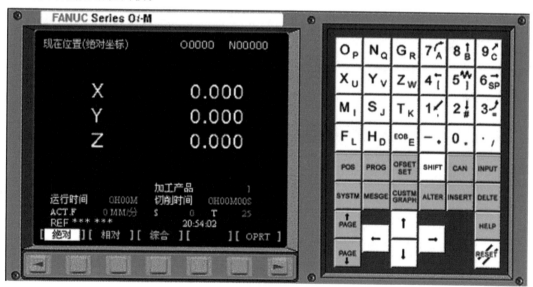

图 3-3　数控铣床系统面板

按钮(键)的功能如下:

① 地址/数字键。如图 3-4 所示,地址/数字键用于输入数据到输入区域,系统自动判别取字母还是取数字。字母和数字键通过 SHIFT 键切换输入,如 O—P,7—A。

② 编辑键(见表 3-3)。

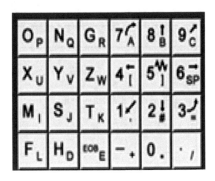

图 3-4　地址/数字键

表 3-3　编辑键

序号	名　称	说　明
1	SHIFT 换挡键	在有些键的上面显示有两个字符,按 SHIFT 键来选择字符,当一个特殊字符 E 显示在屏幕上时,表示键面右下角的字符可以输入
2	CAN 取消键	按此键可删除已输入到输入缓冲器的最后一个字符或符号
3	INPUT 输入键	当按了地址键或数字键后,把输入区内的数据输入参数页面
4	ALTER 替换键	用输入的数据替换光标所在的数据
5	DELTE 删除键	删除光标所在的数据;或者删除一个程序或者删除全部程序
6	INSERT 插入键	把输入区之中的数据插入到当前光标之后的位置
7	EOB E 回车换行键	结束一行程序的输入并且换行
8	HELP 帮助键	按此键可以用来显示如何操作机床,可在 CNC 发生报警时提供报警的详细信息(帮助功能)
9	RESET 复位键	按此键可使 CNC 复位,用以清除报警等

③ 光标/翻页键(见表 3-4)。

表 3-4 光标/翻页键

序号	名　称	说　明
1	↑ ←　→ ↓ 光标移动键	↑ :向上移动光标 ← :向左移动光标 → :向右移动光标 ↓ :向下移动光标
2	翻页键 ↑PAGE PAGE↓	↑PAGE :向上翻页 PAGE↓ :向下翻页

④ 功能键(见表 3-5)。

表 3-5 功能键

序号	名　称	说　明
1	POS	位置显示页面,位置显示有三种方式,用 PAGE 键选择
2	PROG	程序显示与编辑页面
3	OFSET SET	参数输入页面,显示刀偏/设定页面。按第一次进入坐标系设置页面,按第二次进入刀具补偿参数页面。进入不同的页面以后,用 PAGE 键切换
4	SYSTM	显示系统参数页面
5	MESGE	显示信息页面,如"报警"
6	CUSTM GRAPH	显示图形参数设置页面

六、铣床操作

1. 熟悉数控铣床操作面板和系统面板上各个按钮(键)的功能;

2. 完成从一个页面到另一个页面的实际切换。

任务三　数控铣床操作技术基础训练及日常维护保养技术训练

一、任务目标

 ## 知识目标

1. 熟悉和掌握铣床的操作面板；
2. 熟悉和掌握铣床的系统面板；
3. 掌握正确进行数控铣床保养的方法。

技能目标

1. 会正确操作数控铣床；
2. 会正确输入及修改程序；
3. 能正确对数控铣床进行维护保养。

二、学习任务

1. 掌握机床操作面板中各个按钮（键）、运行控制开关的功能；
2. 掌握系统面板中各按键的功能。

三、任务分析

操作面板及系统面板的操作训练可以培养操作者良好的操作习惯，方便以后正确操作数控铣床；机床的日常保养是不仅能较好地维护好机床的性能，还能培养操作人员良好的工作习惯和工作作风，这也要求操作人员应具有良好的职业素质，本任务的训练是为以后的实际编辑与加工打下良好基础。

四、任务准备

同本篇任务一，详见表 3-1。

五、任务实施过程

1. 电源的接通与断开

（1）电源接通

① 首先检查机床的初始状态，以及控制柜的前、后门是否关好。

② 接通机床的电源开关，此时面板上的"电源"指示灯亮。

③ 确定电源接通后，按下操作面板上的"机床复位" 按钮，系统自检后 CRT 上出现

位置显示页面,"准备好"指示灯亮。**注意**:在出现位置显示页面和报警页面之前,不要接触 CRT/MDI 操作面板上的键,以防引起意外。

④ 确认风扇电动机转动正常后开机结束。

(2) 电源关断

① 确认操作面板上的"循环启动" 指示灯已经关闭。

② 确认机床的运动全部停止,按下操作面板上的"断开" 按钮数秒,"准备好"指示灯灭,CNC 系统电源被切断。

③ 切断机床的电源开关。

2. 手动运转

(1) 手动返回参考点

① 将"方式选择"旋钮置于"回零" 的位置。

② 分别使各轴向参考点方向手动进给,返回参考点之后相应轴的指示灯亮。

(2) 手动连续进给

① 将"方式选择"旋钮置于"手动"的位置。

② 选择移动轴,机床在所选择的轴方向上移动。

③ 选择手动进给速度。

④ 按"手动轴选择"按钮,刀具按选择的坐标轴方向快速进给。

注意:手动只能单轴运动。把"方式选择"旋钮置为"手动"位置后,先前选择的轴并不移动,需要重新选择移动轴。

(3) 手轮进给

转动手摇脉冲发生器,可使机床微量进给。其操作步骤如下:

① 使"方式选择"旋钮置于"手轮"位置。

② 选择手摇脉冲发生器移动的轴。

③ 转动手摇脉冲发生器,实现手轮手动进给。

3. 程序的编制

将"方式选择"旋钮置于"编辑" 开关位置。在系统操作面板上,按"PROG"键,CRT 出现编程界面,系统处于程序编辑状态,按程序编制格式进行程序的输入和修改,然后将程序保存在系统中。也可以通过系统软键的操作,对程序进行程序选择、程序复制、程序改名、程序删除、通信、取消等操作。

(1) 由键盘存储

操作步骤如下:

① 选择"编辑"方式。

② 按"PROG"键。

③ 输入地址 O 及要存储的程序号(4 位数字)。

④ 按"INSERT"键,可以存储程序号,然后在每个字的后面输入程序,用"INSERT"键存储。

（2）程序号检索

操作步骤如下：

① 选择"编辑"方式。

② 按"PROG"键，输入地址和要检索的程序号。

③ 按"检索"键，检索结束时，在 CRT 页面的右上方显示已检索的程序号。

（3）删除程序

操作步骤如下：

① 选择"编辑"方式。

② 按"PROG"键，输入地址 O 和要删除的程序号。

③ 按"DELTE"键，可以删除程序号所指定的程序。

（4）字符的插入、变更、删除

操作步骤如下：

① 选择"编辑"方式。

② 按"PROG"键，选择要编辑的程序。

③ 检索要变更的字。

④ 进行字符的插入、变更、删除等编辑操作。

4. 工件安装

装夹毛坯时将毛坯放在机床工作范围的中部，以防机床超程。用台式平口钳夹持工件时，夹持方向应选择零件刚度最好的方向，以防弹性变形。空心薄壁零件宜用压板固定。毛坯装夹时要清洁铣床工作台、平口钳钳口等，以防铁屑引起定位不准。要特别注意留出走刀空间，防止刀具与台虎钳、压板、压板的紧固螺栓相撞。

5. 对刀操作

刀具的安装是一项十分细致的工作，数控铣床带有装拆刀具的专门工具。换刀时要注意清洁，刀具的配合精度较高，稍有污物，刀具就装不上。刀具的夹持要坚固可靠。必须选择与刀具相适应的标准刀柄夹头。

对刀有两种方法：一是用光电对刀仪等专门的仪器对刀；另一种是试切法。试切法是数控铣床上常用的对刀方法。将机床的显示状态调整为显示机床坐标系坐标，启动主轴，手动调整机床，用刀具在工件毛坯上切出细小的切痕来判断刀具的坐标位置。用 MDI 方式输入工件坐标系的原点坐标，在程序中可用 G54～G59 指令的方式进行坐标系调整，或者用 G92 指令和对刀点的坐标确定工件坐标系。

下面举例介绍运用 G54～G59 指令的对刀方法。

例如，在 FANUC-OM 系统 XK5032C 型数控铣床上加工工件，编程时把工件坐标系原点设在工件上表面的对称中心上，运用试切法对刀，如图 3-5 所示。

其操作步骤如下：

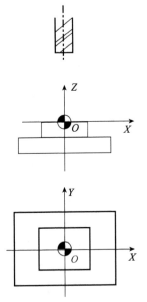

图 3-5　工件坐标系的建立

① 启动机床后,启动主轴,选择手轮进给方式或用手动方式移动铣刀,使铣刀侧面与工件毛坯左侧边缘轻接触,如图 3-6(a)所示。记录下此时屏幕上显示的 X 坐标值(设为 X_1)。

② 用手动方式或手轮进给方式移动铣刀,使铣刀侧面与工件毛坯右侧边缘轻接触,如图 3-6(b)所示。记录下此时屏幕上显示的 X 坐标值(设为 X_2)。

③ 用手动方式或手轮进给方式移动铣刀,使铣刀侧面与工件毛坯前面(靠近操作者的一边)轻轻接触,如图 3-6(c)所示。记录下此时屏幕上显示的 Y 坐标值(设为 Y_1)。

④ 用手动方式或手轮进给方式移动铣刀,将铣刀侧面与工件后面(远离操作者的一边)轻轻接触,如图 3-6(d)所示。记录下此时屏幕上显示的 Y 坐标值(设为 Y_2)。

⑤ 用手动方式或手轮进给方式移动铣刀,使铣刀与工件上表面轻轻接触(注意选择加工中将要切去部分的表面处),记录下此时屏幕上显示的 Z 坐标值(设为 Z),最后将铣刀提起。

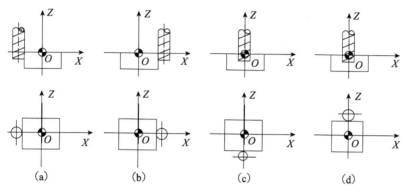

图 3-6 试切法对刀示意图

⑥ 计算工件坐标系的原点和机床原点的距离。用上述方法得到 X_1,X_2,Y_1,Y_2,Z,这 3 组数据决定了工件坐标系的原点和机床零点的相对位置。设刀具半径为 R,则工件坐标系原点和机床原点的距离计算如下。

X 方向: $X = \dfrac{X_1 + X_2}{2}$

Y 方向: $Y = \dfrac{Y_1 + Y_2}{2}$

Z 方向: Z

X,Y,Z 这 3 个值就是想设定的工件坐标系的零点到机床零点的偏移值,由于机床零点在 3 个轴的正方向极限位置,偏移值一般应是负的。

⑦ 按 [OFSET SET] 键进入参数设定页面,按"坐标系"对应的软键,用 [PAGE↑] 和 [PAGE↓] 键在番号 N01 至番号 N03 坐标系页面和番号 N04 至番号 N06 坐标系页面之间切换,番号 N01 至番号 N06 分别对应 G54~G59。按光标移动光标到 N01(对应 G54)处,输入 X,Y,Z,这 3 个偏移值被输入到第 1 工件坐标系的偏移值存储器中,如图 3-7 所示。

注意:

① 用这种设定偏移值的方法设定工件坐标系后,其坐标系偏移值不会因机床断电而消失。

图 3-7　工件坐标系设定

② 如果要使用这个坐标系进行加工,只要使用 G54 指令选择这个坐标系即可。使用 G55、G56、G57、G58 和 G59 指令可以来分别选择第 2、第 3、第 4、第 5 和第 6 工件坐标系。

③ 可以在 NO.00 处设定 6 个坐标系的外部总偏移值。

④ 当第 1 工件坐标系有偏移值时,如果回机床参考点,屏幕显示机床参考点在第 1 工件坐标系内的坐标值。如果有外部总偏移值,外部总偏移值也包含在显示的坐标值内。

⑤ 偏移值设定后,如果再用 G92 指令,偏移值即被忽略。

通过上述操作后,即将工件坐标系原点设定在工件上表面的中心处,此时将刀具停止在任一适当位置,将程序调试好,即可开始加工零件。

如果零件是半成品,不允许在表面上有刀具划痕,就必须应用塞尺,而且要记着把塞尺的厚度累加在相应的坐标值中,注意数值的正、负。

6. 自动运转

(1) 存储器方式下的自动运转

自动运行前必须正确安装工件及相应刀具,并进行对刀操作。其操作步骤如下:

① 预先将程序存入存储器中。

② 选择要运转的程序。

③ 将"方式选择"旋钮置于"自动"位置。

④ 按 ▣循环启动 键,开始自动运转,循环启动指示灯亮。

(2) MDI 方式下的自动运转

该方式适于由 CRT/MDI 操作面板输入一个程序段,然后自动执行。其操作步骤如下:

① 将"方式选择"旋钮置于"MDI"位置。

② 按 PROG 键。

③ 按"MDI"软键,使屏幕显示 MDI 界面。

④ 由地址键、数字键输入指令或数据,按"INSERT"键确认。

⑤ 按操作面板上的 按钮执行。

（3）自动运转的执行

开始自动运转后,按以下方式执行程序:

① 从被指定的程序中,读取一个程序段的指令。

② 解释已读取的程序段指令。

③ 开始执行指令。

④ 读取下一个程序段的指令。

⑤ 读取下一个程序段的指令,变为立刻执行的状态。该过程也称为缓冲。

⑥ 前一程序段执行结束,因被缓冲了,所以要立刻执行下一个程序段。

⑦ 重复执行步骤④、⑤,直到自动执行结束。

（4）自动运转停止

使自动运转停止的方法有两种:预先在程序中想要停止的地方输入停止指令;按操作面板上的按钮使其停止。

① 程序停止(M00)。执行 M00 指令之后,自动运转停止。与单程序段停止相同,到此为止的模态信息全部被保存,按"循环启动"按钮,可使其再开始自动运转。

② 任选停止(M01)。与 M00 相同,执行含有 M01 指令的程序段之后,自动运转停止,但仅限于机床操作面板上的"选择停"按钮被按下接通时的状态。

③ 程序结束(M02、M30)。自动运转停止,呈复位状态。

④ 进给保持。在程序运转中,按机床操作面板上的"进给保持"按钮,可使自动运转暂时停止。

⑤ 复位。由 CRT/MDI 的复位按钮、外部复位信号可使自动运转停止,呈复位状态。若在移动中复位,机床减速后将停止。

7. 试运转

① 全轴机床锁住。若按下机床操作面板上的"锁定"键,机床停止移动,但位置坐标的显示和机床移动时一样。此外,M,S,T 功能还可以执行。此开关用于程序的检测。

② Z 轴指令取消。若接通 Z 轴指令取消开关,则手动、自动运转中的 Z 轴停止移动,位置显示却同其轴实际移动一样被更新。

③ 辅助功能锁住。机床操作面板上的辅助功能"锁定"开关一接通,M,S,T 代码的指令被锁住不能执行,M00,M01,M02,M30,M98,M99 可以正常执行。辅助功能锁住与机床锁住一样用于程序检测。

④ 进给速度倍率。用进给速度倍率开关(旋钮)选择程序指定的进给速度百分数,以改变进给速度(倍率),按照刻度可实现 0%～150% 的倍率修调。

⑤ 快速进给倍率。可以将以下的快速进给速度变为 100%,50%,25% 或 F0(由机床决定)。

• 由 G00 指令指定的快速进给。

• 固定循环中的快速进给。

- 执行指令 G27,G28 时的快速进给。
- 手动快速进给。

⑥ 单程序段。若将"单段"按钮置于 ON,则执行一个程序段后,机床停止。

- 使用指令 G28,G29,G30 时,即使在中间点,也能进行单程序段停止。
- 固定循环的单程序段停止时,"进给保持"灯亮。
- M98 P××××;M99;的程序段不能单程序段停止。但是,M98,M99 的程序中有 O,N,P 以外的地址时,可以单程序段停止。

8. 数据的显示与设定

(1) 偏置量设置

操作步骤如下:

① 按 OFSET SET 键。

② 按"PARE"键,显示所需要的页面,如图 3-8 所示。

③ 使光标移向需要变更的偏置号位置。

④ 由数据输入键输入补偿量。

⑤ 按"INPUT"键,确认并显示补偿值。

图 3-8　刀具偏值量设置

(2) 参数设置

由 CRT/MDI 设置参数的操作步骤如下:

按"SYSTM"键和"PAGE"键显示设置参数页面(也可以通过软键"参数"显示)。

9. 位置显示

按"POS"键切换到位置显示页面,位置显示有三种方式,用"PAGE"键切换,如图 3-9 所示。

绝对坐标系:显示刀位点在当前零件坐标系中的位置。

相对坐标系:显示操作者预先设定为零的相对位置。

综合显示:同时显示当时刀位点在坐标系中的位置。

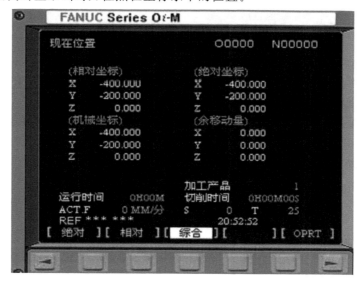

图 3-9　当前坐标位置显示页面

10. 机床的急停

机床在手动或自动运行中,一旦发现异常情况,应立即停止机床的运动。使用"急停"旋钮或"进给保持"按钮中的任意一个均可使机床停止。

① 使用"急停"旋钮。如果在机床运行时按下"急停"旋钮,机床进给运动和主轴运动会立即停止工作。待排除故障,重新执行程序恢复机床的工作时,顺时针旋转该按钮,按下机床复位按钮复位后,进行手动返回机床参考点的操作。

② 使用参考点的操作。

11. 超程警报的解除

刀具超越了机床限位开关规定的行程范围时,显示报警,刀具减速停止。此时用手动方式将刀具移向安全的方向,然后按复位按钮解除报警。如果在机床运行时按下"进给保持"按钮,则机床处于保持状态。待急停解除之后,按下"循环启动"按钮恢复机床运行状态,无须返回参考点。

六、数控铣床日常维护保养技术训练

1. 日常检查要点

① 从工作台、基座等处清除污物和灰尘,除去机床表面上的机油、冷却液和切屑。

② 清除没有罩盖的滑动表面上的一切东西。

③ 擦净丝杠的暴露部位。为了清除这些部位的灰尘和切屑,要用轻油或其他同类油冲洗这些部位。

④ 清理风箱式护罩。

⑤ 清理、检查所有限位开关、接近开关及其周围表面。

⑥ 检查各润滑油箱及主轴润滑油箱的油面,使其保持在合适的油面位置。

⑦ 确保空气滤杯内的水完全排除。

⑧ 检查液压泵的压力是否足够。

⑨ 检查机床液压系统是否漏油。

⑩ 检查冷却液软管及液面,清理管内及冷却液槽内的切屑等污物。

⑪ 确保操作面板上所有指示灯为正常显示。

⑫ 检查各坐标轴是否处在原点上。

⑬ 检查主轴端面、刀夹及其他配件是否有毛刺、破裂或损坏现象,并将主轴周围清理干净。

2. 月检查要点

① 清理电气控制箱内部,使其保持干净。

② 校准工作台及床身基准的水平状态,必要时调整垫铁,拧紧螺母。

③ 清洗空气滤网,必要时予以更换。

④ 检查液压装置、管路及接头,确保无松动、无磨损现象。

⑤ 清理导轨滑动面上的刮垢板。

⑥ 检查各电磁阀、行程开关、接近开关,确保它们能正常工作。

⑦ 检查液压箱内的油滤,必要时予以清洗。

⑧ 检查各电缆及接线端子是否接触良好。

⑨ 确保各联锁装置、时间继电器等能正常工作。

⑩ 确保数控装置能正常工作。

3. 半年检查要点

① 清理电气控制箱内部,使其保持干净。

② 更换液压装置内的液压油及润滑装置内的润滑油,清洗油滤及油箱内部。

③ 检查各电机轴承是否有噪声,必要时予以更换。

④ 检查机床的各有关精度。

⑤ 直观检查所有电气部件及继电器是否可靠工作。

⑥ 测量各进给坐标轴的反向间隙,必要时予以调整或进行补偿。

⑦ 检查各伺服电机的电刷及换向器的表面,必要时予以修整或更换。

⑧ 检查一个试验程序的完整运转情况。

4. CNC 系统的日常维护与保养

CNC 系统的维护与保养在具体的数控铣床使用、维修说明书中,一般都有明确的规定,但总的来说,应注意以下几点:

① 制定 CNC 系统的日常维护的规章制度。根据各种部件的特点,确定各自保养条例。如明文规定哪些地方需要每天清理,哪些部件需要定期更换等。

② 应尽量少开数控柜和强电柜的门。

③ 定时清理数控装置的散热通风系统。

④ 定期维护 CNC 系统的输入/输出装置。如常见的输入装置光电纸带阅读机,当其读带部分被污染,则会导致读入信息出错。因此,必须定期对它的主动滚轴、压紧滚轴、导向滚

轴等进行擦拭,并对导向滚轴、张紧臂滚轴等进行润滑。

⑤ 定期检查和更换直流电机电刷。

⑥ 经常监视 CNC 装置用的电网电压。CNC 装置通常允许电网电压在额定值的 $-15\%\sim+10\%$ 波动。如果超出此范围就会造成系统不能正常工作,甚至会引起 CNC 系统内的电子元件损坏。

⑦ 定期更换存储器的电池。

⑧ CNC 系统长期不用时的维护。为了减少数控系统的故障率,数控铣床闲置不用是不可取的。若 CNC 系统处于长期闲置的情况下,应注意以下两点:一是经常给系统通电,特别是在环境湿度较大的时候,通过电子元件本身的发热来驱散数控装置内的湿气,保证电子元件的性能稳定可靠;二是对采用直流伺服电机来驱动的数控铣床,应将直流伺服电机的电刷取出,以免由于化学腐蚀作用,使换向器表面被腐蚀,造成换向器性能变坏。

七、数控铣床常见故障及排除

数控铣床是一种集机械技术、电子技术、可编程控制技术及计算机技术等多项技术于一体的现代化机床,其故障的产生表现为多样性,原因也比较复杂。因此,这给数控铣床的故障诊断和排除带来了较大困难。现根据数控铣床的组成及结构特点,对其常见故障简要分析如下。

1. 机械部分故障

由于数控铣床大量采用了电气控制,使其机械结构大为简化,因此机械故障较传统普通铣床大为减少。但生产实践证明,在实际使用过程中,数控铣床机械部分的有些部件也会出现故障。

(1)主轴部件

由于主轴部件是数控铣床高速运转且承受载荷较大的重要部件,因此,在长期的使用过程中,主轴的自动拉紧刀柄装置、自动变速装置及主轴的运动精度等会出现问题。当发现上述不良现象时,应及时采取措施予以调整和维修。

(2)进给传动链

数控铣床普遍采用滚珠丝杠螺母副,进给传动链的故障主要表现为运动品质下降。如定位精度降低、反向间隙增大、机械爬行、轴承噪声过大(一般是在撞车后出现)。为此,可采取调整预紧力及补偿环节的办法来消除故障。

(3)限位行程开关

当限位行程开关本身的品质特性下降时,往往就丧失了"限位"的功能,造成撞刀、报警等故障。此时,应更换限位行程开关。

(4)配套附件

当冷却液装置、排屑器、导轨防护罩、冷却液防护罩、主轴冷却恒温油箱和液压油箱等配套附件的可靠性下降时,应及时调整和更换相应附件。

2. CNC 系统故障

CNC 系统发生故障的现象和原因很多,这里仅列举最常见的,以供参考。

（1）数控系统不能接通电源

数控系统的电源输入单元一般都有电源指示灯，若此灯不亮，可先检查电源变压器是否有交流电源输入。如果交流电源已输入，再检查输入单元的保险是否烧断。若输入单元的报警灯亮，应检查各直流工作电压以及电路是否有短路现象。机床操作面板的数控系统电源开关失灵，以及电源输入单元接触不良等，也会造成系统不能接通电源。

（2）电源接通后 CRT 无灰度或无显示

此类故障多数是由下列因素所引起：

① 与 CRT 单元有关的电缆连接不良，应重新检查并连接。

② 检查 CRT 单元输入电压是否正常。但检查前要了解 CRT 所用的电源是交流电还是直流电，电压的高低是多少。

③ CRT 单元本身的故障。CRT 单元是由显示单元、调节器单元等部分组成的，其中任何一个部分不良都会造成 CRT 无灰度或无图像。

④ 用示波器检查 VIDEO（视频）信号输入，如无信号，则故障在 CRT 接口印制电路板或主控制线路板。

⑤ 主控制印制电路板发生报警指示，也会影响 CRT 显示，此时故障大多不是 CRT 本身，可按报警信息来分析处理。

（3）CRT 无显示时机床不能动作

其原因可能是主控制印制电路板或存储系统控制软件的 ROM 板不良。

（4）CRT 无显示而且机床仍能执行手动或自动操作

这一现象说明系统控制部分能正常进行插补运算，仅显示部分或控制部分发生故障。

（5）CRT 有显示但机床不能动作

就数控系统而言，引起这类故障的原因可分为两类：一是系统处于不正常的状态，如系统处于报警状态，或处于紧急停止状态，或是数控系统复位钮处于被接通状态；二是设定错误，例如将进给速度设定为零值，再如将机床设定为锁住状态，此时如运行程序虽然在 CRT 上有位置显示变化而机床不能运动。

（6）机床开机或运行过程中的随机故障

数控系统一接通电源就出现"没准备好"提示，过几秒钟就自动切断电源，有时数控系统接通电源后显示正常，但在运行的中途突然在 CRT 页面上出现"没准备好"，随之电源被切断。造成这类故障的主要原因是 PLC 有故障，通常检查 PLC 的参数和梯形图来发现故障。

（7）机床不能正常返回参考点，且有报警显示

其原因一般是脉冲编码器一端的信号没有输入到主控制印制电线路板上，如脉冲编码器断线或脉冲编码器的连接电缆和插头断线等。另外，返回参考点时的机床位置距基准点太近也会产生此报警。

（8）返回参考点过程中，数控系统突然变成"未准备好"状态，但又无报警产生

这种情况多为返回参考点用的减速开关失灵，触头压下后不能复位所致。

（9）手摇脉冲发生器（即手摇盘）不能工作

这有两种情况：一是转动手摇脉冲发生器时 CRT 页面的位置显示发生变化，但机床不动。此时应通过自诊断功能检查系统是否处于机床锁住状态。如未锁住，则再由自诊断功能确认伺服断开信号是否被输入到数控系统内。如上述处理无效，则故障多会出现在伺服

系统内。二是转动手摇脉冲发生器 CRT 页面的位置显示无变化,机床也不运动。此时可按以下顺序来检查:首先确认数控系统是否带有手摇脉冲发生器功能(通过核查参数变化来确认),然后确认机床锁住信号是否已被输入(通过诊断功能检查),再确认手摇脉冲发生器的方式选择信号已输入(也可通过诊断功能),最后检查主板是否有报警。如以上均正常,则可能是手摇脉冲发生器不良或手摇脉冲发生器接口不良。

八、机床操作

操作步骤如下:
① 机床回参考点操作;
② MDI 操作;
③ 数控程序输入与处理。

九、知识巩固与提高

对刀操作的步骤及注意事项。

任务四 选用与安装数控铣刀

一、任务目标

 知识目标

1. 熟悉刀具的常用材料;
2. 学习安装刀具的方法。

技能目标

1. 会正确操作铣床;
2. 会正确选择加工刀具;
3. 能正确安装刀具;
4. 会对常用刀具进行磨修。

二、学习任务

1. 刀具的常用材料;
2. 刀具的安装方法;
3. 刀具的修磨方法。

三、任务分析

本次任务的学习,重点是为保证后续在正确操作数控铣床的基础上,能最大程度地保证加工零件的质量和尺寸要求。对于初学者来说,需要具备正确选择刀具和安装刀具的能力,同时也要加强对铣刀的安装与对刀点的选择,以保证正确铣削零件,完成加工任务。

四、任务准备

同本篇任务一,详见表 3-1。

五、任务实施过程

1. 常用的数控铣床刀具材料

数控铣床常用刀具材料的性能与要求与数控车床常用刀具相同,刀具的性能与材料可参考第二篇的任务四,这里不再赘述。

2. 数控铣刀的常见类型与选用

1) 对刀具的基本要求

① 铣刀刚性要好。要求铣刀刚性好的目的,一是满足为提高生产效率而采用大切削用量的需要,二是为适应数控铣床加工过程中难以调整切削用量的特点。在数控铣削中,因铣刀刚性较差而断刀并造成零件损伤的事例经常发生,所以解决数控铣刀的刚性问题是至关重要的。

② 铣刀的耐用度要高。当一把铣刀加工的内容很多时,如果刀具磨损较快,不仅会影响零件的表面质量和加工精度,而且会增加换刀与对刀次数,从而导致零件加工表面留下因对刀误差而形成的接刀台阶,降低零件的表面质量。

除上述两点之外,铣刀切削刃的几何角度参数的选择与排屑性能等也非常重要。切屑粘刀形成积屑瘤在数控铣削中是十分忌讳的。总之,根据被加工工件材料的热处理状态、切削性能及加工余量,选择刚性好、耐用度高的铣刀,是充分发挥数控铣床的生产效率并获得满意加工质量的前提条件。

2) 常用铣刀的种类

(1) 面铣刀

如图 3-10 所示,面铣刀圆周方向切削刃为主切削刃,端部切削刃为副切削刃。面铣刀多制成套式镶齿结构,刀齿为高速钢或硬质合金,刀体为 40Cr。高速钢面铣刀按国家标准规定,直径 $d=80\sim250$mm,螺旋角 $\beta=10°$,刀齿数 $z=10\sim26$。

硬质合金面铣刀的铣削速度、加工效率和工件表面质量均高于高速钢铣刀,并可加工带有硬皮和淬硬层的工件,因而在数控加工中得到了广泛的应用。图 3-11 所示为几种常用的硬质合金面铣刀,由于整体焊接式和机夹焊接式面铣刀难于保证焊接质量,刀具耐用度低,重磨较费时,目前已被可转位式面铣刀所取代。

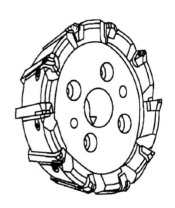

图 3-10　面铣刀

可转位面铣刀的直径已经标准化,采用公比 1.25 的标准直径(mm)系列:16,20,25,32,40,50,63,80,100,125,160,200,250,315,400,500,630,参见 GB 5342—1985。

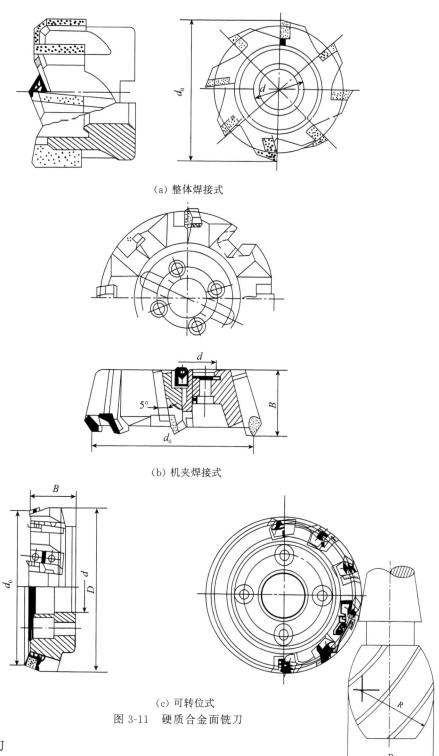

（a）整体焊接式

（b）机夹焊接式

（c）可转位式

图 3-11　硬质合金面铣刀

（2）立铣刀

立铣刀是数控机床上用得最多的一种铣刀，其结构如图 3-12 所示。立铣刀的圆柱表面和端面上都有切削刃，它们可同时进行切削，也可单独进行切削。

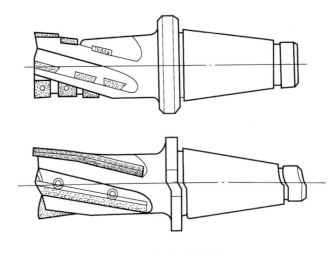

(a) 硬质合金立铣刀

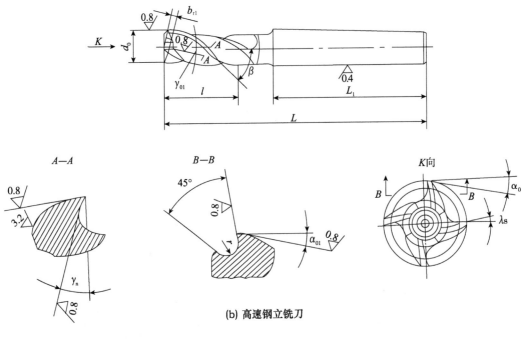

(b) 高速钢立铣刀

图 3-12 立铣刀

立铣刀圆柱表面的切削刃为主切削刃,端面上的切削刃为副切削刃。主切削刃一般为螺旋齿,这样可以增加切削平稳性,提高加工精度。由于普通立铣刀端面中心处无切削刃,所以立铣刀不能作轴向进给,端面刃主要用来加工与侧面相垂直的底平面。

为了能加工较深的沟槽,并保证有足够的备磨量,立铣刀的轴向长度一般较长。为改善切屑卷曲情况,增大容屑空间,防止切屑堵塞,刀齿数比较少,容屑槽圆弧半径则较大。一般粗齿立铣刀齿数 $z = 3 \sim 4$,细齿立铣刀齿数 $z = 5 \sim 8$,套式结构刀齿数 $z = 10 \sim 20$,容屑槽圆

弧半径 $r=2\sim5\,\mathrm{mm}$。当立铣刀直径较大时,可制成不等齿距结构,以增强抗振作用,使切削过程平稳。

标准立铣刀的螺旋角 β 为 $40°\sim45°$(粗齿)和 $30°\sim35°$(细齿),套式结构立铣刀的 β 为 $15°\sim25°$。直径较小的立铣刀,一般制成带柄形式。$\phi2\sim\phi7\,\mathrm{mm}$ 的立铣刀制成直柄;$\phi6\sim\phi63\,\mathrm{mm}$ 的立铣刀制成莫氏锥柄;$\phi25\sim\phi80\,\mathrm{mm}$ 的立铣刀做成 7:24 锥柄,内有螺孔用来拉紧刀具。但是,由于数控机床要求铣刀能快速自动装卸,故立铣刀柄部形式也有很大不同,一般是由专业厂家按照一定的规范设计制造成统一形式、统一尺寸的刀柄。直径大于 $\phi40\,\mathrm{mm}$ 的立铣刀可做成套式结构。

（3）模具铣刀

模具铣刀由立铣刀发展而成,可分为圆锥形立铣刀(圆锥半角 $\alpha/2=3°,5°,7°,10°$)、圆柱形球头立铣刀和圆锥形球头立铣刀三种,其柄部有直柄、削平型直柄和莫氏锥柄。它的结构特点是球头或端面上布满了切削刃,圆周刃与球头刃圆弧连接,可以作径向和轴向进给。铣刀工作部分用高速钢或硬质合金制造。国家标准规定,直径 $d=4\sim63\,\mathrm{mm}$。图 3-13 所示为高速钢制造的模具铣刀,图 3-14 所示为用硬质合金制造的模具铣刀。小规格的硬质合金模具铣刀多制成整体结构,$\phi16\,\mathrm{mm}$ 以上直径的,制成焊接或机夹可转位刀片结构。

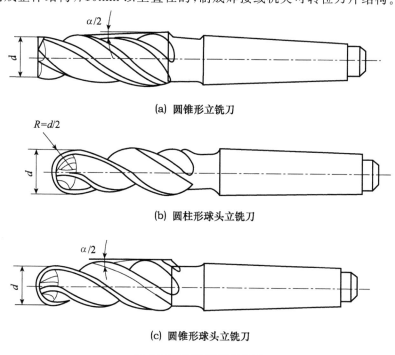

(a) 圆锥形立铣刀

(b) 圆柱形球头立铣刀

(c) 圆锥形球头立铣刀

图 3-13　高速钢模具铣刀

（4）键槽铣刀

键槽铣刀如图 3-15 所示,它有两个刀齿,圆柱面和端面都有切削刃,端面刃延至中心,既像立铣刀,又像钻头。加工时先轴向进给达到槽深,然后沿键槽方向铣出键槽全长。

按国家标准规定,直柄键槽铣刀直径 $d=2\sim22\,\mathrm{mm}$,锥柄键槽铣刀直径 $d=14\sim50\,\mathrm{mm}$。键槽铣刀直径的偏差有 e8 和 d8 两种。键槽铣刀的圆周切削刃仅在靠近端面的一小段长度

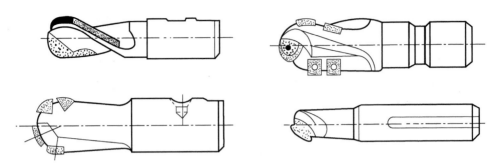

图 3-14　硬质合金模具铣刀

内发生磨损,重磨时,只需刃磨端面切削刃,因此重磨后铣刀直径不变。

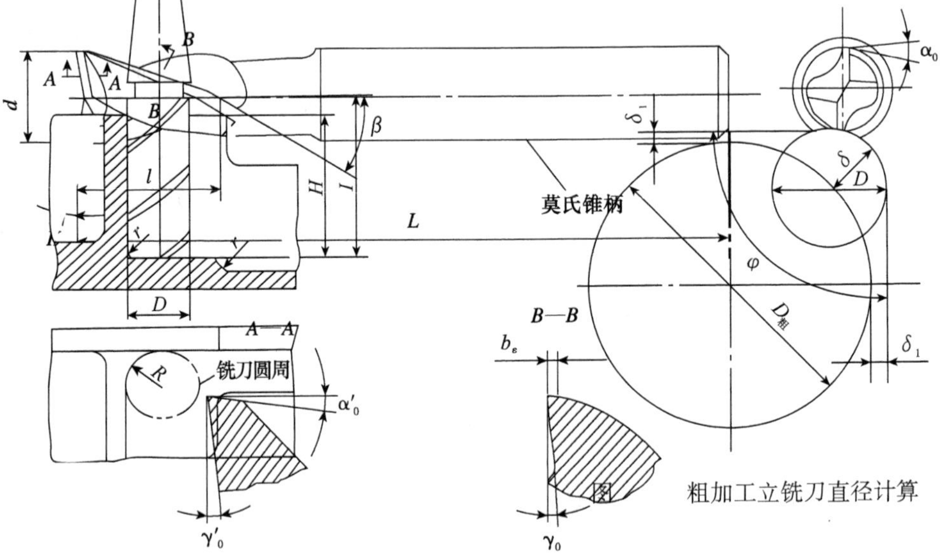

图 3-15　键槽铣刀

（5）鼓形铣刀

图 3-16 所示为一种典型的鼓形铣刀,它的切削刃分布在半径为 R 的圆弧面上,端面无切削刃。加工时控制刀具上下位置,相应改变刀刃的切削部位,切出从负到正的不同斜角。R 越小,鼓形刀所能加工的斜角范围越广,但所获得的表面质量也越差。这种刀具的特点是刃磨困难,切削条件差,而且不适于加工有底的轮廓表面。

（6）成型铣刀

成型铣刀一般是为特定形状的工件或加工内容专门设计制造的,如渐开线齿面、燕尾槽和 T 形槽等。几种常用的成型铣刀如图 3-17 所示。

除了上述几种类型的铣刀外,数控铣床也可使用各种通用铣刀。但因一部分数控铣床的主轴内有特殊的拉刀装置,或因主轴内锥孔有别,须配过渡套和拉钉。

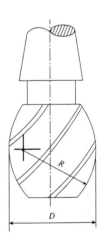

图 3-16　鼓形铣刀

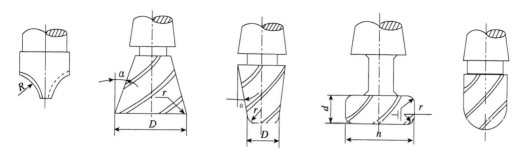

图 3-17　几种常用的成型铣刀

3）铣刀的选择

铣刀类型应与工件的表面形状和尺寸相适应。加工较大的平面应选择面铣刀；加工凹槽、较小的台阶面及平面轮廓应选择立铣刀；加工空间曲面、工件上模具型腔或凸模成型表面等多选用模具铣刀；加工封闭的键槽选择键槽铣刀；加工变斜角零件的变斜角面应选用鼓形铣刀；加工各种直的或圆弧形的凹槽、斜角面、特殊孔等应选用成型铣刀。数控铣床上使用最多的是可转位面铣刀和立铣刀，因此，这里重点介绍面铣刀和立铣刀参数的选择。

（1）面铣刀主要参数的选择

标准可转位面铣刀直径为$\phi16\sim\phi630$mm，应根据工件的宽度选择适当的铣刀直径，尽量包容工件整个加工宽度，以提高加工精度和效率，减小相邻两次进给之间的接刀痕迹和保证铣刀的耐用度。

可转位面铣刀有粗齿、细齿和密齿三种。粗齿铣刀容屑空间较大，常用于粗铣钢件；粗铣带断续表面的铸件和在平稳条件下铣削钢件时，可选用细齿铣刀。密齿铣刀的每齿进给量较小，主要用于加工薄壁铸件。

面铣刀几何角度的标注如图 3-18 所示。前角的选择原则与车刀基本相同，只是由于铣削时有冲击，故前角数值一般比车刀略小，尤其是硬质合金面铣刀，前角数值减小得更多些。铣削强度和硬度都高的材料可选用负前角。前角的数值主要根据工件材料和刀具材料来选择，其具体数值可参见表 3-6。

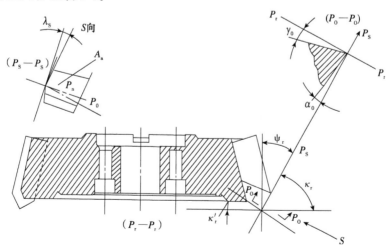

图 3-18　面铣刀的几何角度标注

表 3-6　面铣刀的前角数值

刀具材料 ＼ 工件材料	钢	铸铁	黄铜、青铜	铝合金
高速钢	$10°\sim20°$	$5°\sim15°$	$10°$	$25°\sim30°$
硬质合金	$-15°\sim15°$	$-5°\sim5°$	$4°\sim6°$	$15°$

铣刀的磨损主要发生在后刀面上,因此适当加大后角,可减少铣刀磨损。常取 $\alpha_0=5°\sim12°$,工件材料软时取大值,工件材料硬时取小值;粗齿铣刀取小值,细齿铣刀取大值。

铣削时冲击力大,为了保护刀尖,硬质合金面铣刀的刃倾角常取 $\lambda_s=5°\sim15°$。只有在铣削低强度材料时,取 $\lambda_s=5°$。

主偏角 κ_r 在 $45°\sim90°$ 范围内选取,铣削铸铁常用 $45°$,铣削一般钢材常用 $75°$,铣削带凸肩的平面或薄壁零件时要用 $90°$。

（2）立铣刀主要参数的选择

立铣刀主切削刃的前角在法剖面内测量,后角在端剖面内测量,前、后角的标注如图 3-12(b)所示。前、后角都为正值,分别根据工件材料和铣刀直径选取,其具体数值可分别参见表 3-7 和表 3-8。

表 3-7　立铣刀前角数值

工　件　材　料		前　　角
钢	$\sigma_b<0.589GPa$	$20°$
	$0.589GPa<\sigma_b<0.981GPa$	$15°$
	$\sigma_b>0.981GPa$	$10°$
铸铁	$\leqslant150HBS$	$15°$
	$>150HBS$	$10°$

表 3-8　立铣刀后角数值

铣刀直径 d_0/mm	后　　角
$\leqslant10$	$25°$
$10\sim20$	$20°$
>20	$16°$

立铣刀的尺寸参数如图 3-19 所示,推荐按下述经验数据选取。

① 刀具半径 R 应小于零件内轮廓面的最小曲率半径 ρ,一般取 $R=(0.8\sim0.9)\rho$。

② 零件的加工高度 $H\leqslant(1/4\sim1/6)R$,以保证刀具具有足够的刚度。

③ 对不通孔(深槽),选取 $L=H+(5\sim10)mm$(L 为刀具切削部分长度,H 为零件高度)。

④ 加工外形及通槽时,选取 $L=H+r+(5\sim10)mm$(r 为端刃圆角半径)。

⑤ 粗加工内轮廓面时,如图 3-20 所示,铣刀最大直径 D 粗可按下式计算。

$$D_{粗} = 2\frac{\delta\sin\dfrac{\varphi}{2}-\delta_1}{1-\sin\dfrac{\varphi}{2}}+D$$

式中，D——轮廓的最小凹圆角直径；

δ——圆角邻边夹角等分线上的精加工余量；

δ_1——精加工余量；

φ——圆角两邻边的夹角。

⑥ 加工筋时，刀具直径为 $D=(5\sim10)b$（b 为筋的厚度）。

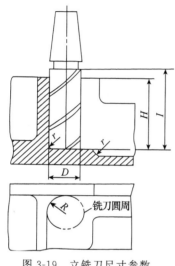

图 3-19　立铣刀尺寸参数

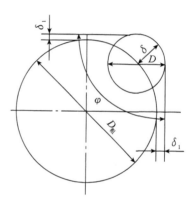

图 3-20　粗加工立铣刀直径计算

3. 铣刀的安装

对刀点和换刀点的选择主要根据加工操作的实际情况，考虑如何在保证加工精度的同时，使操作简便。

（1）对刀点的选择

在加工时，工件在铣床加工尺寸范围内的安装位置是任意的，要正确执行加工程序，必须确定工件在铣床坐标系中的确切位置。对刀点是工件在铣床上定位装夹后，设置在工件坐标系中，用于确定工件坐标系与铣床坐标系空间位置关系的参考点。在工艺设计和程序编制时，应以操作简单、对刀误差小为原则，合理设置对刀点。

对刀点可以设置在工件上，也可以设置在夹具上，但都必须在编程坐标系中有确定的位置，如图 3-21 中的 x_1 和 y_1。对刀点既可以与编程原点重合，也可以不重合，这主要取决于加工精度和对刀的方便性。当对刀点与编程原点重合时，$x_1=0$，$y_1=0$。

为了保证零件的加工精度要求，对刀点应尽可能选在零件的设计基准或工艺基准上。如以零件上孔的中心点或两条相互垂直的轮廓边的交点作为对刀点较为合适，但应根据加工精度对这些孔或轮廓面提出相应的精度要求，并在对刀之前准备好。有时零件上没有合适的部位，也可以加工出工艺孔用来对刀。

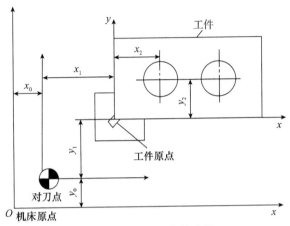

图 3-21　对刀点的选择

确定对刀点在铣床坐标系中位置的操作称为对刀。对刀的准确程度将直接影响零件加工的位置精度,因此,对刀是数控铣床操作中的一项重要且关键的工作。对刀操作一定要仔细,对刀方法一定要与零件的加工精度要求相适应,生产中常使用百分表、中心规及寻边器等工具。寻边器如图 3-22 所示。

（a）光电式　　　　　　　　　　（b）回转式　　　　（c）偏心式

图 3-22　寻边器

无论采用哪种工具,都是使数控铣床主轴中心与对刀点重合,利用铣床的坐标显示确定对刀点在铣床坐标系中的位置,从而确定工件坐标系在铣床坐标系中的位置。简单地说,对刀就是告诉铣床工件装夹在铣床工作台的什么地方。

（2）对刀方法

对刀方法如图 3-23 所示,对刀点与工件坐标系原点如果不重合(在确定编程坐标系时,最好将对刀点与工件坐标系重合),在设置铣床零点偏置时(G54 对应的值),应当考虑到二者的差值。

对刀过程的操作方法如下(XK5025/4 数控铣床,FANUC OMD 系统)。

① 方式选择旋钮置"回零"位置。

② 手动按"+Z"键,Z 轴回零。

③ 手动按"+X"键,X 轴回零。

④ 手动按"+Y"键,Y 轴回零。此时,CRT(屏幕)上显示各轴坐标均为 0。

⑤ X 轴对刀,记录机械坐标 X 的显示值(假设为 −220.000)。

⑥ Y 轴对刀,记录机械坐标 Y 的显示值(假设为 −120.000)。

⑦ Z 轴对刀,记录机械坐标 Z 的显示值(假设为 −50.000)。

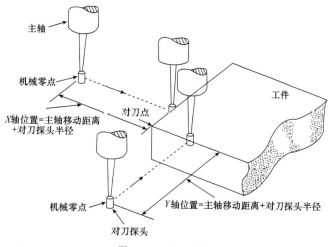

图 3-23　对刀方法

⑧ 根据所用刀具的尺寸(假定为 φ20)及上述对刀数据,建立工件坐标系。有以下两种方法:

- 执行 G92 X-210 Y110 Z-50;指令,建立工件坐标系。
- 将工件坐标系的原点坐标(−210,−110,−50)输入到 G54 寄存器,然后在 MDI 方式下执行 G54 指令。工件坐标系的显示页面如图 3-24 所示。

工件坐标系设定		O0012 N6178	
NO.	（SHIFT）	NO.	（G55）
00	X0.000	02	X0.000
	Y0.000		Y0.000
	Z0.000		Z0.000
NO.	（G54）	NO.	（G56）
01	X-210.000	03	X0.000
	Y-10.000		Y0.000
	Z-50.000		Z0.000
ADRS			
15;37;50		MDI	

磨损	MACRO		坐标系	TOOLLF

图 3-24　工件坐标系的显示页面

（3）换刀点的选择

由于数控铣床采用手动换刀,换刀时操作人员的主动性较高,换刀点只要设在零件外面,不发生换刀阻碍即可。

4. 铣刀的修磨

当铣刀的磨损量达到磨损限度时,应及时换刀,不可继续使用。铣刀的磨损是否达到磨损限度,除了可以通过测量知道外,当出现下列情况之一时,也说明刀具严重磨损,应立即换刀。

① 铣床振动加剧,甚至发出不正常响声,或铣床功率消耗增大 10%～15%时。

② 工件已加工表面质量明显下降,尺寸精度降低。

③ 工件边缘出现较大的毛刺或有剥落现象。

④ 用硬质合金铣刀时,出现严重的火花现象。

⑤ 切屑颜色明显改变,或切屑形状出现畸形。

六、铣床操作加工

根据图 3-25 所示零件尺寸,试选择正确的加工刀具。

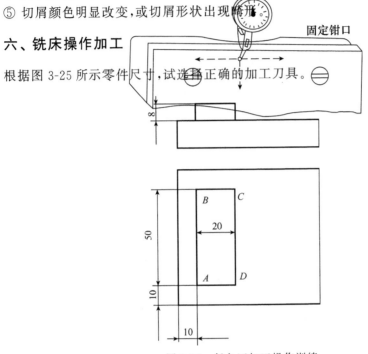

图 3-25　任务四加工操作训练

任务五　外轮廓加工程序的编制及加工技术训练

一、任务目标

 知识目标

1. 通过分析图纸能正确选择零件的编程零点,编制加工工艺;

2. 会对零件图进行工艺分析并进行刀具、工艺参数的选择与确定;

3. 会设置零点偏置值。

技能目标

1. 会正确操作机床;

2. 会用刀具半径补偿功能(G41/G42),保证零件的尺寸;

3. 会用所学指令对图纸进行程序编制。

二、学习任务

本任务是对图 3-26 所示零件进行编程及加工。

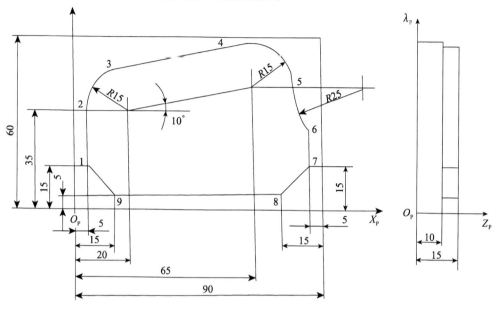

图 3-26　外轮廓加工图例

三、任务分析

本任务外形单一，又是单面加工。针对中、高职学生初学者来说，本任务工艺、程序、操作较为简单，学习本任务后将为后续的零件加工打下良好的基础。

四、任务准备

1. 机床及夹具

图 3-26 所示零件加工的机床、附件配备建议清单见表 3-9。

表 3-9　图 3-26 所示零件加工的机床、附件配备建议清单

序号	名　称	型　　号	数　量	备　注
1	加工中心或数控铣	VDL600 或 XD40-A，XKN714	1 台/每 3 位学生	
2	机用平口钳	AV-6	1/每台	
3	锁刀座	LD-BT40A	2/每场地	

2. 毛坯材料

图 3-26 所示零件加工的备料建议清单见表 3-10。

表 3-10　图 3-26 所示零件加工的备料建议清单

序号	材料	规格/mm	数　量
1	铝锭	100×80×20	1

注:根据零件加工的需要,备料如图 3-27 所示,备料可让学生自行完成。

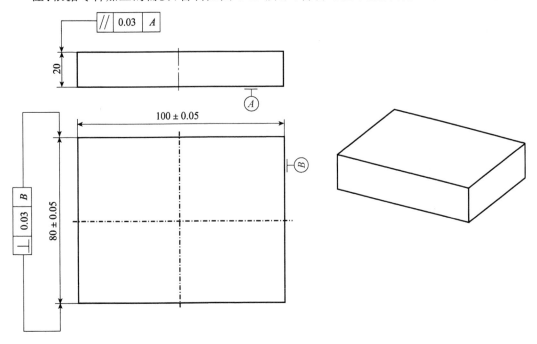

图 3-27　备料示意图

3. 工、量、刃具

对图 3-26 所示零件,数控铣床/加工中心工、量、刃具建议清单见表 3-11。

表 3-11　数控铣床/加工中心工、量、刃具建议清单(图 3-26 所示零件)

类　别	序号	名　称	规格或型号	精度/mm	数量
量 具	1	外径千分尺	50~75,75~100	0.01	各 1
	2	游标卡尺	0~150	0.02	1
	3	深度千分尺	0~50	0.01	1
	4	内测千分尺	5~30,25~50	0.01	1
	5	圆柱光滑塞规	$\phi 10$	H7	1
	6	R 规	$R1 \sim R25$		1
	7	杠杆百分表	0~3	0.01	1
	8	磁力表座			1
刀柄 及筒 夹	1	BT 平面铣刀架	BT40-FMA25.4-60L		1
	2	SE45°平面铣刀	SE445-3		1
	3	BT-ER 铣刀夹头	BT40-ER32-70L		自定
	4	筒夹	ER32-10,16		自定
刃 具	1	平面铣刀刀片	SENN1203-AFTN1		6
	2	立铣刀	$\phi 10, \phi 16$		自定

类别	序号	名　称	规格或型号	精度/mm	数量
操作工具	1	铜棒或塑料榔头			1
	2	内六角扳手	6,8,10,12		各1
	3	等高垫铁	根据机用平口钳和工件自定		1
	4	锉刀、油石			自定
	5	计算器、铅笔、橡皮、绘图工具			自定

五、任务实施过程

1. 图样分析

① 该零件的上表面不需要加工;

② 需要加工的表面为外轮廓表面;

③ 该零件的尺寸精度低(自由公差);

④ 该零件包含了直线、圆弧(外形轮廓)等几何特征。

2. 加工工艺分析

(1)确定工艺路线

根据粗、精分开、先面后孔安排如下加工步骤:

① 装夹校正工件;

② 铣削上下两表面;

③ 粗铣零件外轮廓,单边留 0.3mm;

④ 半精、精铣零件外轮廓,保证零件尺寸精度;

⑤ 去毛刺,检验。

轮廓加工路线:快速定位到起点→建立刀补→切入→加工零件轮廓→切出→取消刀补→退刀。按图 3-26 中各轨迹点依次进行走刀,沿着 1—2—3—4…—9—1 的顺序进行外轮廓加工;从坐标 O 点,下刀,深度 3mm,直线切入到达 1 点,至 2 点,紧接着圆弧插补到 3 点,注意圆弧半径是 15mm,直线插补至 4 点;在 5 点和 6 点之间是圆弧相互连接,注意要看是优弧还是劣弧,才能确定半径的正负,同时 4 点到 5 点的半径是 15mm,5 点至 6 点半径是 25mm,这些务必要看清楚;加工完 6 点圆弧后,后面是直线插补至 7 点、8 点、9 点,最后到起始点 1 点,抬刀,轮廓加工完毕。设每次切深 3mm,刀具补偿 D01,粗加工时可取 5.3mm。全部深度切削完成后,修改刀具补偿 D01 的数值进行精加工调整。

D01(粗)＝D02(粗)＝5.3mm(R5mm 立铣刃,加工余量取 $0.3 \times 2 = 0.6$mm)。

在精加工时,要测量粗加工结束后的零件尺寸,再计算 D01 的数值,修改后再进行精加工。

(2)选择装夹表面与夹具

装夹材料的前后表面,使用台虎钳,材料伸出钳口高度 10mm。

(3)选择刀具

刀具的选择需从多方面进行综合考虑,选择合适的刀具。一般可从以下几个方面考虑:

① 从粗、精加工两个方面考虑,粗加工时,刀具选择的原则是提高加工效率,所以刀具

一般为平底刀、键槽铣刀、立铣刀或圆角刀(圆鼻刀 $R<D/2$),刀具的直径尽可能选大一些;精加工时,刀具的选择需从零件精度出发,刀具的半径不大于轮廓凹圆弧最小曲率半径。

② 从刀具材料方面考虑,常用刀具材料为两种:高速钢刀具和硬质合金刀具。这两种刀具使用的场合不同,高速钢刀具一般应用于线速度比较低(主轴转速低)、进给速度小、铣削深度比较大的场合;硬质合金刀具用于线速度高(主轴转速高)、进给速度大、铣削深度较小的场合,常见的加工方式为分层铣削。

③ 从加工形状及特征考虑:加工平面可选择面铣刀;加工台阶面时可采用立铣刀;加工型腔时可采用键槽铣刀;加工孔类特征可采用麻花钻、铰刀、丝攻等;加工螺纹特征可采用螺纹铣刀。

根据图 3-26 选择刀具,见表 3-12。

表 3-12　刀具卡(图 3-26 所示零件)

序号	刀具编号	刀具名称	刀片材料	刀尖半径
1	T01	面铣刀	硬质合金	31.5mm
2	T02	立铣刀	高速钢	5mm
3	T03	立铣刀	硬质合金	5mm

3. 设定工件坐标系

选取工件的左下角与上表面的交点为工件坐标系原点。

4. 轨迹点计算

轨迹点坐标见表 3-13。

表 3-13　轨迹点坐标(图 3-26 所示零件)

轨迹点	X 坐标值	Y 坐标值	轨迹点	X 坐标值	Y 坐标值
1	5	15	6	85	27.935
2	5	35	7	85	15
3	17.395	49.772	8	75	5
4	62.395	57.707	9	15	5
5	80	42.935			

5. 零件程序编制

① 粗铣和精铣使用同一个加工程序,通过调整刀具半径补偿值实现粗加工、半精加工和精加工。

② 刀具加工参数及刀具补偿见表 3-14。

表 3-14　刀具加工参数及刀具补偿表(图 3-26 所示零件)

序号	刀具类型	刀具材料	刀号 T	长度补偿号 H	半径补偿值 D			主轴转速 n /(r/min)	进给率 f /(mm/min)
					刀补号	粗加工刀补值	半精加工刀补值		
3	面铣刀	硬质合金	1	1	1	8.3		900	100
4	$\phi10$ 三刃立铣刀	高速钢	2	2	2	5.3		600	100
5	$\phi10$ 四刃立铣刀	硬质合金	3	3	3		5.1	3500	600

③ 加工程序。

```
O0005
N10    G40 G80 G49；
N20    G54 G90 G00 X0 Y0；
N30    M03 S1000；
N40    G00 Z10；
N50    X-20  Y-20；
N60    Z3；
N70    G01  Z-5  F100；
N80    G41  X5 Y5 D01；
N90    Y35；
N100   G02  X17.395  Y49.772  R15；
N110   G01  X62.395  Y57.707；
N120   G02  X80  Y42.935  R15；
N130   G03  X85  Y27.935  R25；
N140   G01  Y15；
N150   X75  Y5；
N160   X15；
N170   X0  Y20；
N180   G40  X-20  Y20；
N190   G00  Z10；
N200   M05
N210   M30
```

6. 仿真加工

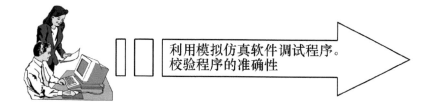

利用模拟仿真软件调试程序。
校验程序的准确性

六、机床操作加工

1. 加工前机床检查

开机前检查机床润滑油泵液面及各处润滑点是否正常,检查冷却液箱中的冷却液是否充足;按规定上电,机床回零(绝对式编码器不用回零),检查机床控制面板的各按钮是否正常,手动移动各移动部件,主轴低速空运转 15min,检查各移动部件和旋转轴有无异响。

2. 工件装夹

安装夹具和工件,选用机用平口钳装夹工件,校正平口钳固定钳口与工作台 X 轴移动方向平行(见图 3-28),在工件下表面与平口钳之间放入精度较高且厚度适当的平行垫块。

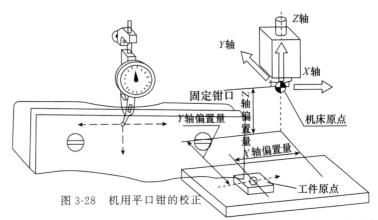

图 3-28　机用平口钳的校正

工件露出钳口 7mm(加工深度为 5mm),保证刀具与夹具不发生干涉,利用木锤或铜棒敲击工件,使平行垫块不能移动后夹紧工件。

3. 工件坐标系及工件零点的确定

为了使程序能满足图纸的加工要求,工件坐标系的零点选择应符合编程零点的原则是:

- 选择要尽量满足编程简单,尺寸换算少,引起的加工误差小;
- 工件零点应选在尺寸标注的基准或定位基准上;
- 工件零点应选在对称中心或圆心上;
- Z 轴的工件零点一般选在工件的上表面。

 知识链接

1. 工件坐标系与编程零点的确定

工件坐标系可以描述工件的几何形状,即 NC 程序中的数据是参考工件坐标系的,工件坐标系(见图 3-29)是编程人员在编制 CNC 程序时建立的。编程人员在编制程序前,必须先确定工件上的一固定点作为工件坐标系的零点(编程零点),建立工件坐标系(编程坐标系)。

当工件随夹具都安装在工作台上后,首先确定工件上的基准点(编程零点)在机械坐标系中的具体位置(见图 3-30),由此点(工件零点)建立工件坐标系,此过程就为工件零点偏置的确定,其方法可通过"对刀"的方式来实现。在确定工件零点位置之前,机床必须"回零"操作(回参考点),建立机械坐标系,然后依次确定 X,Y,Z 三轴方向的零点偏置值。

设定编程零点的原则有以下三点:

① 编程零点要便于数学处理,能简化程序编制;

② 编程零点应选在容易找正、在加工过程中便于检查的位置;

③ 编程零点应尽可能选在零件的设计基准或工艺基准上,使加工引起的误差最小。

2. 走刀路线设计

走刀路线的设计要满足以下几个要求:

① 在保证精度的前提下,尽量缩短加工线路,提高加工效率;

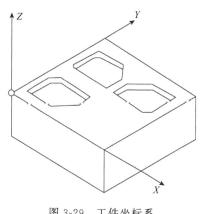

图 3-29　工件坐标系

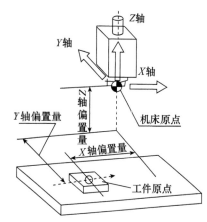

图 3-30　工件零点偏置示意图

② 在数控铣、加工中心机床上，走刀路线的设计一般应满足顺铣的加工方式，除了加工表面有黑皮的工件采用逆铣外；

③ 走刀路线的设计应该是程序段最少，编程最为简短、可靠。

3. 程序校验

输入程序并检查，可通过程序校验测试程序语法错误及语句结构是否正确。

4. 零件精度的保证

零件精度包括三方面的精度要求：尺寸精度、表面粗糙度及形位公差，在这里着重介绍尺寸精度的保证方法。

一般情况下，零件的加工都要经过以下三个工艺过程，粗加工→半精加工→精加工，精度不高的可省去半精加工，直接精加工。粗加工快速去除大部分余量，它以提高效率为主；半精加工，一方面是为精加工做准备，另一方面还可以使轮廓表面的加工余量均匀化，不致于产生误差复映；精加工完全是保证尺寸精度和表面粗糙度。

在零件加工中，常用的尺寸精度保证方法采用试切法，即试切→测量→调整加工参数→试切，这种方法可用刀具半径补偿值的调整来完成。

举例：加工图 3-26 所示的外轮廓，刀具选用 φ10mm 立铣刀，使用试切法和刀具半径补偿（见表 3-15）保证工件尺寸精度。

表 3-15　刀具半径补偿值的确定

序号	加工过程	刀具直径/mm	刀具半径补偿值/mm	备注
1	粗加工	φ10	5.3	单边留 0.3mm 余量
2	半精加工	φ10	5.1	单边留 0.1mm 余量
3	精加工	φ10		根据测量随时调整

加工步骤：

① φ10mm 立铣刀（粗加工铣刀）粗铣外轮廓，单边留 0.3mm 余量；

② φ10mm 立铣刀（精加工铣刀）半精铣外轮廓，单边留 0.1mm 余量；

③ 测量外轮廓尺寸，根据零件的加工精度，修改刀具半径补偿值；

④ φ10mm 立铣刀（精加工铣刀）精铣外轮廓，保证尺寸，检测外轮廓尺寸，如还不符零件精度，可修改刀具半径补偿值，再次进行精铣。

说明：

① 图纸标注精度值就是需加工的理想值，该值一般为中间公差值；

② 半精加工和精加工使用同一把刀具；

③ 修正值为热胀冷缩值、刀具安装的误差值、主轴回转误差及加工过程中刀具的变形值，该值很小，一般为 0.005～0.01mm，有时可忽略不计。

5. 对刀

初学者在开始训练对刀时可直接使用铣刀来完成，下面为一把刀具（平底刀）的对刀方法，刀具直径为 φ10mm，工件零点 G54 设置在工件的左下角。

① 安装刀具于主轴，主轴以 300～500r/min 正转；

② 移动刀具，使刀具快速接近工件，修改手轮进给倍率，操作手轮使刀具与工件 X 方向侧面轻擦，记下此时机械坐标系中 X 轴的坐标值；

③ 同理，按步骤②，使刀具与工件在 Y 向侧面轻擦（见图 3-31），相应记录机械坐标系中 Y 轴的坐标值；

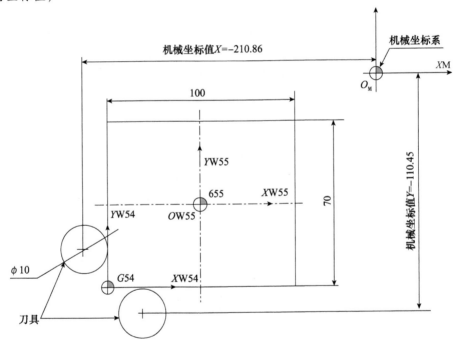

图 3-31　工件零点偏置值的确定

④ 同理，按步骤②，移动刀具使刀具的底刃（平底刀的刀位点为底刃中心，常见刀具的刀位点见图 3-32）与工件上表面轻擦，相应记录机械坐标系中 Z 轴的坐标值（确定 Z 向工件零点偏置值，见图 3-33）；

⑤ 通过计算求解 G54（工件左下角）的坐标值。$X=-210.86-5=-205.86$，$Y=-110.45-5=105.45$，Z 为步骤④记录值；

⑥ 通过机床操作面板把上述三个坐标值输入 G54 坐标偏置值中。

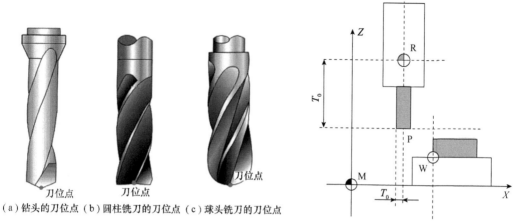

（a）钻头的刀位点（b）圆柱铣刀的刀位点（c）球头铣刀的刀位点

图 3-32　常见刀具刀位点　　　　　　　　图 3-33　Z 向对刀示意图

　　想一想：图 3-31 中，G55 工件零点偏置值可采用何种方法确定？如果有两把以上刀具该如何设置工件零点（Z 向）偏置值？

七、任务评价

1. 操作现场评价

填写表 3-16 所列现场记录表。

表 3-16　现场记录表（图 3-26 所示零件的加工）

学生姓名：_____　　　　　　　　　　　　　　　　　学生学号：_____

学生班级：_____　　　　　　　　　　　　　　　　　工件编号：_____

	安全规范	好 □	一般 □	差 □
安全、文明生产	刀具、工具、量具的放置	合理 □		不合理 □
	正确使用量具	好 □	一般 □	差 □
	设备保养	好 □	一般 □	差 □
	关机后机床停放位置	合理 □		不合理 □
	发生重大安全事故、严重违反操作规程者，取消成绩	（事故状态）：		
	备注			
规范操作	开机前的检查和开机顺序正确	检查 □		未检查 □
	正确回参考点	回参考点 □		未回参考点 □
	工件装夹规范	规范 □		不规范 □
	刀具安装规范	规范 □		不规范 □

规范操作	正确对刀,建立工件坐标系	正确 ☐	不正确 ☐
	正确设定换刀点	正确 ☐	不正确 ☐
	正确校验加工程序	正确 ☐	不正确 ☐
	正确设置参数	正确 ☐	不正确 ☐
	自动加工过程中,不得开防护门	未开 ☐ 开 ☐	次数 ☐
	备注		
时间	开始时间:	结束时间:	

2. 零件精度的检测与评价

填写表 3-17 所列零件精度的检测与评价表。

表 3-17 零件精度的检测与评价表(图 3-26 所示零件的加工)

序号	考核项目	考核内容及要求		评分标准	配分	检测结果	扣分	得分	备注
1	轮廓大凸台	90mm	IT	超差全扣	15				
			Ra	降级不得分	5				
		60mm	IT	超差全扣	15				
			Ra	降级不得分	5				
		$R15$	IT	超差全扣	10				
			Ra	降级不得分	5				
		深度 10mm	IT	超差全扣	10				
		$R25$	IT	超差全扣	10				
			Ra	降级不得分	5				
		完成形状轮廓加工		有明显缺陷不得分	10				
2	其他项目	① 未注尺寸公差按照 IT12; ② 其余表面光洁度; ③ 工件必须完整,局部无缺陷(夹伤等)			10				
记录员			检验员		复核		统分		

3. 任务学习自我评价

填写表 3-18 所列任务学习自我评价表。

表 3-18 任务学习自我评价表(图 3-26 所示零件加工)

任务名称		实施地点		实施时间	
学生班级		学生姓名		指导教师	
评 价 项 目			评 价 结 果		
任务实施前的准备过程评价	任务实施所需的工具、量具、刀具是否准备齐全		1. 准备齐全		☐
			2. 基本齐全		☐
			3. 所缺较多		☐
	任务实施所需材料是否准备妥当		1. 准备妥当		☐
			2. 基本妥当		☐
			3. 材料未准备		☐
	任务实施所用的设备是否准备完善		1. 准备完善		☐
			2. 基本完善		☐
			3. 没有准备		☐
	任务实施的目标是否清楚		1. 清楚		☐
			2. 基本清楚		☐
			3. 不清楚		☐
	任务实施的工艺要点是否掌握		1. 掌握		☐
			2. 基本掌握		☐
			3. 未掌握		☐
	任务实施的时间是否进行了合理分配		1. 已进行合理分配		☐
			2. 已进行分配,但不是最佳		☐
			3. 未进行分配		☐
任务实施中的过程评价	每把刀的平均对刀时间为多少? 你认为中间最难对的是哪把刀		1. 2~5 分钟 ☐	最难对的刀是:	
			2. 5~10 分钟 ☐		
			3. 10 分钟以上 ☐		
	实际加工中切削参数是否有改动? 改动情况怎样? 效果如何		1. 无改动		☐
			2. 有改动		☐
			所改切削参数: 切削效果:		
	各件的加工时间与工序要求相差多少		件一	件二	
			1. 正常　☐	1. 正常　☐	
			2. 快　　分钟	2. 快　　分钟	
			3. 慢　　分钟	3. 慢　　分钟	

任务名称			实施地点		实施时间	
学生班级			学生姓名		指导教师	
评价项目			评价结果			
任务实施中的过程评价	加工过程中是否有因主观原因造成失误的情况,具体是什么		1. 没有			□
			2. 有			□
			具体原因:			
	加工过程中是否有因客观原因造成失误的情况,具体是什么		1. 没有			□
			2. 有			□
			具体原因:			
	在加工过程中是否遇到了困难,怎么解决的		1. 没有困难,顺利完成			□
			2. 有困难,已解决 具体内容: 解决方案:			□
			3. 有困难,未解决 具体内容:			□
	在加工过程中是否重新调整了加工工艺,原因是什么,如何进行的调整,结果如何		1. 没有调整,按工序卡加工			□
			2. 有调整 调整原因: 调整方案:			□
	刀具的使用情况如何		1. 正常			□
			2. 有撞刀情况,刀片损毁,进行了更换			□
			3. 有撞刀情况,刀具损毁,进行了更换			□
	设备使用情况如何		1. 使用正确,无违规操作			□
			2. 使用不当,有违规操作 违规内容:			□
			3. 使用不当,有严重违规操作 违规内容:			□

任务名称		实施地点		实施时间	
学生班级		学生姓名		指导教师	
评 价 项 目			评 价 结 果		
任务完成后的评价	任务的完成情况如何	1. 按时完成	1. 质量好		☐
			2. 质量中		☐
			3. 质量差		☐
		2. 提前完成	1. 质量好		☐
			2. 质量中		☐
			3. 质量差		☐
		3. 滞后完成	1. 质量好		☐
			2. 质量中		☐
			3. 质量差		☐
	是否进行了检测	1. 是,详细检测			☐
		2. 是,一般检测			☐
		3. 否,没有检测			☐
	是否对所使用的工、量、刃具进行了保养	1. 是,保养到位			☐
		2. 有保养,但未到位			☐
		3. 未进行保养			☐
	是否进行了设备的保养	1. 是,保养到位			☐
		2. 有保养,但未到位			☐
		3. 未进行保养			☐
总结评价	针对本任务自我的一个总体评价	总体自我评价:			
加工质量分析	针对本任务形成超差的分析	原因:			

八、知识巩固与提高

1. 使用轮廓倒角和圆角指令简化程序编制。

2. 机床实操时如何设定多个坐标系?

任务六　挖槽与型腔加工程序的编制及加工技术训练

一、任务目标

知识目标

1. 通过分析图纸能正确选择零件的编程原点,并编制加工工艺;

2. 会对型腔类零件进行工艺分析,进行刀具、工艺参数的选择与确定;

3. 会设置零点偏置值。

技能目标

1. 会正确操作机床;

2. 会用刀具半径补偿功能(G41/G42),对型腔加工并保证零件尺寸;

3. 会用所学指令对图纸进行程序编制。

二、学习任务

本任务是对图 3-34 所示零件进行编程与加工。

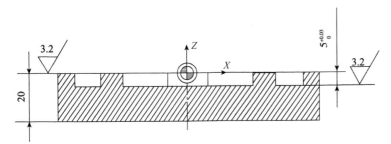

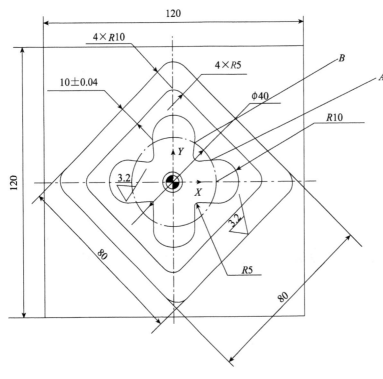

技术要求:
锐边去毛刺

图 3-34 十字凹型板

三、任务分析

本任务的加工零件属内型腔零件,既有挖槽又是型腔加工。对中、高职学生来说,通过本任务的学习和训练,可在工艺制定、编程、操作方面提升一个阶段,学习本任务后将为后续的综合零件加工打下良好基础。

四、任务准备

1. 机床及夹具

同本篇任务五,详见表3-9。

2. 毛坯材料

十字凹型板加工的备料建议清单见表3-19。

表 3-19 十字凹型板加工的备料建议清单

序号	材料	规格/mm	数量
1	铝锭	120×120×20	1

注:根据零件加工的需要,备料可让学生自行完成。

3. 工、量、刃具

数控铣床/加工中心工量、刃具清单见表3-20。

表 3-20 数控铣床/加工中心工、量、刃具建议清单(十字凹型板加工)

类别	序号	名 称	规格或型号	精度/mm	数量
量具	1	外径千分尺	50~75,75~100	0.01	各1
	2	游标卡尺	0~150	0.02	1
	3	深度千分尺	0~50	0.01	1
	4	内测千分尺	5~30,25~50	0.01	1
	5	圆柱光滑塞规	ϕ10	H7	1
	6	R规	R1~R25		1
	7	杠杆百分表	0~3	0.01	1
	8	磁力表座			1
刀柄及筒夹	1	BT平面铣刀架	BT40-FMA25.4-60L		1
	2	SE45°平面铣刀	SE445-3		1
	3	BT-ER铣刀夹头	BT40-ER32-70L		自定
	4	筒夹	ER32-10,16		自定
刃具	1	平面铣刀刀片	SENN1203-AFTN1		6
	2	立铣刀	ϕ10,ϕ16		自定
	3	键槽铣刀	ϕ6,ϕ10,ϕ16		自定

类别	序号	名　称	规格或型号	精度/mm	数量
操作工具	1	铜棒或塑料榔头			1
	2	内六角扳手	6,8,10,12		各1
	3	等高垫铁	根据机用平口钳和工件自定		1
	4	锉刀、油石			自定
	5	计算器、铅笔、橡皮、绘图工具			自定

五、任务实施过程

1. 图样分析

① 该零件属型腔零件;

② 该零件的上、下表面不需要加工;

③ 需要加工的表面为内部型腔;

④ 该零件的尺寸精度中等(自由公差居多);

⑤ 该零件包含了直线、圆弧(内轮廓)等几何特征。

2. 加工工艺分析

(1) 确定工艺路线

根据粗、精分开原则,安排如下加工步骤:

① 装夹校正工件;

② 铣削上下两表面;

③ 粗铣零件内型腔,单边留 0.3mm 余量;

④ 半精、精铣零件内型腔,保证零件尺寸精度;

⑤ 去毛刺,检验。

轮廓加工路线:快速定位到起点→建立刀补→切入→加工零件轮廓→切出→取消刀补→退刀。粗加工时刀具补偿值可取 5.3mm。全部深度切削完成后,修改刀具补偿 D01 的数值进行精加工调整。

D01(粗)＝D02(粗)＝5.3 mm(R5mm 立铣刃,加工余量取 $0.3×2＝0.6$mm)。

在精加工时,要测量粗加工结束后的零件尺寸,再计算 D01 的数值,修改后再进行精加工。

(2) 选择装夹表面与夹具

装夹材料的前后表面,使用台虎钳,材料伸出钳口高度 10mm。

(3) 选择刀具

根据图 3-34 选择刀具,见表 3-21。

表 3-21　十字凹型板加工刀具卡

序号	刀具编号	刀具名称	刀片材料	刀尖半径
1	T01	面铣刀	硬质合金	31.5mm
2	T02	立铣刀	高速钢	5mm
3	T03	立铣刀	硬质合金	5mm
4	T04	键铣刀	硬质合金	4mm

3. 设定工件坐标系

选取工件 X 轴与 Y 轴交点 O 为工件坐标系原点。

4. 轨迹点计算

轨迹点坐标见表3-22。

表3-22　十字凹型板加工的轨迹点坐标

轨迹点	X 坐标值	Y 坐标值
A	15.690	9.024
B	9.024	15.690

5. 零件程序编制

① 粗铣和精铣使用同一个加工程序,通过调整刀具半径补偿值实现粗加工、半精加工和精加工。

② 刀具加工参数及刀具补偿,见表3-23。

表3-23　刀具加工参数及刀具补偿表(十字凹型板加工)

序号	刀具类型	刀具材料	刀号 T	长度补偿号 H	半径补偿值 D			主轴转速 n /(r/min)	进给率 f /(mm/min)
					刀补号	粗加工刀补值	半精加工刀补值		
1	面铣刀	硬质合金	1	1	1	8.3		900	100
2	ϕ10 三刃立铣刀	高速钢	2	2	2	5.3		600	100
3	ϕ10 四刃立铣刀	硬质合金	3	3	3		5.1	3500	600
4	ϕ8 三刃键铣刀	硬质合金	4	4	4	4.3		600	100

③ 参考程序。

O0006

N10 G40 G80 G49；

N20 G54 G90 G00 X0 Y0；

N30 G00 X45 Y-30；

N40 S350 M03；

N50 G43 H01 Z100；

N60 Z10；

N70 G01 Z0 F200；

N80 X-40 F80；

N90 Y10；

N100 X40；

N200 Y30；

N300 X-40；

N310 G00 Z100；

N320 M05；

N330 M00；

N340 M03 S350；

N350 G90 G54 G00 X0 Y0；

N360 G43 H04 G00 Z50;

N370 Z5 M08;

N380 G01 Z-4.9 F40;

N390 G41 G01 X0 Y-9.024D04;

N400 G01 X15.69 Y-9.024;

N410 G03 X15.69 Y9.024 R-10;

N420 G01 X9.024 Y9.024 R5;

N430 G01 X9.024 Y15.69;

N440 G03 X-9.024 R-10;

N450 G01 X-9.024 Y9.024 R5;

N460 G01 X-15.96;

N470G03 Y-9.024 R-10;

N480 G01 X-9.024 Y-9.024 R5;

N490 G01 Y-15.69;

N500 G03 X9.024 R-10;

N510 G01 X9.024 Y-9.024 R5;

N520 G01 X15.69;

N530 G03 Y9.024 R-10;

N540 G01 X0;

N550 G40 G01 Y0;

N560 G00 Z150;

N570 M09 M05;

N580 M00;

N590 M03 S420;

N600 G90 G54 G00 X0 Y0;

N610 G43 G00 Z50 H03;

N620 G01 Z-5 F90;

N630 X20;

N640 G41 G01 Y-9.024 D03;

N650 G01 X15.69;

N660 G03 X15.69 Y9.024 R-10;

N670 G01 X9.024 Y9.024 R5;

N680 G01 Y15.69;

N690 G03 X-9.024 R-10;

N700 G01 X-9.024 Y9.024 R5;

N710 G01 X-15.69 Y9.024;

N720 G03 Y-9.024 R-10;

N730 G01 X-9.024 Y-9.024 R5;

N740 G01 Y-15.69;

N750 G03 X9.024 R-10;

N760 G01 X9.024 Y-9.024 R5;

N770 G01 X15.69;

N780 G03 Y9. 024 R-10;

N790 G40 G01 X0;

N800 Z150;

N810 M09 M05;

N820 M00;

N830 M03 S480;

N040 G43 G00 Z50 H04;

N850 G90 G54 G00 X0 Y0;

N860 G68 X0 Y0 R45;

N870 G41 G01 Y-40 D04 F60;

N880 G01 Z-4. 9 F60;

N890 X30;

N900 G03 X40 Y-30 R10;

N910 G01 Y30;

N920 G03 X30 Y40 R10;

N930 G01 X-30;

N940 G03 X-40 Y30 R10;

N950 G01 Y-30;

N960 G03 X-30 Y-40 R10;

N970 G01 X0;

N980 G42 G01 Y-30;

N990   X25;

N1000 G03 X30 Y-25 R5;

N1010 Y25;

N1020 G03 X25 Y30 R5;

N1030 G01 X-25;

N1040 G03 X-30 Y25 R5;

N1050 G01 Y-25;

N1060 G03 X-25 Y-30 R5;

N1070 G01 X0;

N1080 G40 G00 Z100;

N1090 G69 M05;

N1100 M00;

N1110 M03 S480;

N1120 G43 G00 Z50 H03;

N1130 G90 G54 G00 X0 Y0;

N1140 G68 X0 Y0 R45;

N1150 G41 G01 Y-40 D03 F100;

N1160 G01 Z-5 F60;

N1170 X30;

N1180 G03 X40 Y-30 R10;

N1190 G01 Y30;

N1200 G03 X30 Y40 R10；

N1210 G01 X-30；

N1220 G03 X-40 Y30 R10；

N1230 G01 Y-30；

N1240 G03 X-30 Y-40 R10；

N1250 G01 X0；

N1260 G42 G01 Y-30；

N1270 X25；

N1280 G03 X30 Y-25 R5；

N1290 Y25；

N1300 G03 X25 Y30 R5；

N1310 G01 X-25；

N1320 G03 X-30 Y25 R5；

N1330 G01 Y-25；

N1340 G03 X-25 Y-30 R5；

N1350 G01 X0；

N1360 G40 G00 Z100；

N1370 G69；

N1380 G40 G00 X0 Y0；

N1390 M05；

N140 0 M30；

6. 仿真加工

利用模拟仿真软件调试程序。
校验程序的准确性

六、机床操作加工

操作步骤如下：

① 加工前机床检查；

② 工件装夹；

③ 工件坐标系及工件零点的确定；

④ 对刀；

⑤ 输入程序，设置参数；

⑥ 实际加工。

1. G40,G41,G42:刀具半径补偿指令

用铣刀加工零件时,刀具中心轨迹应在与零件轮廓相距刀具半径的等距线上,计算非常烦琐。采用刀具半径补偿指令,编程时只需按零件轮廓编制,数控系统能自动计算刀具中心轨迹,并使刀具按此轨迹运动,使编程简化。

如图 3-35 所示,其中 G41 表示刀具半径左补偿(左偏置),指顺着刀具前进方向观察,刀具偏在工件轮廓的左边。G42 表示刀具半径右补偿(右偏置),指顺着刀具前进方向观察,刀具偏在工件轮廓的右边。G40 表示注销刀具半径补偿,使刀具中心与程序段给定的编程坐标点重合。G41~G42 需要与 G00~G03 等指令共同构成程序段,并要用 G17~G19 指定坐标平面。

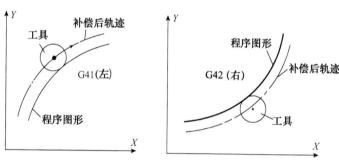

图 3-35　刀具半径补偿

G41,G42 与 G00,G01 构成的指令格式(XY 平面为例,G17 省略)如下:

$$\left\{\begin{matrix} G00 \\ G01 \end{matrix}\right\} \left\{\begin{matrix} G41 \\ G42 \end{matrix}\right\} \text{X\_Y\_D(H)\_F\_} \quad (\text{G00 不能带 F 指令})$$

G41,G42 与 G02,G03 构成的指令格式如下:

$$\left\{\begin{matrix} G02 \\ G03 \end{matrix}\right\} \left\{\begin{matrix} G41 \\ G42 \end{matrix}\right\} \text{X\_Y\_I\_J\_D(H)\_F\_} \quad (\text{I,J 可用 R 代替})$$

式中,X,Y 为刀具半径补偿起始点的坐标。D(或 H)为刀具半径补偿号代码,补偿号为 2 位数(D00~D99),补偿值由键盘(MDI)或程序事先输入到刀补存储器中。D(或 H)代码是模态的,当刀具磨损或重磨后,刀具半径变小,只需手工输入改变刀具半径或选择适当的补偿量,而不必修改已编好的程序。

G40 指令仅能与 G00,G01 构成程序段,指令格式为:

$$\left\{\begin{matrix} G00 \\ G01 \end{matrix}\right\} \text{G40 X\_Y\_Z\_F\_} \quad (\text{G00 不能带 F 指令})$$

式中,X,Y 为取消刀具半径补偿点的坐标。

注意:使用 G41(或 G42)当刀具接近工件轮廓时,数控装置认为是从刀具中心坐标转变为刀具外圆与轮廓相切点的坐标值,而使用 G40 刀具退出时则相反。如图 3-36 所示,在刀具接近工件和退出工件时要充分注意上述特点,防止刀具与工件干涉而过切或碰撞。

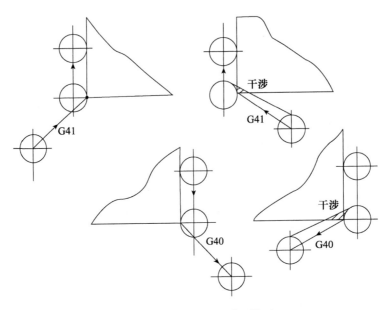

图 3-36　用 G41,G40 进刀退刀

图 3-37 所示为铣刀半径补偿编程示例,图中虚线表示刀具中心运动轨迹。设刀具半径为 10mm,刀具半径补偿号为 D01,起刀点在原点,Z 轴方向无运动,其程序如下。

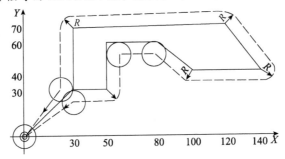

图 3-37　刀具半径补偿编程示例

```
N001 G92 X0 Y0 Z0；
    N002 S1000   M03；
    N003 G90 G17 G42 G01 X30 Y30 D01 F150；
    N004                 X50；
    N005                 Y60；
    N006                 X80；
    N007                 X100 Y40；
    N008                 X140；
    N009                 X120 Y70；
    N010                 X30；
    N011                 Y30；
    N012 G40 G00 X0 Y0 M05；
    N013 M02；
```

2. G43,G44:刀具长度补偿指令

刀具长度补偿也称刀具长度偏置,用于补偿编程刀具和实际使用刀具之间的长度差。该功能使补偿轴的实际终点坐标值(或位移量)等于程序给定值加上或减去补偿值。即

$$实际位移量 = 程序给定值 \pm 补偿值$$

其中,相加称为正偏置,用 G43 表示;相减称为负偏置,用 G44 表示。它们均为模态指令。撤销用 G40,也可用偏置号 H00。采用刀具长度补偿指令后,当刀具长度变化或更换刀具时,不必重新修改程序,只要改变相应补偿号中的补偿值即可。

指令格式:

$$\left\{\begin{matrix} G17 \\ G18 \\ G19 \end{matrix}\right\} \left\{\begin{matrix} G43 \\ G44 \end{matrix}\right\} \left\{\begin{matrix} Z_- \\ Y_- \\ X_- \end{matrix}\right\} \quad H(D)\_$$

式中,X,Y,Z 为补偿轴的编程坐标。G17,G18,G19 是与补偿轴垂直的相应坐标平面 XY,ZX,YZ 的代码。H(或 D)为刀具长度补偿号代码,可取为 H00~H99,其中 H00 为取消长度偏置。补偿值的输入方法与刀具半径补偿相同。

3. 过切

通常过切有以下两种情况:

① 刀具半径大于所加工工件内轮廓转角时产生的过切,如图 3-38 所示。

② 刀具直径大于所加工沟槽时产生的过切,如图 3-39 所示。

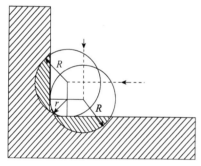

图 3-38　刀具半径大于内轮廓转角

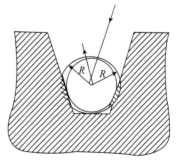

图 3-39　刀具直径大于沟槽

七、任务评价

1. 操作现场评价

填写表 3-24 所列现场记录表。

2. 零件精度的检测与评价

填写零件精度的检测与评价表,见表 3-25。

3. 任务学习自我评价

填写表 3-26 所列任务学习自我评价表。

表 3-24　现场记录表(十字凹型板加工)

学生姓名：_____　　　　　　　　　　　学生学号：_____

学生班级：_____　　　　　　　　　　　工件编号：_____

安全、文明生产	安全规范	好 □	一般 □		差 □
	刀具、工具、量具的放置	合理 □			不合理 □
	正确使用量具	好 □	一般 □		差 □
	设备保养	好 □	一般 □		差 □
	关机后机床停放位置	合理 □			不合理 □
	发生重大安全事故、严重违反操作规程者,取消成绩	(事故状态)：			
	备注				
规范操作	开机前的检查和开机顺序正确	检查 □			未检查 □
	正确回参考点	回参考点 □			未回参考点 □
	工件装夹规范	规范 □			不规范 □
	刀具安装规范	规范 □			不规范 □
	正确对刀,建立工件坐标系	正确 □			不正确 □
	正确设定换刀点	正确 □			不正确 □
	正确校验加工程序	正确 □			不正确 □
	正确设置参数	正确 □			不正确 □
	自动加工过程中,不得开防护门	未开 □	开 □		次数 □
	备注				
时间	开始时间：		结束时间：		

表 3-25　零件精度的检测与评价表(十字凹型板加工)

序号	考核项目	考核内容及要求		评分标准	配分	检测结果	扣分	得分	备注
1	内轮廓型腔凹台	10 ± 0.04	IT	超差全扣	10				
			Ra	降级不得分	5				
		$4\times R5$	IT	超差全扣	8				
		80×80	IT	超差全扣	15				
			Ra	降级不得分	5				
		$\phi40$	IT	超差全扣	10				
		$4\times R5$	IT	超差全扣	8				4处
		$5^{+0.03}_{0}$	IT	超差全扣	10				
			Ra	降级不得分	5				
		完成形状轮廓加工		有明显缺陷不得分	20				

234

序号	考核项目	考核内容及要求	评分标准	配分	检测结果	扣分	得分	备注
2	其他项目	① 未注尺寸公差按照 IT12； ② 其余表面光洁度； ③ 工件必须完整,局部无缺陷(夹伤等)		4				
记录员			检验员		复核		统分	

表 3-26 任务学习自我评价表(十字凹型板加工任务)

任务名称			实施地点		实施时间	
学生班级			学生姓名		指导教师	
评 价 项 目			评 价 结 果			
任务实施前的准备过程评价	任务实施所需的工具、量具、刀具是否准备齐全		1. 准备齐全			□
			2. 基本齐全			□
			3. 所缺较多			□
	任务实施所需材料是否准备妥当		1. 准备妥当			□
			2. 基本妥当			□
			3. 材料未准备			□
	任务实施所用的设备是否准备完善		1. 准备完善			□
			2. 基本完善			□
			3. 没有准备			□
	任务实施的目标是否清楚		1. 清楚			□
			2. 基本清楚			□
			3. 不清楚			□
	任务实施的工艺要点是否掌握		1. 掌握			□
			2. 基本掌握			□
			3. 未掌握			□
	任务实施的时间是否进行了合理分配		1. 已进行合理分配			□
			2. 已进行分配,但不是最佳			□
			3. 未进行分配			□
任务实施中的过程评价	每把刀的平均对刀时间为多少?你认为中间最难对的是哪把刀		1. 2～5 分钟 □		最难对的刀是:	
			2. 5～10 分钟 □			
			3. 10 分钟以上 □			

任务名称		实施地点		实施时间	
学生班级		学生姓名		指导教师	
评 价 项 目			评 价 结 果		

任务实施中的过程评价	实际加工中切削参数是否有改动？改动情况怎样？效果如何	1. 无改动 □
		2. 有改动 □
		所改切削参数： 切削效果：
	各件的加工时间与工序要求相差多少	件一	件二
		1. 正常 □	1. 正常 □
		2. 快 分钟	2. 快 分钟
		3. 慢 分钟	3. 慢 分钟
	加工过程中是否有因主观原因造成失误的情况，具体是什么	1. 没有 □
		2. 有 □
		具体原因：
	加工过程中是否有因客观原因造成失误的情况，具体是什么	1. 没有 □
		2. 有 □
		具体原因：
	在加工过程中是否遇到了困难，怎么解决的	1. 没有困难，顺利完成 □
		2. 有困难，已解决 具体内容： 解决方案： □
		3. 有困难，未解决 具体内容： □
	在加工过程中是否重新调整了加工工艺，原因是什么，如何进行的调整，结果如何	1. 没有调整，按工序卡加工 □
		2. 有调整 调整原因： 调整方案： □

任务名称		实施地点		实施时间	
学生班级		学生姓名		指导教师	
评 价 项 目			评 价 结 果		
任务实施中的过程评价	刀具的使用情况如何		1. 正常		☐
			2. 有撞刀情况,刀片损毁,进行了更换		☐
			3. 有撞刀情况,刀具损毁,进行了更换		☐
	设备使用情况如何		1. 使用正确,无违规操作		☐
			2. 使用不当,有违规操作 违规内容:		☐
			3. 使用不当,有严重违规操作 违规内容:		☐
任务完成后的评价	任务的完成情况如何		1. 按时完成	1. 质量好	☐
				2. 质量中	☐
				3. 质量差	☐
			2. 提前完成	1. 质量好	☐
				2. 质量中	☐
				3. 质量差	☐
			3. 滞后完成	1. 质量好	☐
				2. 质量中	☐
				3. 质量差	☐
	是否进行了检测		1. 是,详细检测		☐
			2. 是,一般检测		☐
			3. 否,没有检测		☐
	是否对所使用的工、量、刀具进行了保养		1. 是,保养到位		☐
			2. 有保养,但未到位		☐
			3. 未进行保养		☐
	是否进行了设备的保养		1. 是,保养到位		☐
			2. 有保养,但未到位		☐
			3. 未进行保养		☐
总结评价	针对本任务自我的一个总体评价		总体自我评价:		
加工质量分析	针对本任务形成超差的分析		原因:		

八、知识巩固与提高

1. 轮廓加工时对旋转的角度如何设置角度偏置?

2. 机床实操时如何避免刀具空行程?

任务七　孔加工程序的编制及加工技术训练

一、任务目标

 知识目标

1. 通过分析图纸能正确选择零件的编程原点，并编制加工工艺；
2. 学会孔类零件的加工；
3. 学会各类孔的加工工艺编制和刀具的选择。

技能目标

1. 会正确操作机床；
2. 会用孔加工固定循环指令进行编程；
3. 会用所学指令对图纸进行程序编制。

二、学习任务

编制程序加工图 3-40 所示 5 个 ϕ8mm 孔，切削深度为 20mm。

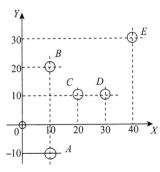

图 3-40　钻孔加工图例

三、任务分析

本任务属于孔系加工，对中、高职学生来说，多孔加工是针对孔加工固定循环指令的重复使用，学习本任务后将为后续的综合零件加工打下良好的基础。

四、任务准备

1. 机床及夹具

同本篇任务五，详见表 3-9。

2. 毛坯材料

本加工任务的备料建议清单见表 3-27。

表 3-27　备料建议清单(图 3-40 所示孔加工)

序号	材料	规格/(mm×mm×mm)	数 量
1	铝锭	80×80×25	1

注:根据零件加工的需要,备料可让学生自行完成。

3. 工、量、刃具

本加工任务的数控铣床/加工中心工、量、刃具建议清单见表 3-28。

表 3-28　数控铣床/加工中心工、量、刃具建议清单(图 3-40 所示孔加工)

类 别	序号	名　称	规格或型号	精度/mm	数量
量具	1	外径千分尺	50~75,75~100	0.01	各 1
	2	游标卡尺	0~150	0.02	1
	3	深度千分尺	0~50	0.01	1
刀柄	1	钻夹头			自定
	2	筒夹	ER32-10,16		自定
刃具	1	钻头	$\phi 8,\phi 16$		自定
操作工具	1	铜棒或塑料榔头			1
	2	内六角扳手	6,8,10,12		各 1
	3	等高垫铁	根据机用平口钳和工件自定		1
	4	锉刀、油石			自定
	5	计算器、铅笔、橡皮、绘图工具			自定

五、任务实施过程

1. 图样分析

① 该零件属孔类零件;

② 该零件的上、下表面不需要加工;

③ 需要加工的孔无精度要求。

2. 加工工艺分析

(1) 确定工艺路线

根据粗、精分开的原则,安排如下加工步骤:

① 装夹校正工件;

② 铣削上下两表面;

③ 钻削 $\phi 8$mm 内孔;

④ 去毛刺,检验。

(2) 选择装夹表面与夹

使用平口钳装夹材料的前后表面,材料伸出钳口高度 10mm 或与钳口平齐。

（3）选择刀具

根据图 3-40 选择刀具,见表 3-29。

表 3-29　刀具卡(图 3-40 所示孔加工)

序号	刀具编号	刀具名称	刀片材料	刀尖半径
1	T01	面铣刀	硬质合金	31.5mm
2	T02	钻头	高速钢	ϕ8mm

3. 设定工件坐标系

选取工件 X 轴与 Y 轴交点 O 为工件坐标系原点。

4. 轨迹点计算

轨迹点坐标见表 3-30。

表 3-30　轨迹点坐标(图 3-40 所示孔加工)

轨迹点	X 坐标值	Y 坐标值	轨迹点	X 坐标值	Y 坐标值
A	10	-10	D	30	10
B	10	20	E	40	30
C	20	10			

5. 零件程序编制

参考程序:

O0007
N10 G91 G00 S300 M03;　　　　　　　　(相对坐标编程)
N20 G99 G81 X10.0Y-10.0Z-22.0R5.0F200;　(用 G99 指令抬刀到 R 点)
N30 G99 G81 Y30.0 Z-22;
N40 G99 G81 X10.0 Y-10.0 Z-22;
N50 G99 G81 X10.0 Z-22;
N60 G98 G81 X10.0 Y20.0 Z-22;　　　　　(G98 指令刀具返回初始点)
N70 G80 X-40.0 Y-30.0 M05;　　　　　　(G80 取消固定循环,回 O 点只移动不加工)
N80 M30;

6. 仿真加工

利用模拟仿真软件调试程序。
校验程序的准确性

六、机床操作加工

操作步骤如下:

① 加工前机床检查;

② 工件装夹;

③ 工件坐标系及工件零点的确定;

④ 对刀；

⑤ 输入程序，设置参数；

⑥ 实际加工。

知识链接

孔加工固定循环指令有 G73,G74,G76,G80～G89,孔加工固定循环通常由下述 6 个动作构成,如图 3-41 所示,图中实线表示切削进给,虚线表示快速进给。

动作 1:X,Y 轴定位；

动作 2:快速运动到 R 点(参考点)；

动作 3:孔加工；

动作 4:在孔底的动作；

动作 5:退回到 R 点(参考点)；

动作 6:快速返回到初始点。

固定循环的程序格式包括数据表达形式、返回点平面、孔加工方式、孔位置数据、孔加工数据和循环次数。其中,数据表达形式可以用绝对坐标 G90 和增量坐标 G91 表示。如图 3-42 所示,其中图 3-42(a)是采用 G90 的表达形式,图 3-42(b)是采用的是 G91 的表达形式。

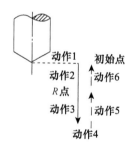

图 3-41　孔加工固定循环

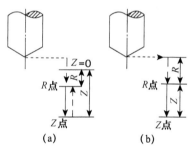

图 3-42　固定循环数据形式

在固定循环中,定位速度由前面的指令速度决定。

1. 钻孔循环

(1) 高速深孔加工循环 G73

该固定循环用于 Z 轴的间歇进给,使深孔加工时容易排屑,减少退刀量,提高加工效率。Q 值为每次的进给深度,退刀用快速,其值 K 为每次的退刀量。G73 指令循环动作如图 3-43 所示。

高速深孔加工循环程序示例如下:

O0073

N10 G54 X0 Y0 Z80;

N20 G00;

N30 G98 G73 G90 X100 G90 R40 P2 Q-10 K5 G90 Z0 L2 F200;

N40 G00 X0Y0 Z80;

N50 M02；

注意：如果 Z，K，Q 移动量为零时，该指令不执行。

（2）钻孔循环（钻中心孔）G81

G81 指令的循环动作如图 3-44 所示，包括 X，Y 坐标定位、快进、工进和快速返回等动作。

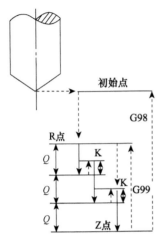

图 3-43　G73 指令循环动作

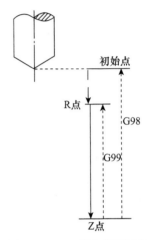

图 3-44　G81 指令循环动作

钻孔的程序示例如下：

O0081

N10 G54 X0 Y0 Z80；

N15 G00；

N20 G99 G81 G90 X100 G90 R40 G90 Z0 P2 F200 I2；

N30 G90 G00 X0 Y0 Z80；

N40 M02；

注意：如果 Z 的移动量为零，该指令不执行。

（3）带停顿的钻孔循环 G82

该指令除了要在孔底暂停外，其他动作与 G81 相同。暂停时间由地址 P 给出。此指令主要用于加工盲孔，以提高孔深精度。

带停顿的钻孔循环程序示例如下：

O0082

N10 G54 X0 Y0 Z80；

N15 G00；

N20 G99 G82 G90 X100 G90 R40 P2 G90 Z0 F200 I2；

N30 G90 G00 X0 Y0 Z80；

N40 M02；

（4）深孔加工循环 G83

深孔加工指令 G83 的循环动作如图 3-45 所示，每次进刀量用地址 Q 给出，其值 Q 为增量值。每次进给时，应在距已加工面 d（mm）处将快速进给转换为切削进给，d 是由参数确定的。

深孔加工循环程序示例如下：

O0083

N10 G54 X0 Y0 Z80；

N15 G00；

N20 G99 G83 G91 X100 G90 R40 P2 Q-10 K5 Z0 F200 I2；

N30 G90 G00 X0 Y0 Z80；

N40 M02；

注意：如果 Z,Q,K 的移动量为零,该指令不执行。

2. 镗孔循环

(1) G76 指令循环动作如图 3-46 所示。

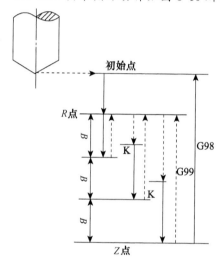

图 3-45　G83 指令循环动作

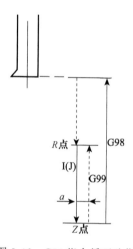

图 3-46　G76 指令循环动作

镗孔加工的程序示例如下：

O0076

N10 G54 X0 Y0 Z80；

N15 G00；

N20 G99 G76 G91 X100 G91 R-40 P2 I-20 G91 Z-40 I2 F200；

N30 G00 X0 Y0 Z80；

N40 M02；

注意：如果 Z,Q,K 移动量为零,该指令不执行。

(2) 镗孔循环 G86

G86 指令与 G81 相同,但在孔底时主轴停止,然后快速退回。其加工程序示例如下：

O0086

N10 G92 X0 Y0 Z80；

N15 G00；

N20 G98 G86 G90 X100 G90 R40 Q-10 K5 P2 G90 Z0 F200 I2；

N30 G90 G00 X0 Y0 Z80；

N40 M02；

注意： 如果 Z 的移动量为零，该指令不执行。

七、任务评价

1. 操作现场评价

填写表 3-31 所列现场记录表。

表 3-31　现场记录表（图 3-40 所示孔加工）

学生姓名：_____　　　　　　　　　　　学生学号：_____

学生班级：_____　　　　　　　　　　　工件编号：_____

安全、文明生产	安全规范	好　□	一般　□	差　□
	刀具、工具、量具的放置	合理　□		不合理　□
	正确使用量具	好　□	一般　□	差　□
	设备保养	好　□	一般　□	差　□
	关机后机床停放位置	合理　□		不合理　□
	发生重大安全事故、严重违反操作规程者，取消成绩	（事故状态）：		
	备注			
规范操作	开机前的检查和开机顺序正确	检查　□		未检查　□
	正确回参考点	回参考点　□		未回参考点　□
	工件装夹规范	规范　□		不规范　□
	刀具安装规范	规范　□		不规范　□
	正确对刀，建立工件坐标系	正确　□		不正确　□
	正确设定换刀点	正确　□		不正确　□
	正确校验加工程序	正确　□		不正确　□
	正确设置参数	正确　□		不正确　□
	自动加工过程中，不得开防护门	未开　□	开　□	次数　□
	备注			
时间	开始时间：		结束时间：	

2. 零件精度的检测与评价

填写表 3-32 所列零件精度的检测与评价表。

表 3-31　零件精度的检测与评价表（图 3-40 所示孔加工）

序号	考核项目	考核内容及要求		评分标准	配分	检测结果	扣分	得分	备注
1	内轮廓型腔凹台	孔径 φ8mm	IT	超差全扣	25				
			Ra	降级不得分	10				
		深度 20mm	IT	超差全扣	25				
		完成形状轮廓加工		有明显缺陷不得分	35				
2	其他项目	① 未注尺寸公差按照 IT12；② 其余表面光洁度；③ 工件必须完整，局部无缺陷（夹伤等）			5				
记录员			检验员			复核		统　分	

3. 任务学习自我评价

填写本任务的学习自我评价表，见表 3-33。

表 3-33　任务学习自我评价表（图 3-40 所示加工任务）

任务名称		实施地点		实施时间	
学生班级		学生姓名		指导教师	
评 价 项 目			评 价 结 果		
任务实施前的准备过程评价	任务实施所需的工具、量具、刀具是否准备齐全		1. 准备齐全		□
			2. 基本齐全		□
			3. 所缺较多		□
	任务实施所需材料是否准备妥当		1. 准备妥当		□
			2. 基本妥当		□
			3. 材料未准备		□
	任务实施所用的设备是否准备完善		1. 准备完善		□
			2. 基本完善		□
			3. 没有准备		□
	任务实施的目标是否清楚		1. 清楚		□
			2. 基本清楚		□
			3. 不清楚		□
	任务实施的工艺要点是否掌握		1. 掌握		□
			2. 基本掌握		□
			3. 未掌握		□

任务名称		实施地点		实施时间	
学生班级		学生姓名		指导教师	
评价项目		评价结果			

任务实施前的准备过程评价	任务实施的时间是否进行了合理分配	1. 已进行合理分配	☐
		2. 已进行分配,但不是最佳	☐
		3. 未进行分配	☐

任务实施中的过程评价	每把刀的平均对刀时间为多少?你认为中间最难对的是哪把刀	1. 2～5 分钟 ☐	最难对的刀是:
		2. 5～10 分钟 ☐	
		3. 10 分钟以上 ☐	
	实际加工中切削参数是否有改动?改动情况怎样?效果如何	1. 无改动 ☐	
		2. 有改动 ☐	
		所改切削参数: 切削效果:	

		件一	件二
	各件的加工时间与工序要求相差多少	1. 正常 ☐	1. 正常 ☐
		2. 快 分钟	2. 快 分钟
		3. 慢 分钟	3. 慢 分钟

	加工过程中是否有因主观原因造成失误的情况,具体是什么	1. 没有	☐
		2. 有	☐
		具体原因:	
	加工过程中是否有因客观原因造成失误的情况,具体是什么	1. 没有	☐
		2. 有	☐
		具体原因:	
	在加工过程中是否遇到了困难,怎么解决的	1. 没有困难,顺利完成	☐
		2. 有困难,已解决 具体内容: 解决方案:	☐
		3. 有困难,未解决 具体内容:	☐

任务名称		实施地点		实施时间	
学生班级		学生姓名		指导教师	
评 价 项 目		评 价 结 果			

任务实施中的过程评价	在加工过程中是否重新调整了加工工艺,原因是什么,如何进行的调整,结果如何	1. 没有调整,按工序卡加工		☐
		2. 有调整 调整原因: 调整方案:		☐
	刀具的使用情况如何	1. 正常		☐
		2. 有撞刀情况,刀片损毁,进行了更换		☐
		3. 有撞刀情况,刀具损毁,进行了更换		☐
	设备使用情况如何	1. 使用正确,无违规操作		☐
		2. 使用不当,有违规操作 违规内容:		☐
		3. 使用不当,有严重违规操作 违规内容:		☐
任务完成后的评价	任务的完成情况如何	1. 按时完成	1. 质量好	☐
			2. 质量中	☐
			3. 质量差	☐
		2. 提前完成	1. 质量好	☐
			2. 质量中	☐
			3. 质量差	☐
		3. 滞后完成	1. 质量好	☐
			2. 质量中	☐
			3. 质量差	☐
	是否进行了检测	1. 是,详细检测		☐
		2. 是,一般检测		☐
		3. 否,没有检测		☐
	是否对所使用的工、量、刃具进行了保养	1. 是,保养到位		☐
		2. 有保养,但未到位		☐
		3. 未进行保养		☐
	是否进行了设备的保养	1. 是,保养到位		☐
		2. 有保养,但未到位		☐
		3. 未进行保养		☐
总结评价	针对本任务自我的一个总体评价	总体自我评价:		
加工质量分析	针对本任务形成超差的分析	原因:		

八、知识巩固与提高

1. 加工孔系零件时，可以省略 G80 吗？
2. G98/G99 指令在加工时如何选择运用？

任务八　坐标变换编程与宏程序编程

一、任务目标

 知识目标

1. 通过分析图纸能正确选择零件的编程原点，并编制加工工艺；
2. 会用 WHILE 循环语句编制椭圆（二次曲线）程序；
3. 会对曲线零件进行工艺分析，进行刀具、工艺参数的选择与确定。

技能目标

1. 会正确操作机床；
2. 会用刀具半径补偿功能（G41/G42），对型腔进行编码与加工并保证零件尺寸；
3. 会用刀具长度补偿指令 G43，G44。

二、学习任务

对图 3-47 所示零件进行编程与加工。

三、任务分析

本任务的零件属椭圆零件，对中、高职学生来说，通过本任务的学习与训练可使实际工艺制订、编程、操作提升一个阶段，尤其是用 WHILE 循环语句进行编程加工的学习，将为后续的综合零件加工打下良好的基础。

四、任务准备

1. 机床及夹具
同本篇任务五，详见表 3-9。
2. 毛坯材料
本加工任务的备料建议清单见表 3-34。

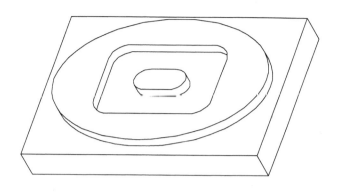

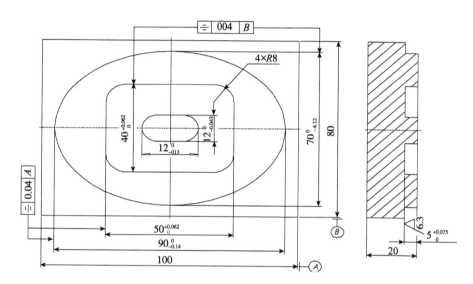

图 3-47　椭圆底板

表 3-34　备料建议清单(图 3-47 所示零件加工)

序号	材料	规格/mm	数量
1	铝锭	$120 \times 80 \times 20$	1

注:根据零件加工的需要,备料可让学生自行完成。

3. 工、量、刃具

本加工任务的数控铣床/加工中心工、量、刃具建议清单见表 3-35。

五、任务实施过程

1. 图样分析

① 该零件比较简单;

② 该零件的上、下表面不需要加工;

③ 需要加工的表面为整椭圆大凸台、矩形槽及槽内小凸台;

表 3-35 数控铣床/加工中心工、量、刃具建议清单(图 3-47 所示零件加工)

类别	序号	名 称	规格或型号	精度/mm	数量
量 具	1	外径千分尺	50~75,75~100	0.01	各1
	2	游标卡尺	0~150	0.02	1
	3	深度千分尺	0~50	0.01	1
	4	内测千分尺	5~30,25~50	0.01	1
	5	圆柱光滑塞规	$\phi 10$	H7	1
	6	R规	$R1~R25$		1
	7	杠杆百分表	0~3	0.01	1
	8	磁力表座			1
刀柄及 简夹	1	BT平面铣刀架	BT40-FMA25.4-60L		1
	2	SE45°平面铣刀	SE445-3		1
	3	BT-ER铣刀夹头	BT40-ER32-70L		自定
	4	简夹	ER32-10,16		自定
刃 具	1	平面铣刀刀片	SENN1203-AFTN1		6
	2	立铣刀	$\phi 10, \phi 16$		自定
	3	键槽铣刀	$\phi 6, \phi 10, \phi 16$		自定
操 作 工 具	1	铜棒或塑料榔头			1
	2	内六角扳手	6,8,10,12		各1
	3	等高垫铁	根据机用平口钳和工件自定		1
	4	锉刀、油石			自定
	5	计算器、铅笔、橡皮、绘图工具			自定

④ 该零件的尺寸精度中等;

⑤ 该零件包含了直线、圆弧(内轮廓)等几何特征。

2. 加工工艺分析

(1)确定工艺路线

根据粗、精分开的原则,先面后孔安排如下加工步骤:

① 装夹校正工件;

② $\phi 9.8mm$ 麻花钻加工下刀工艺底孔;

③ $\phi 16mm$ 立铣刀粗铣椭圆大凸台,单边留 0.3mm;

④ $\phi 10mm$ 立铣刀粗铣矩形槽,单边留 0.3mm;

⑤ $\phi 10mm$ 立铣刀粗铣小凸台,单边留 0.3mm;

⑥ $\phi 10mm$ 立铣刀半精铣、精铣零件椭圆大凸台、矩形槽及方形小凸台,保证零件尺寸精度;

⑦ 去毛刺,检验。

针对工件轮廓切入点,在这里我们还要着重学习切入和切出工件的方式。切入、切出工件的方式有两种:法线和切向切入、切出,前者一般不采用(特殊地方除外),后者又可分为直线切入和圆弧切入。

针对椭圆凸台设计走刀路线如图 3-48 所示,从图中可看出,走刀路线采用直线切线切入工件,切线切出工件,加工方式是顺铣。走刀路线和刀具半径补偿的关系表 3-36。

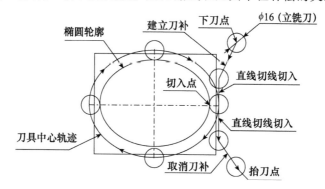

图 3-48　直线切入、切线切出工件

表 3-36　走刀路线和刀具半径补偿的关系

序号	走刀路线过程	刀具半径补偿过程	备注
1	切入零件轮廓的第一点	建立刀具半径补偿	直线建立刀补(G41)
2	加工零件轮廓	实施刀具半径补偿	
3	切出工件	取消刀具半径补偿	直线取消刀补(G40)

（2）选择装夹表面与夹具

装夹材料的前后表面,使用台虎钳,材料伸出钳口高度 10mm。

（3）选择刀具

根据图 3-47 选择刀具,见表 3-37。

表 3-37　图 3-47 所示零件加工的刀具卡

序号	刀具编号	刀具名称	刀片材料	刀尖半径/mm
1	T01	面铣刀	硬质合金	31.5
2	T02	立铣刀	高速钢	8
3	T03	立铣刀	硬质合金	8
4	T04	麻花钻	高速钢	$\phi9.8$

（4）铣削类型及使用刀具

① 槽铣削。

加工一个台阶或一条槽,在加工过程中切深与铣削宽度的比例很大。一种较小型的较长的方型凸肩铣削。刀具的设计与切削的形状在许多方面是相似的。图 3-49 所示端铣刀在一定的尺寸范围内有着许多用途,它不仅可加工出较深的侧面或较深的 90°凸肩,还可加工槽。

槽铣削的典型刀具是键槽刀,键槽刀是数控铣、加工中心加工中比较常用的刀具,加工特点是切削深度 a_p 比较大,切削宽度 a_e 等于刀具的直径,加工效率比较高,仅次于钻削。它只有两片刀片,其中一片过刀具的中心,所以在加工过程中不需钻工艺下刀孔。

② 仿行铣。

加工一个自由形状表面（弧形表面），加工特征一般都是三维的，在加工过程中，随着加工表面的变化，刀具的切削点在整个刀刃上是变化的，一般使用球头刀或圆角刀。

如图 3-50 所示，整体式球头铣刀，一般有两条切削刃，呈半圆状分布，大都用于曲面精加工。

如图 3-51 所示，圆角刀，又称圆鼻刀，它有两片整圆刀片组成切削刃，大都用于曲面粗加工。

图 3-49　端铣刀　　　　图 3-50　整体式球头铣刀　　　　图 3-51　圆角刀

3. 设定工件坐标系

根据图样分析，零件图中椭圆大凸台、矩形槽和平键凸台的中心为零件的中心，根据编程零点的选择原则，零件中心为编程零点，这样选择可使程序编制简单，保证零件的设计基准、工艺基准和编程基准统一。

4. 数学处理

华中世纪星数控系统的编程没有椭圆编程指令，因此像这类非圆二次曲线的编程只能用直线和圆弧逼近。

椭圆参数方程式：

$$x = a * \cos(t)$$
$$y = b * \sin(t)$$

式中，t—角度（0°～360°）；

　　　a—X 轴上的半轴长度；

　　　b—Y 轴上的半轴长度。

根据椭圆参数方程式，把椭圆按角度等分为 360 份，产生 360 个节点，每个节点都可按椭圆参数方程式按角度计算出坐标值，用直线把它们串联起来，形成近似的椭圆，等分值越大，椭圆的逼近误差越小，椭圆形状精度越高。

5. 零件程序编制

椭圆程序编制思路：可把椭圆角度作为变量进行赋值，根据椭圆参数方程式自动计算出每个角度对应的节点坐标。

编制图 3-47 所示零件中椭圆的加工程序，走刀路线如图 3-48 所示。

```
% 1000
N02   G54 G17 G90 G94                    (工件零点设置)
N04   T2                                 (刀具号指定(ϕ16mm 立铣刀))
N06   G0 G43 H1 Z100 M3 S600             (刀具快速到 Z100mm,主轴正转,转速 600r/min)
N08   X65 Y50                            (快速定位下刀点)
M10   Z2                                 (刀具快速接近工件)
N12   C1 Z 5 F50 M7                      (刀具工进到达指定深度)
N14   G41 X45 Y25 D1 F10                 (直线建立刀具半径补偿)
N16   Y0                                 (直线切线切入椭圆轮廓)
N18   #1=359                             (椭圆起始角度赋值,该值也可为-1)
N20   WHILE #1 GE0                       (椭圆终点判断语句,也可写为 WHILE # 1GE[-360])
N22   X[45* COS[#1* PI/180]]
Y[35* COS[#1* PI/180]]                   (加工椭圆轮廓)
N24   #1= #1-1                           (椭圆角度累加器)
N26   ENDW                               (结束并返回 WHILE 程序段执行)
N28   Y-25                               (直线切线切出椭圆轮廓)
N30   G40 X65 Y-50                       (取消刀具半径补偿)
N32   G0 Z100 M9                         (刀具快速抬刀)
N34   M5                                 (主轴停止)
N36   M30                                (程序结束)
```

程序编制:

略。

6. 仿真加工

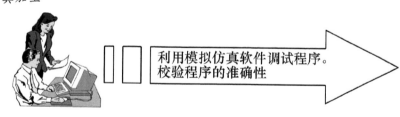

利用模拟仿真软件调试程序。
校验程序的准确性

六、机床操作加工

操作步骤如下:

① 加工前机床检查;

② 工件装夹;

③ 工件坐标系及工件零点的确定;

④ 对刀;

⑤ 输入程序,设置参数;

⑥ 程序校验和动态模拟;

⑦ 实际加工。

根据椭圆数学处理,可把椭圆按精度等分为无数段直线段,再按椭圆参数方程式求出各个节点的坐标,然后根据节点坐标值编制程序输入机床中。但是,这样的计算量太大,并且容易出错,如采用手工输入非常困难,此时采用 WHILE 循环编程指令可迅速解决以上困难。

WHILE 循环实际上是一个条件语句,它包括以下几个方面。

(1) 变量的定义

在华中世纪星数控系统中,变量使用 ♯ 和数字表示,例如 ♯1,♯101 都可以。

(2) 变量运算

① 算术运算符:＋、－、＊、÷;

② 条件运算符:EQ(＝)、NE(≠)、GT(＞)、GE(≥)、LT(＜＝)、LE(≤);

③ 函数:SIN(正弦)、COS(余弦)、TAN(正切)、SQRT(开平方)等。

(3) 变量赋值

变量可以进行赋值,把常数或表达式的值给变量称为赋值。

常数:♯1＝1,♯101＝80;

表达式:♯1＝50＊SIN[60＊PI/180],♯2＝♯2＋0.1。

(4) 循环语句

① 格式:　WHILE　　条件表达式

　　　　　　　　…

　　　　　　ENDW

② 循环语句的执行过程如图 3-52 所示。

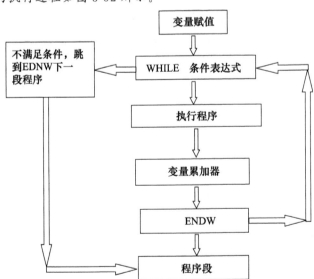

图 3-52　循环语句的执行过程

七、任务评价

1. 操作现场评价

填写表 3-38 所列现场记录表。

表 3-38 现场记录表(图 3-47 所示零件加工)

学生姓名:＿＿＿＿＿＿＿＿＿ 　　　　　　　　　　　　　学生学号:＿＿＿＿＿＿＿＿＿

学生班级:＿＿＿＿＿＿＿＿＿ 　　　　　　　　　　　　　工件编号:＿＿＿＿＿＿＿＿＿

安全、文明生产	安全规范	好 □	一般 □	差 □
	刀具、工具、量具的放置	合理 □		不合理 □
	正确使用量具	好 □	一般 □	差 □
	设备保养	好 □	一般 □	差 □
	关机后机床停放位置	合理 □		不合理 □
	发生重大安全事故、严重违反操作规程者,取消成绩	(事故状态):		
	备注			
规范操作	开机前的检查和开机顺序正确	检查 □		未检查 □
	正确回参考点	回参考点 □		未回参考点 □
	工件装夹规范	规范 □		不规范 □
	刀具安装规范	规范 □		不规范 □
	正确对刀,建立工件坐标系	正确 □		不正确 □
	正确设定换刀点	正确 □		不正确 □
	正确校验加工程序	正确 □		不正确 □
	正确设置参数	正确 □		不正确 □
	自动加工过程中,不得开防护门	未开 □	开 □	次数 □
	备注			
时间	开始时间:	结束时间:		

2. 零件精度的检测与评价

填写表 3-39 所列零件精度的检测与评价表

表 3-39 零件精度的检测与评价表(图 3-47 所示零件加工)

序号	考核项目	考核内容及要求		评分标准	配分	检测结果	扣分	得分	备注
1	椭圆大凸台	$90_{-0.14}^{0}$ $70_{-0.12}^{0}$	IT	超差全扣	12				
			Ra	降级不得分	2				
		$5_{0}^{+0.057}$	IT	超差全扣	5				
			Ra	降级不得分	2				
		椭圆形状		形状或尺寸错误不得分	4				
		完成形状轮廓加工		有明显缺陷不得分	9				

序号	考核项目	考核内容及要求			评分标准	配分	检测结果	扣分	得分	备注
2	矩形槽	$50^{+0.062}_{0}$ $40^{+0.062}_{0}$		IT	超差全扣	12				
				Ra	降级不得分	2				
		$5^{+0.057}_{0}$		IT	超差全扣	5				
				Ra	降级不得分	2				
		$4 \times R5$		IT	形状或尺寸错误不得分	4				
		完成形状轮廓加工			有明显缺陷不得分	8				
3	小凸台	$12^{0}_{-0.043}$ $22^{0}_{-0.13}$		IT	超差全扣	12				
				Ra	降级不得分	2				
7	形位公差	$\equiv$	0.04	A	IT	超差全扣	16				4 处
		$\equiv$	0.04	B						
8	其他项目	① 未注尺寸公差按照 IT12； ② 其余表面光洁度； ③ 工件必须完整，局部无缺陷(夹伤等)				3				
	记录员		检验员			复核		统分		

3. 任务学习自我评价

填写表 3-40 所列本任务的学习自我评价表

表 3-40　任务学习自我评价表(图 3-47 所示零件加工)

任务名称		实施地点		实施时间	
学生班级		学生姓名		指导教师	
评价项目			评价结果		
任务实施前的准备过程评价	任务实施所需的工具、量具、刀具是否准备齐全		1. 准备齐全		□
			2. 基本齐全		□
			3. 所缺较多		□
	任务实施所需材料是否准备妥当		1. 准备妥当		□
			2. 基本妥当		□
			3. 材料未准备		□
	任务实施所用的设备是否准备完善		1. 准备完善		□
			2. 基本完善		□
			3. 没有准备		□
	任务实施的目标是否清楚		1. 清楚		□
			2. 基本清楚		□
			3. 不清楚		□

任务名称		实施地点		实施时间	
学生班级		学生姓名		指导教师	

评价项目		评价结果	
任务实施前的准备过程评价	任务实施的工艺要点是否掌握	1. 掌握	☐
		2. 基本掌握	☐
		3. 未掌握	☐
	任务实施的时间是否进行了合理分配	1. 已进行合理分配	☐
		2. 已进行分配,但不是最佳	☐
		3. 未进行分配	☐

任务实施中的过程评价	每把刀的平均对刀时间为多少?你认为中间最难对的是哪把刀	1. 2～5 分钟 ☐	最难对的刀是:
		2. 5～10 分钟 ☐	
		3. 10 分钟以上 ☐	
	实际加工中切削参数是否有改动?改动情况怎样?效果如何	1. 无改动 ☐	
		2. 有改动 ☐	
		所改切削参数:	
		切削效果:	
	各件的加工时间与工序要求相差多少	件一	件二
		1. 正常 ☐	1. 正常 ☐
		2. 快 分钟	2. 快 分钟
		3. 慢 分钟	3. 慢 分钟
	加工过程中是否有因主观原因造成失误的情况,具体是什么	1. 没有 ☐	
		2. 有 ☐	
		具体原因:	
	加工过程中是否有因客观原因造成失误的情况,具体是什么	1. 没有 ☐	
		2. 有 ☐	
		具体原因:	
	在加工过程中是否遇到困难,怎么解决的	1. 没有困难,顺利完成 ☐	
		2. 有困难,已解决 ☐ 具体内容: 解决方案:	
		3. 有困难,未解决 ☐ 具体内容:	

任务名称			实施地点		实施时间	
学生班级			学生姓名		指导教师	
评 价 项 目			评 价 结 果			
任务实施中的过程评价	在加工过程中是否重新调整了加工工艺,原因是什么,如何进行的调整,结果如何		1. 没有调整,按工序卡加工			☐
			2. 有调整 调整原因: 调整方案:			☐
	刀具的使用情况如何		1. 正常			☐
			2. 有撞刀情况,刀片损毁,进行了更换			☐
			3. 有撞刀情况,刀具损毁,进行了更换			☐
	设备使用情况如何?		1. 使用正确,无违规操作			☐
			2. 使用不当,有违规操作 违规内容:			☐
			3. 使用不当,有严重违规操作 违规内容:			☐
任务完成后的评价	任务的完成情况如何		1. 按时完成	1. 质量好		☐
				2. 质量中		☐
				3. 质量差		☐
			2. 提前完成	1. 质量好		☐
				2. 质量中		☐
				3. 质量差		☐
			3. 滞后完成	1. 质量好		☐
				2. 质量中		☐
				3. 质量差		☐
	是否进行了检测		1. 是,详细检测			☐
			2. 是,一般检测			☐
			3. 否,没有检测			☐
	是否对所使用的工、量、刃具进行了保养		1. 是,保养到位			☐
			2. 有保养,但未到位			☐
			3. 未进行保养			☐
	是否进行了设备的保养		1. 是,保养到位			☐
			2. 有保养,但未到位			☐
			3. 未进行保养			☐
总结评价	针对本任务自我的一个总体评价		总体自我评价:			
加工质量分析	针对本任务形成超差的分析		原因:			

八、知识巩固与提高

1. 椭圆旋转了角度后如何编制程序并加工？
2. 运用其他语句能否解决椭圆编程？

任务九 数控铣综合编程与加工技术训练

一、任务目标

 知识目标

1. 通过分析图纸能正确选择零件的编程原点，并编制加工工艺；
2. 学会分析加工工艺和选择刀具。

技能目标

1. 会正确操作机床；
2. 掌握工件零点设置及零点偏置值的确定方法（对刀的步骤及方法）；
3. 会用所学指令对图纸进行程序编制；
4. 会用刀具半径补偿指令（G41/G42）编写加工程序，并保证零件的尺寸精度。

二、学习任务

编写图 3-53 所示零件的程序，并实施加工操作。

三、任务分析

本任务属于综合零件加工。综合零件加工体现了将诸多单一知识点贯穿在一个图纸中进行综合运用的特点，学习本任务的目的是为了让同学们学会分析复合零件的加工工艺以及具备编制程序的能力，同时为学生从学校到企业实践铺奠基础。

四、任务准备

1. 机床及夹具
2. 毛坯材料

本加工任务的备料建议清单见表 3-41。

表 3-41 备料建议清单（图 3-53 所示零件加工）

序号	材料	规格/mm	数量
1	铝锭	100×80×20	1

注：根据零件加工的需要，备料可让学生自行完成。

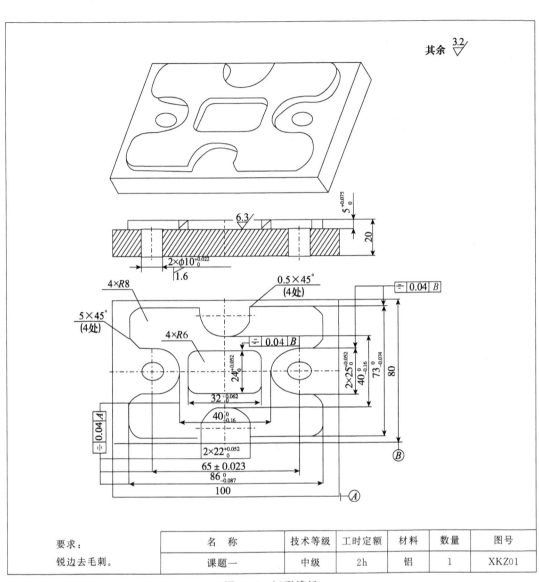

其余 $\sqrt{\dfrac{3.2}{}}$

名　称	技术等级	工时定额	材料	数量	图号
课题一	中级	2h	铝	1	XKZ01

要求：
锐边去毛刺。

图 3-53　矩形槽板

3. 工、量、刃具

本加工任务的数控铣床/加工中心工、量、刃具建议清单见表 3-42。

表 3-42　数控铣床/加工中心工、量、刃具建议清单(图 3-53 所示零件加工)

类别	序号	名　称	规格或型号	精度/mm	数量
量　具	1	外径千分尺	50~75、75~100	0.01	各1
	2	游标卡尺	0~150	0.02	1
	3	深度千分尺	0~50	0.01	1
	4	内测千分尺	5~30、25~50	0.01	1
	5	圆柱光滑塞规	$\phi10$	H7	1

类别	序号	名　称	规格或型号	精度/mm	数量
量 具	6	R 规	R1~R25		1
	7	杠杆百分表	0~3	0.01	1
	8	磁力表座			1
刀 柄 及 筒 夹	1	BT 平面铣刀架	BT40-FMA25.4-60L		1
	2	SE45°平面铣刀	SE445-3		1
	3	BT-ER 铣刀夹头	BT40-ER32-70L		自定
	4	筒夹	ER32-10,16		自定
	5	BT-直结式钻夹头	BT40-KPU13		1
刀 具	1	平面铣刀刀片	SENN1203-AFTN1		6
	2	麻花钻	φ9.8		1
	3	立铣刀	φ10,φ16		自定
	4	键槽铣刀	φ10,φ16		自定
	5	铰刀	φ10H7		1
	6	中心钻	A2.5		1
操 作 工 具	1	铜棒或塑料榔头			1
	2	内六角扳手	6,8,10,12		各1
	3	等高垫铁	根据机用平口钳和工件自定		1
	4	锉刀、油石			自定
	5	计算器、铅笔、橡皮、绘图工具			自定

五、任务实施过程

1. 图样分析

① 该零件材料为铝锭,材料比较软,切削性能较好;

② 该零件形状难度中等,尺寸精度中等;

③ 需要加工几个部分:方形凸台及四侧开口槽,矩形槽及精度较高的两销孔。

2. 加工工艺分析

(1) 确定工艺路线

根据粗、精分开、先面后孔的原则安排如下加工步骤:

① 装夹校正工件;

② 中心钻加工两销孔的定位孔;

③ φ9.8mm 麻花钻加工两销孔底孔及矩形槽下刀工艺底孔;

④ φ16mm 立铣刀粗铣零件外轮廓,单边留 0.3mm;

⑤ φ10mm 立铣刀粗铣零件矩形槽,单边留 0.3mm;

⑥ φ10mm 立铣刀半精、精铣零件外轮廓和矩形槽,保证零件尺寸精度;

⑦ φ10H7 铰刀加工两销孔;

⑧ 去毛刺,检验。

（2）选择装夹表面与夹具

使用平口钳装夹材料的前后表面,材料伸出钳口高度 10mm。

（3）选择刀具

根据图 3-53 选择刀具,见表 3-43。

表 3-43　图 3-53 所示零件加工的刀具卡

| 序号 | 刀具类型 | 刀具材料 | 刀号 T | 长度补偿号 H | 半径补偿值 D/mm | | 主轴转速 n/(r/min) | 进给率 f/(mm/min) |
					刀补号	粗加工刀补值	半精加工刀补值		
1	中心钻	高速钢	1	1				1500	30
2	ϕ9.8 麻花钻	高速钢	2	2				600	80
3	ϕ16 三刃立铣刀	高速钢	3	3	3	8.3		450	100
4	ϕ10 三刃立铣刀	高速钢	4	4	4	5.3		600	100
5	ϕ10 四刃立铣刀	硬质合金	5	5	5		5.1	3500	600
6	ϕ10H7 铰刀	高速钢	6	6				80	40

3. 设定工件坐标系

选取工件 X 轴与 Y 轴交点 O 为工件坐标系原点。

4. 零件程序编制

零件加工程序见表 3-44。

表 3-44　图 3-53 所示零件加工程序

程　序	说　明
O0001	加工定位孔
N2　G54 G17 G40 G90 G80 G21 G69;	工艺数据及复位,选用 G54 坐标偏置
N4　T1;	刀具号设定(A2.5 中心钻)
N6　G0 G43 Z100 H1 M3 S1500;	建立刀具长度补偿及刀具快速到达 Z100mm,主轴正转,转数 1500r/min
N8　X32.5 Y0;	刀具快速移动到第一钻孔位置
N10　M7;	冷却液打开
N12　G99 G81 X32.5 Y0 Z-5 R2 F30;	调用 G81 钻孔循环钻孔,深度 5mm,进给速度 30mm/min
N14　X0 Y0;	刀具快速移动到第二钻孔点,调用 G81 钻孔循环
N16　X-32.5 Y0;	刀具快速移动到第三钻孔点,调用 G81 钻孔循环
N18　G80;	取消钻孔循环
N20　G0 Z100;	刀具快速移动到安全高度 100mm
N22　M5;	主轴停止转动
N24　M9;	冷却液关闭
N26　M30;	程序结束并返回程序开头

程　序	说　明
O0002	加工 ϕ9.8 的孔
N2　G54 G17 G40 G90 G80 G21 G69；	工艺数据及复位,选用 G54 坐标偏置
N4　T2；	刀具号设定(直径 9.8 钻头)
N6　G0 G43 Z100 H2 M3 S600；	建立刀具长度补偿及刀具快速到达 Z100mm,主轴正转,转数 600r/min
N8　X32.5 Y0；	刀具快速移动到第一钻孔点
N10　M7；	冷却液打开
N12　G99 G73 X32.5 Y0 Z-25 R2 Q-8 K3 F80；	调用断屑钻循环钻孔,深度 35mm,进给速度 80mm/min
N16　X-32.5 Y0；	刀具快速移动到第三钻孔点,调用断屑钻孔循环
N18　G80；	取消钻孔循环
N20　G0 Z100；	刀具快速移动到安全高度 100mm
N22　M5；	主轴停止转动
N24　M9；	冷却液关闭
N26　M30；	程序结束并返回程序开头
O0003	轮廓外形
N2　G54 G17 G40 G90 G80 G21 G69；	工艺数据及复位,选用 G54 坐标偏置
N4　T3；	刀具号设定(直径 16 立铣刀)
N6　G0 G43 Z100 H3 M3 S450；	建立刀具长度补偿及刀具快速到达 100mm,主轴正转,转数 450r/min
N8　X-51 Y-50；	刀具快速移动到孔中心
N10　Z2 M7；	刀具快速移动到安全高度 2mm,冷却液打开
N12　G1 Z-5 F50；	工进到达指定深度
N14　G41 G1 X-43 Y-36.5 D3 F80；	建立左刀补并移动到指定位置
N16　Y-12.5 C5；	直线插补并倒角 C5
N18　X-32.5；	直线插补
N20　G3 Y12.5 R12.5；	逆时针圆弧插补
N22　G1 X-43 C5；	直线插补并倒角 C5
N24　Y36.5 R8；	直线插补并倒圆角 R8
N26　X-11 C0.5；	直线插补并倒角 C0.5
N28　Y31；	直线插补
N30　G3 X11 R11；	逆时针圆弧插补
N32　Y36.5 C0.5；	直线插补并倒角 C0.5
N34　X43 R8；	直线插补并倒圆角 R8
N36　Y12.5 C5；	直线插补并倒角 C5
N38　X32.5；	直线插补

程　　序	说　　明
N40　G3 Y-12.5 R12.5；	逆时针圆弧插补
N42　G1 X43 C5；	直线插补并倒角 C5
N44　Y-36.5 R8；	直线插补并倒圆角 R8
N46　X11 C0.5；	直线插补并倒角 C0.5
N48　Y-31；	直线插补
N50　G3 X-11 R11；	逆时针圆弧插补
N52　Y-36.5 C0.5；	直线插补并倒角 C0.5
N54　X-43 R8；	直线插补并倒圆角 R8
N56　Y-28；	直线插补
N58　G40 G1 X-60；	直线取消刀补
N60　G0 Z100 M9；	刀具快速移动到安全高度 100mm,冷却液关闭
N62　M5；	主轴停止转动
N64　M30；	程序结束并返回程序开头
O0004	矩形槽
N2　G54 G17 G40 G90 G80 G21 G69；	工艺数据及复位,选用 G54 坐标偏置
N4　T4；	刀具号设定(ϕ10 粗立铣刀)
N6　G0 G43 Z100 H4 M3 S600；	建立刀具长度补偿及刀具快速到达 Z100mm,主轴正转,转数 600r/min
N8　X0 Y0；	刀具快速移动到正六边形槽中心
N10　Z2 M7；	刀具快速移动到安全高度 1mm,冷却液打开
N11　G1 Z-5 F40；	刀具下降到给定深度,进给速度 40mm/min
N12　G41 G1 X10 Y-6 D4 F80；	建立左刀补并移动到指定位置,进给速度 80mm/min
N16　G3 X16 Y0 R6 F100；	圆弧切入
N18　G1 Y12 R6；	直线插补并 R6 过渡
N20　X-16 R6；	直线插补并 R6 过渡
N22　Y-12 R6；	直线插补并 R6 过渡
N24　X16 R6；	直线插补并 R6 过渡
N26　Y0；	直线插补
N28　G3 X10 Y6 R6；	圆弧切出
N30　G40 G1 X0 Y0；	取消刀具半径补偿
N32　G0 Z100 M9；	刀具快速移动到安全高度 100mm,冷却液关闭
N34　M5；	主轴停止转动
N36　M30；	程序结束并返回程序开头
O0006	2×ϕ10H7 铰孔
N2　G54 G17 G40 G90 G80 G21 G69；	工艺数据及复位,选用 G54 坐标偏置

程　　　序	说　　　明
N4　　T6;	刀具号设定(φ10H7 铣铰刀)
N6　　G0 G43 Z100 H6 M3 S100;	建立刀具长度补偿及刀具快速抬高到 100mm,主轴正转,转数 100r/min
N8　　X32.5 Y0;	刀具快速移动到第一孔中心
N10　　M7;	冷却液打开
N12　　G99 G85 X32.5 Y0 Z-25 R2 F40;	调用铰孔循环 G85,深度 34,进给速度 40mm/min
N14　　X-32.5 Y0;	刀具快速移动第二孔中心位置,调用铰孔循环 G85
N16　　G80;	取消铰孔循环
N18　　G0 Z100 M9;	刀具快速移动到安全高度 100mm,冷却液关闭
N20　　M5;	主轴停止转动
N22　　M30;	程序结束并返回程序开头

5. 仿真加工

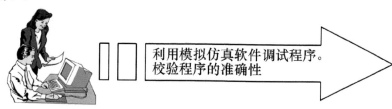

利用模拟仿真软件调试程序。
校验程序的准确性

六、机床操作加工

操作步骤如下:

① 加工前机床检查;

② 工件装夹;

③ 工件坐标系及工件零点的确定;

④ 对刀;

⑤ 输入程序,设置参数;

⑥ 实际加工。

 知识链接

零件如图 3-54 所示,应用指令 R,C 编制程序,刀具采用 φ16mm 立铣刀。

程序编制如下:

% 0001 ;　　　　　　　　　　　　(标志符)

G54 G17 G90 G94;　　　　　　　　(工件零点设置)

T1 ;　　　　　　　　　　　　　　(刀具号指定(φ16mm 立铣刀))

G0 G43 H1 Z100 M3 S600;　　　　　(刀具快速到 Z100mm,主轴正转,转速 600r/min)

X-35 Y-38 ;　　　　　　　　　　　(快速定位下刀点)

Z2 ;   (刀具快速接近工件)

G1 Z-5 F50 M7;   (刀具工进到达指定深度)

G41 X-25 Y-20 D1 F100;   (直线建立刀补到达点 1)

Y20 C8 ;   (点 2,直线插补并倒角 C8)

X25 R8 ;   (点 3,直线插补并倒圆角 R8)

Y-20 C8 ;   (点 4,直线插补并倒角 C8)

X-25 R8;   (点 1,直线插补并倒角 R8)

Y-11;   (直线插补)

G40 X-40;   (取消刀补)

G0 Z100 M9;   (刀具快速抬刀)

M30;   (程序结束)

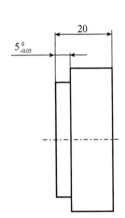
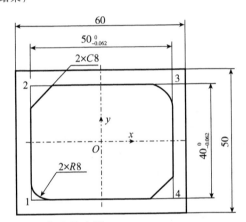

图 3-54　R,C 指令的应用

想一想:使用 R,C 指令和常规编程指令的区别之处。

七、任务评价

1. 操作现场评价

填写表 3-45 所列现场记录表。

表 3-45　现场记录表(图 3-53 所示零件加工)

学生姓名:_____   学生学号:_____

学生班级:_____   工件编号:_____

安全、文明生产	安全规范	好　□	一般 □	差 □
	刀具、工具、量具的放置	合理 □		不合理 □
	正确使用量具	好　□	一般 □	差 □
	设备保养	好　□	一般 □	差 □
	关机后机床停放位置	合理 □		不合理 □
	发生重大安全事故、严重违反操作规程者,取消成绩	(事故状态):		
	备注			

	开机前的检查和开机顺序正确	检查 ☐		未检查 ☐
规 范 操 作	正确回参考点	回参考点 ☐		未回参考点 ☐
	工件装夹规范	规范 ☐		不规范 ☐
	刀具安装规范	规范 ☐		不规范 ☐
	正确对刀,建立工件坐标系	正确 ☐		不正确 ☐
	正确设定换刀点	正确 ☐		不正确 ☐
	正确校验加工程序	正确 ☐		不正确 ☐
	正确设置参数	正确 ☐		不正确 ☐
	自动加工过程中,不得开防护门	未开 ☐	开 ☐	次数 ☐
	备注			
时间	开始时间:	结束时间:		

2. 零件精度的检测与评价

填写表 3-46 所列零件精度的检测与评价表。

表 3-46 零件精度的检测与评价表(图 3-53 所示零件加工)

序号	考核 项目	考核内容及要求		评分标准	配分	检测 结果	扣分	得分	备注
1	轮 廓 大 凸 台	$86_{-0.087}^{\ 0}$ $73_{-0.074}^{\ 0}$	IT	超差全扣	10				
			Ra	降级不得分	2				
		$2\times22_{0}^{+0.052}$	IT	超差全扣	10				
			Ra	降级不得分	2				
		$2\times25_{0}^{+0.052}$	IT	超差全扣	10				2 处
			Ra	降级不得分	2				
		$40_{-0.16}^{\ 0}$	IT	超差全扣	8				2 处
		$5_{0}^{+0.057}$	IT	超差全扣	2				
			Ra	降级不得分	1				
		$4\times C5, 4\times R8, 4\times C0.5$		形状或尺寸错误不得分	2				
		完成形状轮廓加工		有明显缺陷不得分	2				
2	腰 形 凸 台	$32_{0}^{+0.062}$ $24_{0}^{+0.052}$	IT	超差全扣	8				
			Ra	降级不得分	2				
		$5_{0}^{+0.057}$	IT	超差全扣	2				
			Ra	降级不得分	2				
		$4\times R6$	IT	形状或尺寸错误不得分	2				
		完成形状轮廓加工		有明显缺陷不得分	2				
3	孔	$\phi10H7$	IT	超差全扣	8				2 处
			Ra	降级不得分	2				
		65 ± 0.023	IT	超差全扣	1				

序号	考核项目	考核内容及要求	评分标准	配分	检测结果	扣分	得分	备注
4	形位公差	≡ 0.04 A ≡ 0.04 B IT	超差全扣	8				4处
5	其他项目	① 未注尺寸公差按照 IT12；② 其余表面光洁度；③ 工件必须完整,局部无缺陷(夹伤等)		2				
记录员			检验员		复核		统分	

3. 任务学习自我评价

填写表 3-47 所列本任务的学习自我评价表。

表 3-47 任务学习自我评价表(图 3-53 所示零件加工)

任务名称		实施地点		实施时间	
学生班级		学生姓名		指导教师	
评价项目			评价结果		
任务实施前的准备过程评价	任务实施所需的工具、量具、刀具是否准备齐全		1. 准备齐全		☐
			2. 基本齐全		☐
			3. 所缺较多		☐
	任务实施所需材料是否准备妥当		1. 准备妥当		☐
			2. 基本妥当		☐
			3. 材料未准备		☐
	任务实施所用的设备是否准备完善		1. 准备完善		☐
			2. 基本完善		☐
			3. 没有准备		☐
	任务实施的目标是否清楚		1. 清楚		☐
			2. 基本清楚		☐
			3. 不清楚		☐
	任务实施的工艺要点是否掌握		1. 掌握		☐
			2. 基本掌握		☐
			3. 未掌握		☐
	任务实施的时间是否进行了合理分配		1. 已进行合理分配		☐
			2. 已进行分配,但不是最佳		☐
			3. 未进行分配		☐

任务名称		实施地点		实施时间	
学生班级		学生姓名		指导教师	

评 价 项 目		评 价 结 果	

	每把刀的平均对刀时间为多少？你认为中间最难对的是哪把刀	1. 2～5 分钟 □ 2. 5～10 分钟 □ 3. 10 分钟以上 □	最难对的刀是：
任务实施中的过程评价	实际加工中切削参数是否有改动？改动情况怎样？效果如何	1. 无改动 □ 2. 有改动 □ 所改切削参数： 切削效果：	
	各件的加工时间与工序要求相差多少	件一 1. 正常 □ 2. 快　分钟 3. 慢　分钟	件二 1. 正常 □ 2. 快　分钟 3. 慢　分钟
	加工过程中是否有因主观原因造成失误的情况，具体是什么	1. 没有 □ 2. 有 □ 具体原因：	
	加工过程中是否有因客观原因造成失误的情况，具体是什么	1. 没有 □ 2. 有 □ 具体原因：	
	在加工过程中是否遇到困难，怎么解决的	1. 没有困难，顺利完成 □ 2. 有困难，已解决 □ 具体内容： 解决方案： 3. 有困难，未解决 □ 具体内容：	

任务名称			实施地点		实施时间		
学生班级			学生姓名		指导教师		
评 价 项 目			评 价 结 果				
任务实施中的过程评价	在加工过程中是否重新调整了加工工艺,原因是什么,如何进行的调整,结果如何		1. 没有调整,按工序卡加工				□
			2. 有调整 调整原因: 调整方案:				□
	刀具的使用情况如何		1. 正常				□
			2. 有撞刀情况,刀片损毁,进行了更换				□
			3. 有撞刀情况,刀具损毁,进行了更换				□
	设备使用情况如何		1. 使用正确,无违规操作				□
			2. 使用不当,有违规操作 违规内容:				□
			3. 使用不当,有严重违规操作 违规内容:				□
任务完成后的评价	任务的完成情况如何		1. 按时完成		1. 质量好		□
					2. 质量中		□
					3. 质量差		□
			2. 提前完成		1. 质量好		□
					2. 质量中		□
					3. 质量差		□
			3. 滞后完成		1. 质量好		□
					2. 质量中		□
					3. 质量差		□
	是否进行了检测		1. 是,详细检测				□
			2. 是,一般检测				□
			3. 否,没有检测				□
	是否对所使用的工、量、刃具进行了保养		1. 是,保养到位				□
			2. 有保养,但未到位				□
			3. 未进行保养				□
	是否进行了设备的保养		1. 是,保养到位				□
			2. 有保养,但未到位				□
			3. 未进行保养				□
总结评价	针对本任务自我的一个总体评价		总体自我评价:				
加工质量分析	针对本任务形成超差的分析		原因:				

270

1. 精加工和半精加工是否可以选用同一把刀？
2. 刀具半径补偿修正值为哪些？该值可否忽略？

任务十　了解加工中心的结构及其一般操作技术

一、任务目标

知识目标

1. 了解加工中心的基本结构；
2. 了解加工中心主要功能。

技能目标

1. 会正确操作加工中心机床；
2. 会用进行加工中心工艺分析并加工零件；
3. 学会编制加工中心工艺,使用工艺装备。

二、学习任务

了解加工中心的结构与一般操作

加工中心(Machining Center,MC),是由机械设备与数控系统组成的适用于加工复杂零件的高效率自动化机床。加工程序的编制,是决定加工质量的重要因素。在本任务中,我们将研究影响加工中心应用效果的编程特点、工艺及工装、机床功能等。

三、任务分析

1. 加工中心的结构

加工中心本身的结构分两大部分:一是主机部分,二是控制部分。

主机部分主要是机械结构部分,包括床身、主轴箱、工作台、底座、立柱、横梁、进给机构、刀库、换刀机构、辅助系统(气液、润滑、冷却装置)等。

控制部分包括硬件部分和软件部分。硬件部分包括计算机数字控制装置、可编程序控制器、输出/输入设备、主轴驱动装置、显示装置。软件部分包括系统程序和控制程序。

加工中心结构上的特点是:

① 机床的刚度高、抗振性好。为了满足加工中心高自动化、高速度、高精度、高可靠性的要求,加工中心的静刚度、动刚度和机械结构系统的阻尼比都高于普通机床。注:机床在静态力作用下所表现的刚度称为机床的静刚度;机床在动态力作用下所表现的刚度称为机

床的动刚度。

② 机床的传动系统结构简单、传递精度高、速度快。加工中心传动装置主要有三种,即滚珠丝杠副、静压蜗杆蜗母条、预加载荷双齿轮齿条。它们由伺服电机直接驱动,省去齿轮传动机构,传递精度高,速度快。主轴系统结构简单,无齿轮箱变速系统特殊之处是只保留齿轮传动。主轴功率大,调速范围宽,可无级调速。目前,加工中心的主轴传动都采用交流主轴伺服系统。驱动主轴的伺服电机功率一般都很大,是普通机床的 1 倍。由于采用交流伺服主轴系统,主轴电动机功率虽大,但输出功率与实际消耗的功率保持同步,不存在"大马拉小车"浪费电力的情况。因此,其工作效率最高,从节能角度看,加工中心又是节能型的设备。

③ 加工中心的导轨都采用了耐磨损材料和新结构,能长期地保持导轨的精度,在高速重切削下,保证运动部件不振动,低速进给时不爬行及运动中的高灵敏度。导轨采用钢导轨,导轨配合面用聚四氟乙烯贴层。这样处理的优点:摩擦系数小、耐磨性好、减振消声、工艺性好。所以,加工中心的精度寿命比一般的机床高。

④ 设置有刀库和换刀机构。这是加工中心与数控铣床和数控镗床的主要区别,这样使加工中心的功能更强和自动化更高。加工中心的刀库容量少的有几把,多的达几百把。这些刀具通过换刀机构自动调用和更换,也可通过控制系统对刀具进行管理。

⑤ 控制系统功能较全。它不但可对刀具的自动加工进行控制,还可对刀库进行控制和管理,实现刀具自动交换。有的加工中心具有多个工作台,工作台可自动交换,不但能对一个工件进行自动加工,而且可对一批工件进行自动加工。这种多工作台加工中心有的称为柔性加工单元。随着加工中心控制系统的发展,其智能化的程度越来越高,如系统可实现人机对话、在线自动编程,通过彩色显示器与手动操作键盘的配合,还可实现程序的输入、编辑、修改、删除,具有前台操作、后台编辑的前后台功能。加工过程中可实现在线检测,检测出的偏差可自动修正,保证首件加工一次成功,从而可以防止废品的产生。

加工中心所配置的数控系统各有不同,各种数控系统程序编制的内容和格式也不尽相同,但是程序编制方法和使用过程是基本相同的。以下所述内容,均以配置 FANUC-0i 数控系统的 XH714 加工中心为例展开讨论。

2. 加工中心的主要功能及工艺

1) 加工中心的主要功能

加工中心能实现三轴或三轴以上的联动控制,以保证刀具进行复杂表面的加工。加工中心除具有直线插补和圆弧插补功能外,还具有各种加工固定循环、刀具半径自动补偿、刀具长度自动补偿、加工过程图形显示、人机对话、故障自动诊断、离线编程等功能。

加工中心是从数控铣床发展而来的。与数控铣床的最大区别在于加工中心具有自动交换加工刀具的能力,通过在刀库上安装不同用途的刀具,可在一次装夹中通过自动换刀装置改变主轴上的加工刀具,实现多种加工功能。

加工中心从外观上可分为立式、卧式和复合加工中心等。立式加工中心的主轴垂直于工作台,主要适用于加工板材类、壳体类工件,也可用于模具加工。卧式加工中心的主轴轴线与工作台台面平行,它的工作台大多为由伺服电动机控制的数控回转台,在工件一次装夹中,通过工作台旋转可实现多个加工面的加工,适用于箱体类工件加工。复合加工中心主要是指在一台加工中心上有立、卧两个主轴或主轴可 90°改变角度,因而可在工件一次装夹中实现五个面的加工。图 3-55 所示为加工中心加工出的零件图样。

图 3-55　加工中心加工出的零件图样

2）加工中心的工艺及工艺装备

加工中心是一种工艺范围较广的数控加工机床,能进行铣削、镗削、钻削和螺纹加工等多项工作。加工中心特别适合于箱体类零件和孔系的加工。加工工艺范围如图 3-56、图 3-57、图 3-58、图 3-59 所示。

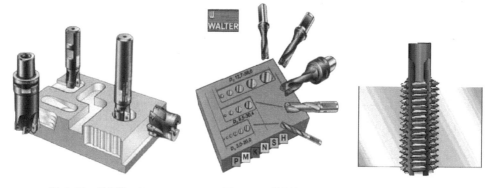

图 3-56　铣削加工　　　　图 3-57　钻削加工　　　　图 3-58　螺纹加工

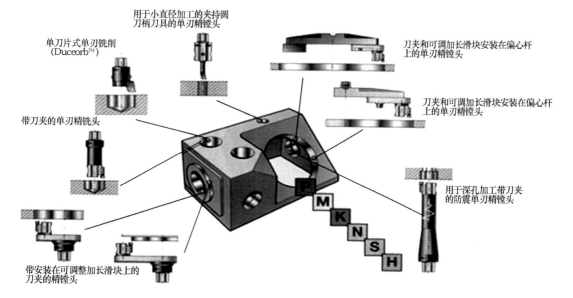

图 3-59　镗削加工

（1）工艺性分析

工艺分析一般主要考虑以下几个方面。

① 选择加工内容。

加工中心最适合加工形状复杂、工序较多、要求较高的零件，这类零件常需使用多种类型的通用机床、刀具和夹具，经多次装夹和调整才能完成加工。

② 检查零件图样。

零件图样应表达正确，标注齐全。同时要特别注意，图样上应尽量采用统一的设计基准，从而简化编程，保证零件的精度要求。

例如，图 5-60 所示零件图样，在图 5-60(a)中，A，B 两面均已在前面工序中加工完毕，在加工中心上只需进行所有孔的加工。以 A，B 两面定位时，由于高度方向没有统一的设计基准，ϕ48H7 孔和上方两个 ϕ25H7 孔与 B 面的尺寸是间接保证的，欲保证 32.5±0.1 和 52.5±0.04 尺寸，须在上道工序中对 105±0.1 尺寸公差进行压缩。若改为图 3-60(b)所示标注尺寸，各孔位置尺寸都以 A 面为基准，基准统一，且工艺基准与设计基准重合，各尺寸都容易保证。

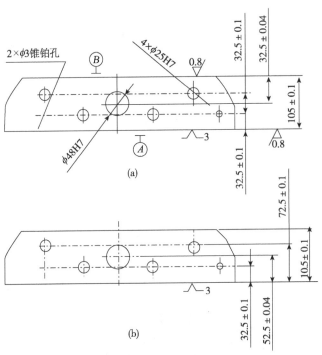

图 3-60　零件加工的基准统一

③ 分析零件的技术要求。

根据零件在产品中的功能，分析各项几何精度和技术要求是否合理；考虑在加工中心上加工，能否保证其精度和技术要求；选择哪一种加工中心最为合理。

④ 审查零件的结构工艺性。

分析零件的结构刚度是否足够，各加工部位的结构工艺性是否合理等。

（2）工艺过程设计

工艺设计时，主要考虑精度和效率两个方面，一般遵循先面后孔、先基准后其他、先粗后精的原则。加工中心在一次装夹中，尽可能完成所有能够加工表面的加工。对位置精度要求较高的孔系加工，要特别注意安排孔的加工顺序，安排不当，就有可能将传动副的反向间隙带入，直接影响位置精度。例如，安排图 3-61（a）所示零件的孔系加工顺序时，若按图 3-61（b）所示的路线加工，由于 5、6 孔与 1、2、3、4 孔在 Y 向的定位方向相反，Y 向反向间隙会使误差增加，从而影响 5、6 孔与其他孔的位置精度。按图 3-61（c）所示路线加工，可避免反向间隙的引入。

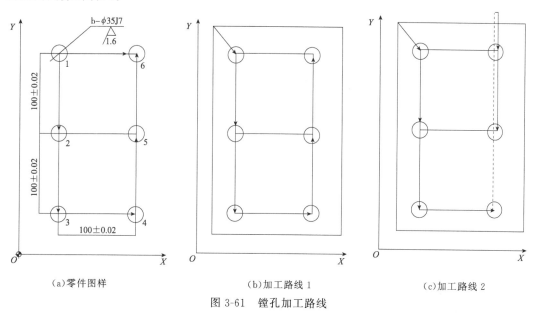

（a）零件图样　　　　　　　　　　（b）加工路线 1　　　　　　　　　（c）加工路线 2

图 3-61　镗孔加工路线

加工过程中，为了减少换刀次数，可采用刀具集中工序，即用同一把刀具把零件上相应的部位都加工完，再换第二把刀具继续加工。但是，对于精度要求很高的孔系，若零件是通过工作台回转确定相应的加工部位时，因存在重复定位误差，不能采取这种方法。

（3）零件的装夹

① 定位基准的选择。

在加工中心加工时，零件的定位仍应遵循六点定位原则。同时，还应特别注意以下几点：

• 进行多工位加工时，定位基准的选择应考虑能完成尽可能多的加工内容，即便于各个表面都能被加工的定位方式。例如，对于箱体零件，尽可能采用一面两销的组合定位方式。

• 当零件的定位基准与设计基准难以重合时，应认真分析装配图样，明确该零件设计基准的设计功能，通过尺寸链的计算，严格规定定位基准与设计基准间的尺寸位置精度要求，确保加工精度。

• 编程原点与零件定位基准可以不重合，但两者之间必须要有确定的几何关系。编程原点的选择主要考虑便于编程和测量。例如，图 3-62 所示零件，在加工中心上加工 $\phi80H7$ 孔和 $4\times\phi25H7$ 孔，其中 $4\times\phi25H7$ 都以 $\phi80H7$ 孔为基准，编程原点应选择在 $\phi80H7$ 孔的中心线上。当零件定位基准为 A、B 两面时，定位基准与编程原点不重合，但同样能保证加工精度。

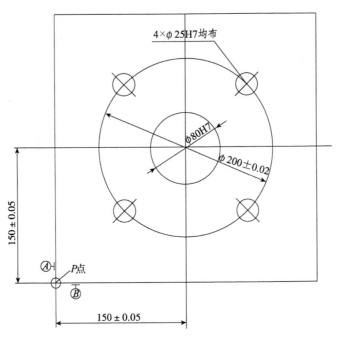

图 3-62　编程原点与定位基准

② 夹具的选用。

在加工中心上,夹具的任务不仅是装夹零件,而且要以定位基准为参考基准,确定零件的加工原点。因此,定位基准要准确可靠。

③ 零件的夹紧。

在考虑夹紧方案时,应保证夹紧可靠,并尽量减少夹紧变形。

(4) 刀具的选择

加工中心对刀具的基本要求是:

① 良好的切削性能:能承受高速切削和强力切削并且性能稳定;

② 较高的精度:刀具的精度指刀具的形状精度和刀具与装卡装置的位置精度;

③ 配备完善的工具系统:满足多刀连续加工的要求。

加工中心所使用刀具的刀头部分与数控铣床所使用的刀具基本相同。加工中心所使用刀具的刀柄部分与一般数控铣床用刀柄部分不同,加工中心用刀柄带有夹持槽供机械手夹持。

3) 加工中心编程的特点

由于加工中心的加工特点,在编写加工程序前,首先要注意换刀程序的应用。

不同的加工中心,其换刀过程是不完全一样的,通常选刀和换刀可分开进行。换刀完毕启动主轴后,方可进行下面程序段的加工内容。选刀动作可与机床的加工重合起来,即利用切削时间进行选刀。多数加工中心都规定了固定的换刀点位置,各运动部件只有移动到这个位置,才能开始换刀动作。

XH714 加工中心装备有盘形刀库,通过主轴与刀库的相互运动,实现换刀。换刀过程用一个子程序描述,习惯上取程序号为 O9000。换刀子程序如下:

O9000

N10 G90;   （选择绝对方式）

N20 G53 Z-124.8;   （主轴 Z 向移动到换刀点位置（即与刀库在 Z 方向上相应））

N30 M06;   （刀库旋转至其上空刀位对准主轴，主轴准停）

N40 M28;   （刀库前移，使空刀位上刀夹夹住主轴上刀柄）

N50 M11;   （主轴放松刀柄）

N60 G53 Z-9.3;   （主轴 Z 向向上，回设定的安全位置（主轴与刀柄分离））

N70 M32;   （刀库旋转，选择将要换上的刀具）

N80 G53 Z-124.8;   （主轴 Z 向向下至换刀点位置（刀柄插入主轴孔））

N90 M10;   （主轴夹紧刀柄）

N100 M29;   （刀库向后退回）

N110 M99;   （换刀子程序结束，返回主程序）

需要注意的是，为了使换刀子程序不被随意更改，以保证换刀安全，设备管理人员可将该程序隐含。当加工程序中需要换刀时，调用 O9000 号子程序即可。调用程序段可如下编写：

N＿ T＿ M98 P9000

其中，N 后的数字为程序顺序号；T 后的数字为刀具号，一般取 2 位；M98 为调用换刀子程序；P9000 为换刀子程序号。

3. 加工中心的一般操作技术要求

加工中心是一种功能较多的数控加工机床，具有铣削、镗削、钻削、螺纹加工等多种工艺手段。使用多把刀具时，尤其要注意准确地确定各把刀具的基本尺寸，即正确对刀。对有回转工作台的加工中心，还应特别注意工作台回转中心的调整，以确保加工质量。

1）加工中心的对刀方法

前文已介绍了通过对刀方式设置加工坐标系的方法，这一方法也适用于加工中心。由于加工中心具有多把刀具，并能实现自动换刀，因此需要测量所用各把刀具的基本尺寸，并存入数控系统，以便加工时调用，即进行加工中心的对刀。加工中心通常采用机外对刀仪实现对刀。

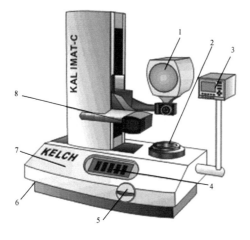

图 3-63　对刀仪的基本结构

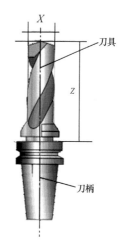

图 3-64　钻削刀具

对刀仪的基本结构如图 3-63 所示。对刀仪平台 7 上装有刀柄夹持轴 2,用于安装被测刀具。如图 3-64 所示为钻削刀具。通过快速移动单键按钮 4 和微调旋钮 5 或 6,可调整刀柄夹持轴 2 在对刀仪平台 7 上的位置。当光源发射器 8 发光,将刀具刀刃放大投影到显示屏幕 1 上时,即可测得刀具在 X(径向尺寸)和 Z(刀柄基准面到刀尖的长度尺寸)方向的尺寸。

钻削刀具的对刀操作过程如下:

① 将被测刀具与刀柄连接安装为一体;

② 将刀柄插入对刀仪上的刀柄夹持轴 2,并紧固;

③ 打开光源发射器 8,观察刀刃在显示屏幕 1 上的投影;

④ 通过快速移动单键按钮 4 和微调旋钮 5 或 6,可调整刀刃在显示屏幕 1 上的投影位置,使刀具的刀尖对准显示屏幕 1 上的十字线中心,如图 3-65 所示;

⑤ 测得 X 为 20,即刀具直径为 $\phi 20\text{mm}$,该尺寸可用作刀具半径补偿;

⑥ 测得 Z 为 180.002,即刀具长度尺寸为 180.002mm,该尺寸可用作刀具长度补偿;

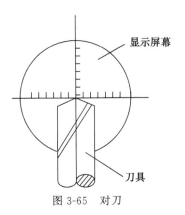

图 3-65　对刀

⑦ 将测得尺寸输入加工中心的刀具补偿页面;

⑧ 将被测刀具从对刀仪上取下后,即可装在加工中心上使用。

2) 加工中心回转工作台的调整

多数加工中心都配有回转工作台,如图 3-66 所示,实现在零件一次安装中加工多个加工面。如何准确测量加工中心回转工作台的回转中心,对被加工零件的质量有着重要的影响。下面以卧式加工中心为例,说明工作台回转中心的测量方法。

工作台回转中心在工作台上表面的中心点。

工作台回转中心的测量方法有多种,这里介绍一种较常用的方法。所用的工具有:一根标准芯轴、百分表(千分表)、量块。

(1) X 向回转中心的测量

将主轴中心线与工作台回转中心重合,这时主轴中心线所在的位置就是工作台回转中心的位置,则此时 X 坐标的显示值就是工作台回转中心到 X 向机床原点的距离 X_0。工作台回转中心 X 向的位置,如图 3-66(a)所示。

测量方法:

① 如图 3-67 所示,将标准芯轴装在机床主轴上,在工作台上固定百分表,调整百分表的位置,使指针在标准芯轴最高点处指向零位。

② 将芯轴沿 $+Z$ 方向退出 Z 轴。

③ 将工作台旋转 180°,再将芯轴沿 $-Z$ 方向移回原位。观察百分表指示的偏差,然后调整 X 向机床坐标,反复测量,直到工作台旋转到 0° 和 180° 两个方向百分表指针指示的读数完全一样时,这时机床 CRT 上显示的 X 向坐标值即为工作台 X 向回转中心的位置。

工作台 X 向回转中心的准确性决定了调头加工工件上孔的 X 向同轴度精度。

（2）Y 向回转中心的测量

测量原理：找出工作台上表面到 Y 向机床原点的距离 Y_0，即为 Y 向工作台回转中心的位置。工作台回转中心 Y 向的位置如图 3-66(b)所示。

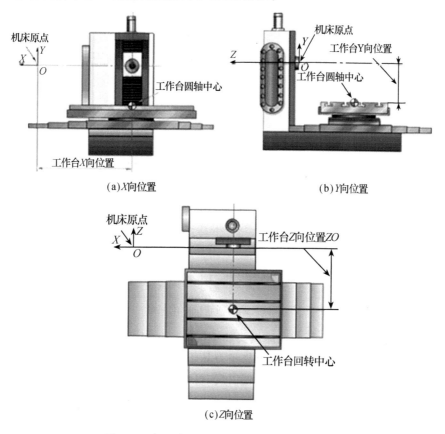

(a)X向位置   (b)Y向位置

(c)Z向位置

图 3-66　加工中心回转工作台回转中心的位置

测量方法：如图 3-68 所示，先将主轴沿 Y 向移到预定位置附近，用手拿着量块轻轻塞入，调整主轴 Y 向位置，直到量块刚好塞入为止。

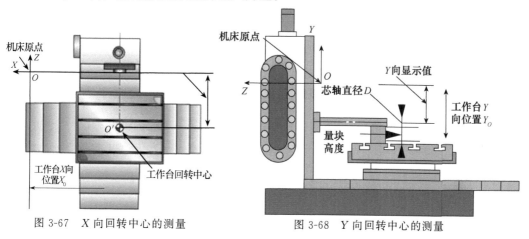

图 3-67　X 向回转中心的测量　　　　图 3-68　Y 向回转中心的测量

Y向回转中心的位置＝CRT显示的Y向坐标(为负值)－量块高度尺寸－标准芯轴半径工作台Y向回转中心影响工件上加工孔的中心高尺寸精度。

　　(3)Z向回转中心的测量

　　测量原理:找出工作台回转中心到Z向机床原点的距离Z_0,即为Z向工作台回转中心的位置。工作台回转中心Z向的位置如图3-66(c)所示。

　　测量方法:如图3-69所示,当工作台分别在0°和180°时,移动工作台以调整Z向坐标,使百分表的读数相同,则Z向回转中心＝CRT显示的Z向坐标值

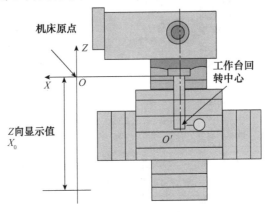

图3-69 Z向回转中心的测量

　　Z向回转中心的准确性,影响机床调头加工工件时两端面之间的距离尺寸精度(在刀具长度测量准确的前提下)。反之,它也可修正刀具长度测量偏差。

　　机床回转中心在一次测量得出准确值以后,可以在一段时间内作为基准。但是,随着机床的使用,特别是在机床相关部分出现机械故障时,都有可能使机床回转中心出现变化。例如,机床在加工过程中出现撞车事故、机床丝杠螺母松动时等。因此,机床回转中心必须定期测量,特别是在加工相对精度较高的工件之前应重新测量,以校对机床回转中心,从而保证工件加工的精度。

　　加工中心是数控机床中功能较多、结构较复杂的一种机床。只有在掌握数控铣床编程基本方法的基础上,充分了解加工中心的编程特点,才能较好地使用加工中心。

四、知识巩固与提高

　　1. 了解加工中心机械结构基本组成。

　　2. 充分了解加工中心机床工艺编制过程。

参 考 文 献

[1] 顾京. 数控加工编程及操作[M]. 北京:高等教育出版社,2003

[2] 陈前亮. 数控线切割操作工技能鉴定考核培训教程[M]. 北京:机械工业出版社,2006

[3] 乔世民. 机械制造基础[M]. 北京:高等教育出版社,2003

[4] 周湛学,刘玉忠. 数控电火花加工[M]. 北京:化学工业出版社,2007

[5] 田春霞. 数控加工工艺[M]. 北京:机械工业出版社,2006

[6] 李善术. 数控机床及其应用[M]. 北京:机械工业出版社,2005

[7] 龚洪浪,王贤涛. 数控加工工艺学[M]. 北京:科学出版社,2006

[8] 高枫,肖卫宁. 数控车削编程与操作训练[M]. 北京:高等教育出版社,2005

[9] 兰建设. 机械制造工艺与夹具[M]. 北京:机械工业出版社,2006

[10] 柳燕君,杨善义. 模具制造技术[M]. 北京:高等教育出版社,2002

[11] 陈前亮. 数控线切割操作工技能鉴定考核培训教程[M]. 北京:机械工业出版社,2006

[12] 陈志雄. 数控编程技术[M]. 北京:科学出版社,2005